灾荒史丛书

元代北方灾荒与救济

王培华◎著

序　一

《元代北方灾荒与救济》即将出版，作者王培华教授问序于我。我和王培华是在中国农史学会的活动中认识的。她对水利史和灾害史都有深入的研究。我于元史和灾害史均是外行，无由置喙。推辞再三，还是拗她不过。说点什么好呢？王培华教授的大作，尤其是"绪论"，把灾害史纳入环境史的范围内考察。我对环境史倒是做过一些思考，那就让我从环境史的视角谈谈对灾害史的粗浅理解和拜读书稿的初步体会，聊以应命吧。

20世纪中叶以来，随着人类物质文明的迅猛发展，出现了日益严重的全球性环境危机，导致了人类新的生态觉醒，环境史学亦由此应运而生。它兴起于西方，然后风靡至我国，掀起了环境史研究的热潮。所以，我国虽然自古以来就有关于自然环境及其异变的记载，近世也有一些学者研究中国历史上环境的变迁及其与人类社会的相互影响，但现代意义的环境史学，应该说是当代中外学术交流和引进西方环境史学思潮的结果。

我关注环境史及相关问题是从20世纪后期开始的。经过学习和思考，深深感到，环境史的兴起不但开辟了史学的新领域，而且给史学带来了革命性的新思维。在现代生态理念的指引下，环境史学把人与自然结合起来进行总体的动态的考察。人类社会不再是抽离于自然的孤立的存在，而是"人—社会—自然"复合生态系统的一部分。自然环境不再是人类历史中可以被忽略的消极被动的因素，或者仅仅是外在于人类历史的背景或道具，而是参与人类历史活剧演出的积极能动的因素。我曾用

"人类回归自然，自然进入历史"来概括它，认为这是环境史学中最有价值的东西，用这种理念研究历史，会产生许多不同于以往的认识和结论。我的这种表述获得了史学界一些朋友的认可。南开大学中国生态环境史研究中心创办的中国生态环境史学网，用"人类回归自然，自然进入历史；取百科之道术，求故实之新知"标明其学术旨趣，深得我心。

人与自然的关系，既有协调共生的一面，又有矛盾对抗的一面，后者极端的表现形式就是自然灾害。所以环境史学十分重视对自然灾害历史的研究。我国的灾害史不是环境史兴起以后才有的，它起步相当早，20世纪初以来已经积累了不少研究成果，但是，环境史的异军突起，加上现实环境问题越来越严重，确实使灾害史研究在20世纪末出现了新高潮，进入新的阶段。那么，环境史学提供的视野和理念，对灾害史研究的推进有什么意义呢？关于这个问题，高国荣的《环境史学对自然灾害的文化反思》(载《史学理论研究》，2003年第4期)和阎守诚的《自然进入历史》(载《中国经济史研究》，2006年第1期)已经有很好的论述，我赞成他们的意见，现在仅就思考所及，做些补充。

环境史研究领域是人类历史上自然与人的连接和互动。我曾以自然的"参与"和人类的"应对"来概括自然与人连接和互动的方式。在自然灾害中，人与自然的连接和互动、"参与"和"应对"，也是灾害史研究的核心内容，但它又显现出不同于一般环境史的特点。

自然对人类历史的参与虽说从人类诞生那一刻就开始了，但这种参与及其对人类历史进程的影响，在自然灾害中表现得格外明显。诚如阎守诚先生所说，自然灾害"是以最直接、最粗暴的方式进入历史的"，它往往打乱正常的经济秩序，引起社会的激烈震荡，其影响及于经济、政治、文化各个层面。

自然灾害一般是由自然异变引发的。一类自然异变是自然界自己运动发生的，基本上没有受到人类活动影响；另一类自然异变是由于人类不当的生产活动和生活方式破坏了环境所诱发的。后者实际上就是自然界对人类的"报复"，是人与自然互动的一种表现，人类在从"必然王国"进入"自由王国"之前，是经常发生的。现代环境史学被全球性生态环境危机所催生，孕育了强烈的批判精神，所以西方环境史学者重视灾害史研究，强调人为的致灾因素，着意在对世人的警诫。中国的灾害史研究者也应发扬这种批判精神，好为今人正确处理人与自然的关系提供历史的经验教训。不过，古往今来许多自然灾害是人类无法控制的自然因素引起的，所以还是要实事求是的全面分析。

在环境史中，人与自然的互动是以连接为前提的；人与自然实现了某种连接，互动就同时开始了。自然异变要形成灾害，首先也要与人类社会发生某种连接；在人类社会之外的自然异变，是无所谓灾害的。即使已经实现某种连接，自然异变能否形成灾害，以及成灾的程度如何，仍然要视不同的社会条件而异。因此，我们不但要分析致灾的原因，而且要从自然与人的连接中分析成灾的社会条件，诸如不同的生产生活方式、人口的多寡及其分布、社会组织程度和动员能力的强弱，等等，都应该进入我们的视野。不同生产方式对同一自然异变的反应是不一样的。例如，我国魏晋南北朝进入一个新的寒冷干旱时期，但北魏初期干旱记载很少，而北魏中后期干旱记载显著增加。重要原因之一是由于北魏初期鲜卑拓跋部仍未脱离游牧习惯，随逐水草，一般水旱对他们生产生活影响不大，故容易被忽略；待他们统一北方，越来越接受和融入中原的农耕文化以后，旱灾就凸显出来了。农耕生产方式中的不同生产类型，对同一自然异变的反应也是不一样的。我国黄河流域中下游降雨往往集中在夏秋之际，河流含沙量又大，故洪水泛滥早就发生。但原始农业早期耕地多选择在山前或山坡，人民逐高而居，洪水对他们影响不大，及至原始社会晚期，人们逐步迁至低平地区发展生产，洪水就成为一种威胁了。传说中尧舜禹时期的洪水灾害，除了自然因素以外，当与社会条件的这种变化分不开。同一生产类型，如果其他条件发生变化，对同一类自然异变也会产生不同的反应。我国长江流域及其以南曾经长期实行火耕水耨的水稻种植法，它是与地旷人稀的条件相适应的，这时，雨潦一般不构成对生产的威胁。东汉末年以来，北方屡遭战乱，人口锐减，土地荒芜，在这种情况下，筑陂种稻，火耕水耨，是垦田积谷比较省力而见效较快的办法，因此，曹魏时期火耕水耨有由江南向黄淮流域扩展之势，而相应的各式陂塘也就纷纷修建起来。到了西晋，人口回增，又遇霖雨相继，出现水灾频仍的局面。故杜预要求废弃曹魏以来工程质量低劣的陂塘，也就说明火耕水耨已经不适应改变了的条件了。在我国历史文献的记载中，越到后来灾害发生的次数越多，固然有灾害呈报和记载古略今详的因素，但更重要的原因应该是人口越来越多，人类活动的空间越来越拓展，人类与自然连接的面越来越宽，人与自然发生冲突的概率也相应增大了。中华人民共和国成立以后，气候等自然条件没有发生变化，灾异天气时有发生，但却很大程度上扭转了以前逢灾必荒的局面，以前经常缺口泛滥的黄河也实现了几十年的安澜，这无疑得力于社会组织程度和动员能力的增强。

中国灾害史历来重视人类对自然灾害的应对，其中救灾和防灾研究最多，已经取得丰硕的成果。但人类对自然灾害的应对方面还有一些应该引起注意和值得深入研究的问题。自然灾害诚然会给人类带来灾难，但也会激发人们应对这种挑战的勇气和智慧，从而成为生产技术和资源利用方式创新的契机。这在世界历史和中国历史上都不乏其例。埃及先民利用尼罗河泛滥带来的肥沃淤泥发展农业，建立了灿烂的古代文明，这是大家所熟知的。中国古代农业与大河泛滥无关，但也创造了以自己的方式利用河流泥沙淤灌的经验。西汉黄河频繁的水灾，引发了以关中为中心的农田水利建设高潮。黄河中下游春旱多风，成为农业生产的严重制约因素，尤其是魏晋南北朝进入寒冷时期，黄河中下游干旱连年，为此，人们创造了“耕—耙—耱—压—锄”的防旱保墒土壤耕作技术，在相当程度上缓解了旱灾的威胁。这在《齐民要术》中有精彩的论述。我们扩大一些看，中国自然条件在许多方面对农业生产的确是严峻的，自古以来就灾害频仍，被外国人称为“灾荒之国”，但中国创造了发达的传统农业，精耕细作农业技术长期领先于世界，支撑了中华文明从未中断的发展，这很大程度上正是中国人民以其勇气和智慧应对自然灾害，善于趋利避害、化害为利所致。这种情况可以追溯到更早。我曾经写过一篇短文《略谈气候异变对中国上古时期农业转型的影响》(载《气象与减灾研究》，2007 年第 4 期)，指出我国上古农业发展中有两次重大的转型，一次是农业“边缘”地区游牧经济的形成，另一次是黄河中下游地区“沟洫农业”的出现，这两次转型都与上古时期曾经发生过的严重降温事件有关，也就是说，这也是我们的祖先应对自然灾害的产物。

总之，在自然灾害中，人和自然也是在连接和互动中、在“参与”和“应对”中演绎其色彩斑斓、悲喜交集的历史的。我们从中看到了灾难、挫折和教训，也看到了经验、希望和光明。

这些思考是否有当，请读者和王培华教授指正。

十几年前，王培华教授就开展对元代北方灾荒与救济的研究。我粗粗拜读书稿后，很受启发。我觉得起码有三点是值得赞许的。第一，在她着手研究之前，中国灾害史虽然已经有丰硕的成果，但研究相对集中在汉、宋和明清诸代，元代的研究很薄弱。王培华教授对元代灾害史的一些重大问题和重要灾种进行了开创性的研究，起了填补空白的作用，这是为当时学术界所公认的。第二，王培华教授是学历史出身的，对历史文献很熟悉，她的研究从系统收集材料入手，注意材料的准确性，注意新材料的发掘，并把材料整理成各种表格。她又广泛学习和吸收了有关自然科学(历史自然地理、生物、天文物理、历法、气候等)的知识和理论方法，融会贯通后形成自己的分析方法，用以分析各种灾害的时空分布规律，等等。这种研究是扎实的、有深度的。第三，王培华教授对若干问题进行了有创意的探索，得出了不同于前人的新认识。例如，她发现元代蝗灾呈现显著的时聚性和周期性发生的特点，又指出大蝗灾具有与太阳黑子活动周期大体一致的韵律性，均为发前人之未发，对推动蝗灾史研究的深入是有意义的。为了集中研究一些问题，作者在时间、空间和内容上都给自己的研究做了若干限定，所以，这还不是对元代灾害史的全面研究，但其成果无疑给元代灾害史的研究奠定了重要基础。

元朝虽然国祚短暂，但在灾害史研究上具有其特殊意义。中国历史上以农耕经济为主，同时存在游牧经济和海洋经济，我曾经把它们比作中国传统经济的主体和两翼。以前“主体”研究较多，“两翼”研究相对薄弱，这是就经济史研究而言的。近年陈高华先生提出，灾害史不但要研究农耕经济的灾害史，而且应当加强对游牧经济和海洋经济灾害史的研究，我是很赞成的。元朝第一次把农耕经济地区和游牧经济地区统一在同一政权和同一版图之下，而且海洋经济也比前代有较大发展，这种情况可能会给在更大范围内研究这三种经济的灾害史以及它们之间的相互关联，提供某种有利条件。我期待着元代灾害史研究新的更大的发展。

李根蟠

2010 年 3 月 17 日于京南枫叶居

序　二

王培华教授的大作《元代北方灾荒与救济》付梓在即，嘱我作序。我迄今一直没有涉足过灾荒史研究，但对灾荒和救济问题颇感兴趣。所以，谈一些自己的感受想法，权为序言。

元朝是少数民族蒙古族建立的第一个大一统王朝，亦被称为世界帝国，无论在中国抑或世界历史上都具有重要地位。然而，泱泱元皇朝，不足百年而亡，常常引起人们的困惑和不解。元朝较早覆灭，原因是多方面的。不可否认，灾荒频仍和官方救助不得力，应该是其中一个重要原因。在元朝统治期间，各地水、旱、蝗、寒、地震等灾害，接连不断，也算是我国历史上自然灾害相当集中的时期之一。尤其是蝗灾、地震和水灾，在史书上出现的频率颇高，危害很大。元末至正四年大雨20余日，黄河暴涨，决白茅堤和金堤，淹没济宁等近20城，元朝不得不派贾鲁治河，役使丁夫20万，“劳民动众”，遂酿成“挑河”之祸，“挑动黄河天下反”①，激起红巾军起义爆发，最终葬送了元皇朝。在这个意义上，元代灾害问题探讨，应该是元史和古代灾害史研究的重要组成部分。遗憾的是，以往这方面的研究相对薄弱，一定程度上影响了我们对元史等整体的科学认识。王培华教授的大作《元代北方灾荒与救济》，积10余年之功力，独辟蹊径，首次对此领域展开比较系统、深入的探讨，其学术价值，理当受到重视与肯定。

灾害史本身是一个多学科交叉的领域。元代北方灾荒与救济，既是

---

① 《元史》卷六十五《河渠志二》。

目前国内外自然环境与经济社会发展方面的前沿课题，也具有相当高的难度。如果以单一的历史学方法，似乎很难登堂入室，探究其奥秘与真谛。作者从课题实际出发，特别注重综合运用历史学、现代天文学、气候学、地理学及生物学等理论、方法，进行定量定性研究，不仅视角新颖，也提高了研究水平与质量。这不是一般历史研究者，都能以此为研究对象，并得出应有结论的。譬如，研究水旱灾害时兼用史学和自然科学的方法；研究蝗灾问题时，借用竺可桢历史气候学研究常使用的绝对值方法，来统计灾荒的年代和地区数；借用太阳黑子活动 11 年和 60 年周期理论方法，解释大蝗灾的韵律性。作者不囿于学科樊篱，博采众芳，勇于探索真理，值得钦佩。

作者搜集大量《元史》《元典章》和元人文集的资料，坚持论从史出，提出了不少独到见解。如指出了 13—14 世纪华北蝗灾的地理范围和 11 年、60 年周期规律，又从 11 年和 60 年周期理论方面，对上述结论作出科学的解释。此说填补了 13—14 世纪华北自然灾害和气候研究的空白，对于建立、补充我国长时段的气候和自然灾害序列，对于蝗灾周期性预报和防治，都有重要的理论参考价值和实践意义。

北京师范大学是 20 世纪史学大师陈垣先生担任校长和长期从事元史研究且作出杰出贡献的名校。近年有李修生教授主编《全元文》60 卷编纂问世，嘉惠学林，应是对陈垣老校长最好的告慰。从 2005 年开始，王培华教授连续出版《元明北京建都与粮食供应》《元明清华北西北水利三论》二著作。作者十几年前开始研究元代北方的水、旱、寒、蝗等自然灾害，今年将出版《元代北方灾荒与救济》一书。三本书，可谓漕运、水利、灾荒研究的“三部曲”，虽各有侧重，但都属于经济地理、生态环境等前沿领域，都和元史研究密切关联，大抵展示了王培华教授的治学特色与可贵贡献。也可以说是继承和弘扬了陈垣先生的元史研究。为此，我感到非常欣慰。期待着王培华教授沿着这条学术道路继续走下去，取得更为丰硕的成就。

李治安

2010 年 3 月 30 日于天津金厦里

目　录

绪　论 ………………………………………………………………… 1

第一章　元代北方水旱灾害及救济措施 ………………………………… 10
一、水旱灾伤的申检体覆制度及等级分类 ………………………… 12
二、水灾的时间分布特点 ……………………………………………… 19
三、旱灾的时间分布特点 ……………………………………………… 22
四、水旱灾害的时间分布特点 ………………………………………… 24
五、水旱灾害的空间分布特点 ………………………………………… 31
六、水旱灾害损失及国家救济措施 …………………………………… 37
七、结　论 ……………………………………………………………… 40

第二章　元代北方寒害及救济预防措施 ……………………………… 112
一、霜冻时空分布特点及危害 ………………………………………… 112
二、黑灾(无雪)、白灾(大雪)、大寒及其他 ………………………… 115
三、雪灾的国家救济预防措施 ………………………………………… 118

第三章　元代北方雹灾及救济措施 …………………………………… 125
一、冰雹的时空分布特点 ……………………………………………… 125
二、雹灾的等级分类及危害 …………………………………………… 131
三、雹灾的报灾、检灾及国家救济措施 ……………………………… 135
四、结　论 ……………………………………………………………… 138

第四章　元代北方蝗灾群发性、韵律性及救济预防措施……………146

一、范围、概况、文献和方法……………146

二、蝗灾的空间分布及群发性……………149

三、蝗灾的时间分布及大蝗灾的韵律性……………154

四、蝗灾的国家救济预防措施……………162

五、结　论……………166

第五章　元代华北蝗灾时聚性与重现期及与太阳黑子活动的关系……………178

一、资料与方法……………179

二、蝗灾的变化特点……………180

三、结　论……………185

第六章　元代北方桑树灾害及救济预防措施……………187

一、桑树灾害……………187

二、桑树灾害的国家救济预防措施……………190

第七章　元代北方饥荒及救济措施……………195

一、范围、概况、文献和方法……………195

二、饥荒的时间分布特点……………196

三、饥荒的空间分布特点……………200

四、饥荒的国家救济措施……………202

附录一　中国古代自然环境异常变化记载的演变及其价值……………213

附录二　1328—1330 年寒冷事件的历史记录及其意义……………225

附录三　自然灾害成因的多重性与人类家园的安全性……………231

附录四　作者与本书相关的研究论文目录……………245

参考文献……………247

后　记……………249

再版后记……………251

图表目录

图

图 1-1 北方大中范围水灾年及水灾范围 …………………………… 20
图 1-2 北方大中范围旱灾年及旱灾范围 …………………………… 23
图 1-3 中书省水旱灾害次数的季节分布 …………………………… 25
图 4-1 1264—1362 年河南行省 10 路府蝗灾积年 …………… 149
图 4-2 1238—1362 年中书省 30 路州蝗灾积年 ……………… 151
图 4-3 1264—1362 年河南行省 10 路府基本成灾年蝗灾面积 …………………………………………………… 154
图 4-4 1238—1362 年中书省 30 路州基本成灾年蝗灾面积 ……………………………………………………… 154
图 4-5 1238—1362 年中书省、河南行省 40 路州府 6 路以上蝗灾年及受灾面积 …………………………… 156
图 5-1 华北地区元代蝗灾的变化 ………………………………… 182
图 5-2 大蝗灾年份(公元纪年)的尾数分布特征 ……………… 183
图 7-1 大中范围饥荒年及饥荒面积 ……………………………… 196
图 7-2 1260—1368 年中书省 30 路州饥荒积年 ……………… 201
图 7-3 1260—1368 年河南行省 10 路府饥荒积年 …………… 201
图 7-4 1260—1368 年辽阳行省 7 路府饥荒积年 …………… 202
图 7-5 1260—1368 年陕西行省 13 路府州饥荒积年 ………… 202

表

表 1-1　元代田亩灾伤申检制度及农作物灾伤等级对应表……… 17
表 1-2　北方水旱灾害范围表………………………………… 27
表 1-3　北方地区水旱灾害频率比较总表…………………… 35
表 1-4　元代北方部分有灾伤面积的水灾统计……………… 41
表 1-5　元代北方旱灾统计表………………………………… 43
表 1-6　辽阳行省水灾年表…………………………………… 45
表 1-7　辽阳行省旱灾年表…………………………………… 47
表 1-8　陕西行省水灾年表…………………………………… 48
表 1-9　陕西行省旱灾年表…………………………………… 49
表 1-10　河南行省 10 路府水灾年表………………………… 50
表 1-11　河南行省 10 路府旱灾年表………………………… 58
表 1-12　1262—1366 年河南行省 10 路府水旱灾害频率比较表 …… 61
表 1-13　中书省水灾灾情年表 ……………………………… 62
表 1-14　中书省 30 路州水灾表……………………………… 79
表 1-15　元代各时期水灾路州县数表 ……………………… 94
表 1-16　中书省水灾季节分布表 …………………………… 94
表 1-17　中书省旱灾灾情表 ………………………………… 94
表 1-18　中书省 30 路州旱灾表 …………………………… 101
表 1-19　中书省旱灾月、季统计表………………………… 109
表 1-20　1262—1366 年中书省 30 路州水旱灾害频率
比较表…………………………………………… 109
表 1-21　元代报灾时间滞后表……………………………… 110
表 2-1　元代北方雪灾表 …………………………………… 120
表 2-2　元代北方霜冻表 …………………………………… 121
表 2-3　霜冻地区分布与受损作物表 ……………………… 124
表 2-4　1261—1368 年霜冻类型、等级、救灾及时空
分布表 ……………………………………………… 124
表 3-1　元代田亩灾伤申检制度及雹灾等级对应表 ……… 132

表 3-2　陕西行省雹灾年表 …………………………………… 139
表 3-3　河南行省 10 路府雹灾年表………………………………… 140
表 3-4　中书省 30 路州雹灾年表………………………………… 141
表 4-1　元代蝗灾与太阳黑子活动关系对照表 ………………… 161
表 4-2　1264—1362 年河南行省 10 路府蝗灾年及受灾路府数量表 …………………………………………………… 168
表 4-3　1238—1362 年中书省 30 路州蝗灾年及受灾路州表 … 170
表 4-4　1238—1362 年中书省 30 路州蝗灾年次月次及其与旱灾关系表 ……………………………………………… 174
表 4-5　1238—1362 年中书省 30 路州蝗灾月、季统计表………… 174
表 4-6　1159—1226 年太阳黑子活动与水旱灾害表 …………… 175
表 4-7　1238—1368 年太阳黑子活动与水旱灾害表 …………… 176
表 5-1　元代华北地区蝗灾的分布 ……………………………… 181
表 5-2　1238—1368 年太阳黑子活动周期与华北地区大蝗灾发生年份对照表 ………………………………………… 184
表 6-1　元代北方桑树虫灾年表 ………………………………… 192
表 6-2　元代北方桑树霜冻年表 ………………………………… 194
表 7-1　元代北方饥荒各时期统计表 …………………………… 200

绪 论

各种环境要素如降水、河流、温度、生物、地貌等的变化，尤其是这些因素向着不利于人类活动的方向发展，造成农作物歉收、建筑物损坏、人口减耗，就是灾荒。人类活动与生态环境变化间的关系之观察、应用、记载、研究，在中国有悠久的历史。

相传，《尚书·洪范》九畴为周文王建国后的第十三年箕子接受周武王访问时所陈述的九条治国之道。其中，第一、第二、第四、第八畴，是论述自然现象变化乃至灾异，及其与人类政治经济军事等活动和日常生活之关系的。第一畴，五行，水、火、木、金、土，水性润下、火性炎上、木性曲直、金性从革、土性生长稼穑。第二畴，羞用五事，貌、言、视、听、思。第四畴，协用五纪，五种计时的方法，岁、月、日、星辰、历数。第八畴，念用庶征，用心考察各种征兆，雨、旸、燠、寒、风，五种现象按时发生，则草木茂盛，稼穑丰收。“休征”，天子行为得体，则五种现象按时发生，时雨、时旸、时燠、时寒、时风；“咎征”，天子行为失当，则五种现象衍期，恒雨、恒旸、恒燠、恒寒、恒风。王有过失，影响一年；卿士过失，影响一月；官员过失，影响一天。五行、五纪、庶征，多是生产生活的物质基础和制度文明；五事，是人类日常生活的基本表现形式。自然现象变化乃至灾异，都与人类活动和日常生活有关。

六经皆史。《尚书》是六经之一，所以，《尚书·洪范》可以说属于史学著作。且不管《洪范》的作者和成书年代等问题，《洪范》的思想对后世政治和学术(含史学)有很大的影响。前者主要表现在，汉朝统治者往往以上述四畴的观念来指导、反思、修正实际政治、经济、军事活动和日常生活，往往从其得失成败中寻找自然变化、灾异的原因。赵翼《廿二史札记》卷二“汉儒言灾异”“汉重日食”“汉诏多惧词”“灾异策免三公”条，论述了汉代自然变化、灾异与政治的相互关系。赵翼认为，“上古时，人之视天甚近”，汉代“天之与人甚觉亲切”，汉人对于自然变化，“应之以实不以文”，以修明政治，来弥补自然变化以及灾异对人类社会的影响。后世机智竞兴，权术是尚，以为天下事皆可以人力致，与天无关。汉以后，无复援灾异以规时政者。人情意见，但觉天自天，人自人，空虚辽阔，与人无涉。赵翼此论，批评后世漠视人类活动对自然变化的影响，耐人寻味。历代正史和地方志，正是根据以上四畴的思想，设置《五行志》(或曰《灾异志》《祥瑞志》《灵征志》)，如二十五史中有十六部史书有《五行志》，地方志中《五行志》的记载，更是数不胜数；至于典章制度史，如《文献通考》等则设置《物异考》等门类。

刘向《洪范五行传论》是以《洪范》的观念，来反思汉成帝时外戚贵盛专权的政治问题，试图对政治有所补益。《汉书》卷三十六《楚元王传附刘向传》载：成帝时“数有大异”。刘向认为，这是王凤兄弟专权用事之咎征，于是他根据《洪范》箕子为周武王陈述的五行阴阳休咎的思想，“乃集合上古以来历春秋六国至秦汉符瑞灾异之记，推迹行事，连传祸福，著其占验，比类相从，各有条目，凡十一篇，号曰《洪范五行传论》，奏之。天子心知向忠精，故为(王)凤兄弟起此论也。然终不能夺王氏权”。班固《汉书·五行志》是我国正史中第一部记载灾荒及物质异常变化的灾荒史专志，分上、中上、中下、下上、下下五个分卷，篇幅在《汉书》各《志》中占四分之一，在《汉书》百卷中量居第一。班固历引先秦、秦汉文献，论述自春秋至秦汉的水、火、木、金、土的异常变化，认为这些现象反映了政治得失；帝王貌、言、视、听、思的异常变化，关系到农业兴衰、政治因革、兵事成败，从而影响到自然变化和灾异；日、月、星、辰、陨石等的变化，与政事得失有关。《汉书·五行志》总结汉人推往古以占将来，其中不免牵强附会，然亦非尽空言，是我国最早的灾荒以及环境变化史的专著，具有开创中国古代灾荒、灾害史和环境变化史之功。

《新唐书·五行志》树立“著其灾异而削其事应”的原则，使后来《五行志》保持“纪异而说不书”的面貌。《宋史·五行志》自建炎后，郡县绝无以符瑞闻者，而水旱灾害等，则屡书不隐。《元史·五行志》郡邑灾变，史不绝书。《明史》亦如此。《清史稿》设《灾异志》，接近历史真实。马端临认为“物之反常者，异也”，《文献通考》设《物异考》二十卷。王圻《续文献通考·物异考》亦遵循之。要之，史家编纂《五行志》《物异考》不能说明其史识低下，而是行政官员执行灾害、物异、雨泽奏报的社会职能，在史学上的反映，史家执行了记事修史的史学职责。宋元明清，有很多救荒书。《四库全书》史部政书类邦计之属，和子部农家类，都收录救荒书。因此，在中国传统史学中，灾荒史是一个重要内容。中国史家从来不自外于灾荒史以及环境异常变化的记载，这正反映了中国两千年客观历史的实际情况。

20世纪中期以来，全球气候异常，造成了粮食危机和社会动乱。人口、资源、环境与经济社会发展的矛盾，日益突出地提到全人类面前。70年代以来，国际社会开始关注全球变化(global change)以及引起变化的因素，力图找出解决问题的方案。1972年罗马俱乐部的报告，关注人口增长、粮食危机、能源短缺、环境污染、自然灾害等问题。1992年联合国环境与发展大会，标志着国际学界和国际社会越来越重视全球变化问题。国际科学界从20世纪70年代以来，开始了多个庞大的全球变化研究计划，如世界气候研究计划(WCRP)、国际地圈-生物圈计划(IGBP)、全球变化人文计划(IHDP)、生物多样性计划(DIVERSITAS)等。这些计划关注比较多的科学目标，如各种环境要素之间的相互作用和反馈、不同尺度的气候变化、过去全球变化(PAGES)即过去两千年全球气候和环境的详细历史，过去三百年来人类土地利用导致的土地覆盖变化及其主要原因，全球变化与土地利用、土地覆盖之间的相互影响等。在最近30多年全球变化思想的形成过程中，国际科学界非常关注人类活动究竟在多大程度上导致全球变化，以及人类如何适应全球变化，并将这种相互影响称为“人文因素”或制度因素，将这种研究称为“全球变化人文因素计划”。在其主持下，国际社会实施了“全球变化的制度因素核心计划”(IDGEC)。

中国的环境变化研究，是全球变化研究中的重要组成部分。全球变化有多种时间尺度，在历史时期(近5000年)和近代观测期(近200年)的研究上，中国独具条件。中国有文字记载的历史超过两千年。中国人口约占全球人类的五分之一。中国幅员辽阔，整个国土面积相当于西欧。自然地貌和生态环境千差万别，环境异常变化及其与人类活动的相互关系十分复杂。中国可以为全球变化研究提供多种“样本”。对中国历史时期环境诸要素，如降水、河流、温度、生物、地貌的变化研究，以及饥荒的研究，可以为研究过去两千年全球变化，以及人类如何应对环境变化，提供很重要的佐证和经验。

中国历史文献的连续性在世界上是唯一的。在世界各国文明中，中国历史的连续性、中国史书记载的连续性，是十分突出的特点，这使得全球变化研究中，中国历史文献具有十分重要的地位。中国历史文献中，自然现象异常变化的记载，既十分丰富，又相对准确，可以为过去两千年的全球变化研究作出较多的贡献。国内外科学家，将会加大力度利用丰富的中国历史文献，用于研究和解释人类活动对地球环境变化的可能作用和影响。从全球变化研究角度说，灾荒与救济，适应与应对，是过去两千年全球变化研究的重要内容，是史学与地学相结合交叉的学科。

20世纪中国灾荒史研究，沿着两条路子进行。一是基础性工作，即编制年表、汇集资料、编写史志纪年等；二是专门研究灾荒的特点、时空规律、灾荒成因，灾荒与社会政治、经济之关系，救济等。

关于前者，出版了不少资料，如陈高佣编《中国历代天灾人祸表》(上海国立暨南大学出版1939年印行)，1957年竺可桢主持编制《中国地震年表》，1981年中央气象局气象科学研究院主持完成《中国近五百年旱涝分布图集》，宋正海总主编《中国古代重大自然灾害和异常年表总集》等。其后，各省的自然灾害史料或年表，都相继出版，如《陕西省自然灾害史料》《山西自然灾害史年表》《河南省西汉以来历代灾情史料》《内蒙古历代自然灾害史料》等。流域洪涝史料，如《清代黄河流域洪涝档案资料》等7个流域洪涝资料，都由中华书局于1993年出版。李文海等编写的《近代中国灾荒纪年》(湖南教育出版社1990年)、《近代中国灾荒纪年续编》(湖南教育出版社1993年)，逐年叙述全国各省区灾荒灾情、时间、地点、受灾范围和程度，具有很强的史料参考价值。

关于后者，邓云特(即邓拓)《中国救荒史》(商务印书馆1937年)，是第一部较为完整、系统地研究中国历代灾荒的专著。该书归纳灾荒的事实，分析历代救荒思想的发展，说明历代救荒政策的实施，启发了后来中国灾荒史的研究。在1944—1946年，胡厚宣、董作宾研究了殷代异常的气候变化，蒙文通研究了西周末年长期干旱及其影响。近30年来，中国灾荒灾害史的研究有较大发展。史念海先生倡导农业历史地理研究，他的研究生前后出版二十种农业历史地理专著，都很重视农业灾害，如韩茂莉在《宋代农业地理》中研究了宋代农业气象灾害(山西古籍出版社1993年)，王双怀在《明代华南农业地理研究》中研究了明代华南自然灾害的类型、时空特征、对农业的影响(中华书局2002年)等。

从时段上说，对中国历代灾荒的研究两头重中间轻，即重视汉唐、明清，辽宋夏金元则研究较少。近30年来，以汉唐、明清灾荒及其与社会的关系为题的学位论文，不下10种，亦有学术专著出版。而对辽宋夏金元的灾荒研究，不论是学位论文，还是出版物，都不能与对汉唐、明清的研究相比。至于元代灾荒研究则更为薄弱。赵经纬有两篇论文研究元代赈灾物资来源和赈灾机构，李迪有论文研究元代防蝗措施。孟昭华编著的《中国灾荒史记》(中国社会出版社1999年)中元代自然灾害部分，无非是照录《元史·五行志》。

从地区上说，西安和北京，以及西北、黄河中下游、江淮流域地区的灾荒研究相对较多，其他地区的相对较少。对于农业灾荒研究，西北地区学者作出很大贡献。张波等编的《中国农业自然灾害史料集》分农业气象灾害、农业生物灾害、农业环境灾害、饥荒赈灾类，是第一部系统地整理中国农业自然灾害史料的著作(陕西科学技术出版社1994年)。袁林的《西北灾荒史》研究西北地区的水、旱、蝗、风、雹等灾害及其时空规律，科学性比较强(甘肃人民出版社 1994 年)。

对于北京灾荒研究，尹钧科、于德源、吴文涛合著有《北京历史自然灾害研究》(中国环境科学出版社 1997 年)，第三章元代大都地区自然灾害，分总述、水灾、旱灾、震灾等节，有 4 个灾害总表和简表，并分析水旱灾害的成因、时空特点。

对于北方地区灾荒研究，李克让先生主编的《中国气候变化及其影响》(海洋出版社 1992 年)论述气候变暖和气候灾害对经济和人口、民族、社会稳定的影响。邹逸麟主编的《黄淮海平原历史地理》(安徽教育出版社 1993 年)论述黄淮海平原历史气候、灾害、水系变迁、人口变迁及城市发展等，被誉为系统阐述黄淮海平原历史地理的专著，有许多研究上的新进展。该书气候和灾害两章是满志敏教授撰写的，灾害章主要论述明清水旱蝗灾，研究详尽，为以往未见；揭示明清地形与蝗灾、气温降水与蝗灾关系，“为今天防治蝗灾提供历史根据”(陈桥驿、王守春语)。以上二书对我有方法论启示意义。

要之，至 20 世纪 90 年代，关于元代北方灾荒与救济问题的研究，可资借鉴学习的成果非常少。

1996 年，我开始涉足元明清北方环境变迁的研究。因为当时，我想搞清楚三个问题：元明清北京建都与粮食供应的关系、元明清华北西北水利建设状况和成效、元明清江南籍官员学者为什么极力提倡发展西北水利。只是，这些问题没有现成答案。

元代北方疆域广阔，灾荒种类多。鉴于 20 世纪 90 年代的研究状况和我个人的力量，我把研究范围做了限制。时间，基本自元太宗窝阔台汗元年(1229)至元顺帝至正二十八年(1368)。在研究大蝗灾的周期特点时，上溯到金大定三年(1163)，下衍到清康熙三十年(1691)。地区，选择研究北方汉地，即中书省(含河北、山东、京、津、山西)、河南行省、陕西行省、辽阳行省、岭北行省、有时还涉及察哈台后王封地的别失八里。种类，以水、旱、霜冻、雪、冰雹、蝗、桑树病虫等为主要研究对象。依据的主要文献资料，是经过校正的《元史》《元典章》和元人文集。

具体说，我的工作，主要集中在以下几个方面：

第一，水旱灾荒的时空分布规律特点、水旱灾伤申检体覆制及救济措施。首先统计北方4省56路的水旱灾的月次、年次，受灾路府州县数量，确定水灾旱灾的级别、成灾面积、国家减免租税数、救济粮石数。统计文献可知，大约有670路受水旱灾，累计水旱成灾面积至少343万顷，减免租税近1000万石，至元、大德间发放赈济米粟200万石。其次，回顾元代水旱灾伤申检体覆制度。最后，探求水灾、旱灾的时间和空间规律。我发现，元代大中水灾有3年、8年和11年周期特点，大中旱灾有5年和8年周期特点；有5个特大水灾期，5个特大旱灾期，9个大灾期；其地理分布特点是，东部及东北，水灾多于旱灾；陕西及山西，旱灾多于水灾。降水，从南到北，呈地带性间隔。水灾的因素有：雨水过多、河流冲决等。

第二，霜冻、无雪、大雪、大寒及救济措施。寻找到1248年、1269年、1276年、1278年北方暖冬的历史文献记载，可以作为13世纪比较温暖的一个证据。

统计了中书省、岭北行省、陕西行省、河南行省淮汉流域以北的霜冻次数，约有44个霜冻年。14世纪前期比13世纪后期霜冻频率增加，1300—1309年有7年发生霜冻，1320—1329年有6年发生霜冻，均证明这两个10年比较寒冷，可以作为14世纪比13世纪寒冷的一个证据。农作物霜冻多为局地灾，北纬35～40度是霜冻最多地带。寻找到14世纪北方农作区和陕西西安、湖南邵阳、浙江温州、岭南、江西赣江流域、广西宝庆等地10次大雪奇寒的历史文献记载，比科学家竺可桢先生关于14世纪寒冷的证据多出10条，而且发生寒冷事件的地区范围更遍及南北。

第三，冰雹的时空分布特点、分类及救济措施。统计了中书省30路、河南行省淮汉流域以北10路府、陕西行省、甘肃行省雹灾发生年次，发现了元代北方雹灾的地带性特点和几个冰雹灾区并进行雹灾等级分类。国家对雹灾的救济，主要是免税，减免所损伤作物收成分数，损几分减几分。

第四，蝗灾的群发性、韵律性及减灾救灾制度。统计了元代北方发生蝗灾的地区约400路。寻找蝗灾分布的时空规律，利用现代天文物理、气候、地理和生物学科的成果，分析蝗灾规律，可知，蝗灾主要分布在环渤海黄海区、运河河道区、黄河河道区及河北省的几个河淀流域。在时间上，大蝗灾(受灾路达6路即60县)表现出11年左右周期，特大蝗灾期(连续2～10年)表现出60年左右周期；在上溯至金朝，下衍至清康熙时，60年左右周期仍然存在。结合中国古代太阳黑子活动记录，运用现代天文学的太阳黑子活动11年周期和61年周期理论方法，通过分析太阳黑子活动与气候因素，如大气环流、温度、降水的直接相关性，解释太阳黑子活动与蝗灾的间接相关性，探知蝗灾韵律性的基本成因。同时探究了元代预防蝗灾的方法和救济措施。

第五，蝗灾的时聚性、重现期与太阳黑子活动的关系。前人的研究表明，蝗灾具有一定时间间隔的爆发特点，现代一般发生的大蝗灾最大间隔为9～11年、最小间隔为4～5年。当代学者们认为，历史上蝗灾的发生时间相对集中，但没有发现明显的周期性。第四章，作者初步讨论了元代我国北方蝗灾，在空间上的群发性，和在时间上的韵律性特点。第五章进一步研究发现，元代蝗灾在各时间尺度上，均呈现出显著的时聚性与周期性发生特点，11年左右的大蝗灾发生周期和60年左右的特大蝗灾周期，与太阳黑子的11年周期和61年周期基本相当，且大蝗灾与重大蝗灾均发生在从太阳黑子活动极大年到极小年的时段内。上述特点，值得当前研究华北地区蝗灾生消变化规律时，作为参考。

第六，桑树的虫灾、霜冻和风雨雹灾及救济措施。元代以重农桑而著名。第六章研究了元代桑树虫灾、霜冻、风雨冰雹等，以及预防救济措施。

第七，饥荒的时空分布特点及救济措施。统计了元代北方饥荒年份，找出了7个连续大中范围饥荒期和饥荒在各省分布的地区特点。分析了国家救济饥荒的措施，有蠲免、赈济、调粟、节省、安辑、抚恤等。详细分析了赈济所用钱粮的来源，有税粮、常平仓和义仓粮、补官之粟；用于赈济的钱钞，主要有国库钱钞、罚赃钞、盐课钞等。

我在研究元代北方灾荒与救济问题时，遇到了很多自然科学的问题，如历史自然地理、生物、天文物理、历法、气候等方面的问题。为此，我补充了多方面的理论知识和方法。在研究水旱灾荒的问题上，结合史学与自然科学的方法，如灾害范围和分类方面，既借鉴李克让先生的方法，又依据灾荒程度减免赋税方法，提出我自己的研究方法。在研究蝗灾问题时，借用竺可桢先生历史气候研究时常常使用的绝对值方法，统计元代灾荒时间的年代和地区数；在解释大蝗灾的韵律性时，既利用了气候变化研究中 12 世纪和 13 世纪冷暖变迁和干旱周期的研究成果，又借用了太阳黑子活动 11 年和 61 年周期理论方法。

我着手研究元代北方灾荒与救济，始于 1996 年，至 1999 年暂告一段落。相关论文，都相继发表在 1998 年至 2002 年的《北京师范大学学报(社会科学版)》《中国历史地理论丛》《社会科学战线》等学术刊物上（见附录），蝗灾论文被《新华文摘》全文转载，中国人民大学复印报刊资料《历史学》《经济史》《宋辽金元史》转载了几篇论文，《高等学校文科学术文摘》摘要一篇论文。时至今日，十几年过去了，我希望这个领域的研究，能得到进一步的发展。

第一章 元代北方水旱灾害及救济措施

迄至1998年，学术界对元代北方水旱灾害的专门研究，基本处于空白。1937年邓拓在其《中国救荒史》中统计了元代水旱等灾害的年次。1964年萧廷奎等分析了河南省元明清时期的旱灾周期[①]，时间过于笼统。1981年，中央气象局气象科学研究院主持编纂的《中国近五百年旱涝分布图集》，建立了1470—1909年共计440年的旱涝等级序列。[②]1997年，尹钧科、于德源、吴文涛合著《北京历史自然灾害研究》，研究了元代大都路的水旱灾害。[③]这些论著，或者从总体上说明旱灾的周期，或者研究大都路的水旱灾害，而关于元代国家的灾伤申报(报灾)、检踏(验灾)、复查、减免夏税秋粮制度，水旱灾害的分布特点，受灾路府州县数量，国家的救灾措施等问题，仍然处于空白状态。

本章研究时段，为从元太宗十年至至正二十六年(1238—1366)共129年。地理范围，为北方省路，包括中书省、辽阳行省、陕西行省、河南行省，即今京、津、豫、鲁、晋、陕、东北三省、蒙东及甘、宁、苏、皖部分地区，大体相当于淮河汉水流域以北地区，比今天的华北五省区要大得多，包括西北、东北、华北甚至华中的部分地区。本章研究

---

① 萧廷奎等：《河南省历史时期干旱的分析》，载《地理学报》，第30卷第3期，1964。

② 中央气象局气象科学研究院主编：《中国近五百年旱涝分布图集》，北京，地图出版社，1981。

③ 尹钧科、于德源、吴文涛：《北京历史自然灾害研究》，44～57页，北京，中国环境科学出版社，1997。

的文献基础，是《元史》各《本纪》和《五行志》。首先根据《元史》各《本纪》和《五行志》详细统计北方 4 省 56 路的水灾和旱灾的年次、月次、受灾路府州县数量。[①] 各种表格，附于本章正文后。

本书借用中国科学院地理所李克让研究员界定灾害范围的方法，即灾害范围＝受灾站数÷56 路×100％。[②] 但是，作者使用这个方法，与李先生有所不同：李书中，受灾站数是受第 5 级灾害，即大旱、大水。而在作者的研究中，受灾站数是《元史》记载的全部受灾路府县，所受灾包括旱、水和大旱、大水两个级别。李书是对受灾站的抽样调查，而作者的调查则是全部受灾记载。另外，作者对确定大中小旱灾年、水灾年、水旱灾害年的标准，与李先生亦有不同。即规定 10％以下的路（即 6 路）受水灾，为小范围水灾年；11％～19％的路（即 7～10 路）受水灾，为中范围水灾年；20％以上路（即 10 路以上）受水灾，为大范围水灾年。此法同样适用于对旱灾年、水旱灾害年的分类。

元朝水旱灾伤申检体覆赈济制度，以十分为准。损 5～10 分的田地，减免租税，须申检，其文册或汇总文书，成为国史院编修实录和政书的原始依据。损 1～4 分者，租税全征，不须申检。故《元史》只记载损 5～10 分的水旱，不包括损 1～4 分的水旱。

从中统三年到至正二十六年（1262—1366）的 105 年中，89％的年份发生二、三级水灾，而大中范围水灾年（受灾范围为 10％以上）达 37％，并有平均 3 年、8 年、11 年左右的周期。从太宗十年到至正二十六年（1238—1366）的 129 年中，62％的年份发生二、三级旱灾，而大中范围旱灾年达 25％，并有 5 年、8 年的周期。水旱大中灾年以中统三年到至大三年（1262—1310）和延祐六年到后至元二年（1319—1336）为最多，占总大中灾年的 72％。

---

① 本书所有统计数字，全部依据《元史》各《本纪》和《五行志》，并据《紫山大全集》卷四《捕蝗行并序》补充至元元年大旱灾，以下凡是有关水旱灾的年次、月次、受灾路数等，不再一一注出。

② 李克让等：《华北平原旱涝气候》，85 页，北京，科学出版社，1990。

元代北方降水的地区分布是，东部及东北水灾多于旱灾；中西部，即陕西、中书省的河东及兴和路，包括今天陕西全省、内蒙古的腾格里沙漠地区、甘肃省的东部地区、山西省、河北省的张家口地区，旱灾多于水灾。

累计北方四省129年间，有670路受水旱灾害(水灾420路，旱灾250路)；成灾面积约343万顷(系官田4万顷，民田339万顷)；国家减免租税约1000万石(系官田180万石，民田760万石)；救济粮食，至元至大德间，约200万石。

一、水旱灾伤的申检体覆制度及等级分类

元初，逐步建立了水旱灾伤申检体覆及减灾救灾制度，中统元年(1260)中书省奏准宣抚司条款："被灾去处，以十分为率，最重者虽多，量减不过四分，其于被灾去处，依度验视，从实递减三分、二分等。"[①]这是对受灾地区科差减免分数的规定，即损失分为十等，损失最重的，可减科差四分；损失稍次的，减科差三分；再次的，减科差二分，但没有明确定损失和减科差的对应关系。《至元新格》明确规定："水旱灾伤，皆随时检覆得实，作急申部体分，损八分以上者其税全免；损七分以下者，只免所损分数；收及六分者(损1～4分)，税既全征，不须申检。"[②]即把作物收成和减产划分为十分：损失1～4分收成9～6分的田亩，税粮全征，故不须申检；损失5～7分收成5～3分的田亩，免所损失的分数；损失8～10分收成2～1分的田亩，全免税粮。后两种，要申检。

申检是申报灾害、检验灾害制度的简称。因为损失5～10分的田禾，要全免或部分免除地税。所以，元朝重视申灾检灾体覆等制度的建

① 《元典章》卷二十五《户部十一·减差·被灾去处量减差税》。

② 《元典章》卷二十三《户部九·灾伤·水旱灾伤随时检覆》。

立与严格执行。至元九年(1272)《灾伤地税住催例》规定:"今后各路遇有灾伤,随即申部,许准检踏是实,验原申灾地,体覆相同,比及造册完备,拟合办实损田禾顷亩分数,将实该税石,权且住催听候。"[①]这里说到确定灾伤的几个程序:申灾、检踏、体覆。

申灾,又叫告灾,报灾,规定"各处遇有水旱灾伤田粮,夏田四月,秋田八月,非时灾伤,一月为限,限外申告,并不准理"[②]。各种水旱蝗冰雹等自然灾害,夏田受灾者,申报到中书省户部的最后期限是农历四月;秋田受灾者,申报到中书省户部的最后期限是农历八月。其他非时发生的自然灾害,申报的期限为灾害发生后一个月;过时申报,不予受理。这就意味着,在规定时间内申报并受理的,可以按规定减免各种地税;否则,即使发生灾害,并不减免地税。申灾,由各县各路官员进行。

检踏,即勘灾,就是检验勘察。检踏之责,由按察司负责。至元十九年(1282)御史台指出,原先"各处每年申到蚕麦秋田水旱等灾伤,凭准各道按察司正官检视明白,至日验分数",因此御史台要求"今后各道按察司,如承各路官司申牒灾伤去处,正官随即检踏实损分数明白"[③],即要求各按察司,随时检验灾伤分数。但是,有些按察司官员,不随时检查踏勘,而是等待轮值巡查时,顺便踏勘。这样,往往不能及时向中书省报告,也就不能按灾减免地税。至元十九年(1282)《检踏灾伤体例》说:"近年以来,按察司官不为随即检踏,直待因轮巡按检勘……今后各道按察司,如承各路官司申牒灾伤去处,正官随即检踏实损分数,明白回牒,各处官司缴连申部,随即免除。"[④]由于不能及时验灾,致使地税不减;导致纳粮户透纳灾伤数,如至元九年六月,御史台呈交河北河南按察司的文书,说是该按察司下"随路至元六年七年透纳灾伤粮

① 《元典章》卷二十三《户部九·灾伤·灾伤地税住催例》。

② 《元典章》卷二十三《户部九·灾伤·江南申灾限次》。

③ 《元典章》卷二十三《户部九·灾伤·检踏灾伤体例》。

④ 同上。

数”[1]，这就影响到受灾地区人民的生活。所以，至元二十八年(1291)和大德八年(1304)，江浙行省两次请求对江南秋田申灾的展限。[2] 后来，就是在北方，灾伤申告，也不受夏田四月、秋田八月报灾的限制了，“至顺元年(1330)正月，大名路及江浙诸路俱以去年旱告，永平路以去年八月雹灾告”[3]。这说明在腹里和江南，灾害的报告都已经大大延长时限了。

体覆，即审查审核，专指按察司对各路上报的水旱灾伤田禾不收的复审。[4] 至元二十九年按察司改为廉访司，廉访司负责体覆。但廉访司有时也难随时体覆，受到元仁宗皇帝的批评，如延祐四年(1317)“平江、镇江两处提举司管著的寺家常住地，每年申报水旱灾伤，为是廉访司不曾体覆，俺难准信。有今后若有水旱灾伤，有司检踏了，交廉访司体覆”[5]。这说明，按察司或廉访司负责体覆，是对检查踏勘的复查复审。

但是在申灾、检灾、体覆过程中也出现一些问题。至元二十八年(1291)，御史台承奉中书省札付：“近年以来，有司遇人户申报，不即检踏；又按察司过期不差好人体覆，中间转有取敛，人民避扰，不肯申报；虽报，不待检覆，趁暗番耕，以致上下相耽，官粮不得到官，民间虚被其扰……今后但遇人民申告灾伤者，令不干碍官司从实检踏，及就便行移肃政廉访司，随即差官检覆虚实，须管依期申部呈省。若有检踏不实，违期不报，过时不检，及将不纳税地，不曾被灾，捏合虚申者，挨问，严加究治。”[6]如，延祐二年(1315)浙西道廉访司体覆出皇庆元年(1312)湖州路德清县虚踏灾田 2 顷 83 亩，除破官粮 3 石余，行台的处理意见是“官吏检踏灾伤不实，冒破官粮，受财者以枉法论，不曾受财、检踏不实者，验虚报田粮多寡，临时斟酌定罪。”[7]在逾期不报、

---

① 《元典章》卷二十三《户部九·灾伤·灾伤地税住催例》。

② 《元典章》卷二十三《户部九·灾伤·江南申灾限次》及《水旱灾伤减税粮事》。

③ 《元史》卷三十三《文宗本纪二》。

④ 《元典章》卷六《台纲二·体覆·察体覆事理》。

⑤ 《元典章》卷六《台纲二·体覆·灾伤体覆》。

⑥ 《元典章》卷二十三《户部九·灾伤·水旱灾伤减税粮事》。

⑦ 《元典章》卷五十四《刑部十六·虚枉·官吏检踏灾伤不实》。

过时不检、检踏不实、虚报灾伤等问题中，最严重的是透纳灾伤粮。如，“至元九年(1272)六月，河南江北道按察司申，该随路至元六年、七年透纳灾伤粮数，送户部议”[①]。又如，皇庆元年(1312)五月江浙行台曾奏：江浙省各处申报到至大三年(1310)水旱灾伤官民田土23480顷34亩，该粮296010石，州县检踏事实，路府正官复踏相同，各道廉访司依例体覆，查出除实有灾伤田土22025顷33亩、粮279269石外，冒破灾伤复熟等田1457顷，该粮16741石。江浙行台的处理意见是：“将原委检踏官吏依例断罪，任满于解由内明白开写，以凭黜陟。”[②]从这几个案例中可以看出，对虚报灾伤田粮、检踏灾伤不实等事，虽事隔数年，一经查出，都严肃处理。

申检灾伤的标准，是依据作物收成和损伤的分数。中统四年被灾去处量减科差的规定及《至元新格》，都是把水旱等灾伤分为十个级别，在实际执行中，也能以十分为标准，如至元九年(1272)要求肃政廉访司查清“实损田禾顷亩分数”[③]；至元十九年(1282)御史台曾指出，原来“各处每年申到蚕麦秋田水旱等灾伤，凭准各道按察司正官检视明白，至日验分数”，要求“今后各道按察司，如承各路官司申牒灾伤去处，正官随即检踏实损分数明白”。[④] 可以肯定，因涉及减免地税差税，政府必定严格地执行以十分为标准的灾害等级分类。

申灾检灾救灾中有许多文册，包括申灾文册、检踏灾伤文册、灾伤文册、赈济文册、户部籍册等。关于申灾文册和检踏灾伤文册，上引《灾伤地税住催》提到检灾后“造册完备，拟合办实损田禾顷亩分数，将实该税石”等，这应该是检灾和减税文册；上引《检踏灾伤体例》提到的“各路官司申牒灾伤”应该是申灾文牒，而按察司“正官随即检踏实损分数明白回牒”也应该是验灾文牒；《至治条例纲目·户部》之《田宅·灾伤》有延祐四年(1317)《攒造灾伤册》及延祐六年(1319)《灾伤开写被灾人

① 《元典章》卷二十三《户部九·灾伤·灾伤地税住催例》。
② 《元典章》卷五十四《刑部十六·虚枉·虚报灾伤田粮官吏断罪》。
③ 《元典章》卷二十三《户部九·灾伤·灾伤地税住催例》。
④ 《元典章》卷二十三《户部九·灾伤·检踏灾伤体例》。

户实损分数顷亩》等格[1]，这指的是至治以后的灾伤文册。关于赈济文册，大德八年(1304)以前的灾伤和赈济文册有三本，呈报行省、宣慰司、总管府，大德八年规定只"攒造村庄花名备细文册"一本："今后但遇灾伤或赈济贫民，止令亲管司、县攒造村庄花名备细文册，各处所委检踏等官，于上书押，将总数申覆各处上司。"[2]由于出现了救济灾伤或缺食人民中官员的冒支赈济粮等弊端，至大三年(1310)户部提出填写灾伤或缺食人户籍册的具体规定："遇申告灾伤或称缺食者，要人户供写原籍户名及见告人名字，称说系是户头人子侄弟婿男外甥，要审问明白，方许受理……各户亲赴见住地面官司陈告，体覆保勘是实，各用勘合关牒，行移原籍官司，以凭查勘。"[3]总之，申灾、检灾、救灾等工作中的文册，大致应该包括这几项内容：路府州县村庄名、灾伤种类、受灾户主姓名人口数量、实损田禾顷亩分数、实该税石，拟住催税粮、赈济粮钞数量等。

这些文册，应该是元朝国史院编纂国史的原始文献，而据《十三朝实录》和《经世大典·政典》编修的《元史》各《本纪》和《五行志》中的灾伤记载，大致是真实可信的。必须指出，各《本纪》和《五行志》中记载的灾害等级，以十分法分级的，仅见一例：至元十年(1273)"诸路虫螟灾五分，霖雨害稼九分"。这使我们无法完全按十分法来定级。大多数灾害记载，都没有说明灾害的分数，只是在文字上，对灾害程度有所区别。对水灾，重者，一般记载为大水、大雨、霖雨(雨三日以上为霖)、淫雨(即霖雨)，其次记载为水、雨；对旱灾，重者，一般记载为大旱、亢旱，其次记载为旱。

下面，根据元朝灾伤的申报检覆制度及《元史》的文字表述，对元朝水旱灾害进行等级分类。

---

① 《元典章新集目录》。

② 《元典章》卷二十三《户部九·灾伤·赈济文册》。

③ 《元典章》卷十七《户部三·籍册·灾伤缺食供写元籍户口》。

表 1-1　元代田亩灾伤申检制度及农作物灾伤等级对应表

收成	损失	免税或减税规定	申检灾伤规定	水旱描述	灾害描述	救灾措施	水旱灾害等级
	十分	全免	申检	大水(大雨霖雨) 大旱、亢旱	害稼损稼坏民田；二麦枯死，种不入土；民大饥，人相食	免其租，蠲其租，被灾者全免，发粟米钞；	三级
一分	九分	全免	申检	同上	同上	同上	三级
二分	八分	全免	申检	同上	同上	同上	三级
三分	七分	免所损分数	申检	水(雨) 旱	损稼、害稼、伤稼	减包银之半，免田租十之六，免租税之半	二级
四分	六分	免所损分数	申检	同上	同上	同上	二级
五分	五分	免所损分数	申检	同上	同上	同上	二级
六分	四分	全征	不须申检	无记载	无记载	无	一级
七分	三分	全征	不须申检	同上	同上	同上	一级
八分	二分	全征	不须申检	同上	同上	同上	一级
九分	一分	全征	不须申检	同上	同上	同上	一级

据此可知，《五行志》和各《本纪》记载的水旱灾害，不包括损失即灾伤1～4分的水旱，只包括造成农作物 5～10 分损害的水旱。即《元史》只记载部分水旱，而不是全部水旱。这样，根据文献对水旱灾害性状的描述，结合元朝对灾伤及免减全征地税的规定，可以把元代的水旱分为三级，即灾伤 1～4 分收成 9～6 分的地亩，为一级；灾伤 5～7 分收成 5～3 分的地亩，为二级；灾伤 8～10 分收成 2～0 分的地亩为三级。下面具体说一说分级的情况。

一级：《至元新格》规定："水旱灾伤，皆随时检覆得实作急申部体分……收及六分者，税既全征，不须申检"，即损失 4～1 分收成 6～9 分的田亩，不报灾，不申检，税粮全征，故不会有原始档案，国史不会记载。所以现在我们看不到这级灾害的记载。但没有记载，不等于没有发生。事实上，从国家为确保其地税征收的经济利益看，许多实际造成5～6分灾伤的水旱，尽管州县上报，但经按察司或廉访司的体覆后，可能又被归于损4分以下，从而不在减免地税之例。损失4分的灾害，最使农民受苦，因为国家的税收不能减免，更不能得到救济，而这类灾害一定很多，农民的艰难可想而知了。

二级：《至元新格》规定："损八分以上者其税全免，损七分以下者止免所损分数……须申检"，造成5～7分损失的水旱免所损失的分数，造成8～10分损失的水旱全免地税，故须申检。因为州县申检，按察司或廉访司的体覆，所以，中书省完全掌握这两类水旱的情况，有文字记录。因此，大体说来，经申检、体覆、符合国家减免地税规定的水旱，不在灾伤5～7分之例，必在灾伤8～10分之例。因此，这里说的二级水旱就是指损失5～7分的水旱。这级水灾，文献一般记载为水伤稼、水损稼、雨伤稼、雨损稼，并且记录实际免除税粮的具体石数。这级旱灾，一般记载为旱，但记载的赈济措施很少。

三级：《至元新格》规定："损八分以上者其税全免"，即灾伤8～10分的田亩，地税全免。州县官常有虚报冒免，而按察司或廉访司则有体覆，御史台或行台则有处罚，如前引至元九年河南江北道按察司体覆出该随路至元六年、七年透纳灾伤粮，延祐二年(1315)浙西道廉访司体覆出皇庆元年湖州路德清县虚踏灾田粮，皇庆元年(1312)五月江浙各道省访司体覆出各处冒破灾伤复熟等田粮等。由于有严格的体覆制度，所以这类灾伤少。这级水灾，文献记载为大水(大雨、霖雨)伤稼害稼损稼，免租蠲租赈济。这级旱灾，记载为大旱亢旱，但文献很少记载元初之时国家有什么救灾措施。天历三年(1330)以内外郡县亢旱为灾，于是实行入粟补官之制[1]，对旱灾的救济才多起来。不过大体说，和救济大水灾相比，对旱、大旱的救济实在太少。

从元代水旱灾伤的申检制度及史书记载的水旱灾伤情况可知，凡是申检的，从而也是记载的水旱灾害，都是造成作物损失5～10分的灾

① 《元史》卷九十六《食货志四》。

害，都造成50%～100%的粮食减产，从而影响到人民的生活；国家不仅要全部或部分免除税粮，有时还要救济人民。对那些造成1～4分损失的水旱灾害，国家不仅不会免或减税粮，而且还要全部征收，这说明元代农民的生活条件是十分艰难的。但是由于没有记载，我们就无法看到这部分水旱灾害的具体内容及其特点，在研究中，只能忽略这部分水旱灾害，而不能把它们作为年成正常的指标。

二、水灾的时间分布特点

从表1-2可见，从太宗十年至至正二十六年(1238—1366)的129年中，除极个别年份，几乎年年有损失5～10分即二、三级的水旱灾害。具体来说，文献记载，北方四省[在个别年份统计范围有所扩大，如定宗三年(1248)草原大旱，宪宗九年(1259)四川大雨]，有102年发生二、三级水旱灾害，占总年数的79%；无二、三级水旱灾害的年份只有27年，只占21%，如果考虑到中统三年(1262)以前，可能发生过一、二、三级水灾或旱灾，只是当时处于战争阶段，且蒙古国还没有继承宋金相关制度或建立灾害申检制度，那么，无二、三级水旱灾害的年份，就会少得多。这些极少的例外，即无二、三级水旱灾害记载的年份是：太宗九年至定宗二年(1237—1247)、定宗四年至宪宗八年(1249—1258)、中统元年至二年(1260—1261)、至元三年(1266)、至元十一年(1274)、后至元四年(1338)、至正十二年(1352)、至正二十一年(1361)。如果把蒙古国无水旱灾害申检制度的年份除外，从中统三年到至正二十六年(1262—1366)的105年间，总共有5年无二、三级水旱灾害，表现出平均12.5年的间隔性。因此在讨论元代北方二、三级水旱的长期变化趋势时，应该考虑其地区范围。

(一)大中范围水灾年的时间变化特点

从中统三年(1262)到至正二十六年(1366)的105年中，93年发生水灾，占总统计年数的89%，只有12年无水灾，只占总统计年数的

11%。根据元朝水旱灾害申检体覆制度，凡是记载于史书的灾害，都是经过申检体覆，符合国家减免地税规定的水旱灾害，都造成作物损失5～10分的损害，不在灾伤5～7分之例，必在灾伤8～10分之例，即不是二级水灾，就是三级水灾。三级水灾，文献一般记载为大水(大雨、霖雨)，二级水灾，史书一般记载为水(雨)。因此，在讨论大范围水灾的时间变化特点时，如果仍使用大水年的提法，必与元代的灾害等级分类相混淆。

为解决这一问题，使用水旱灾害范围的计算方法，每年水旱灾害范围可以用下面方法计算：受灾路府州县，占总路府州的百分比，就是水旱灾害范围。如规定受水灾范围(即路府州)在10%以下的年份为小范围水灾年，水灾范围在10%～19%的水灾年为中范围水灾年，水灾范围在20%以上为大范围水灾年，则统计结果表明，在93个水灾年中，有14个大范围水灾年，占总水灾年的15%；有21个中范围水灾年，占总水灾年的23%(二者合计达38%)；58个小范围水灾年，占总水灾年的62%。

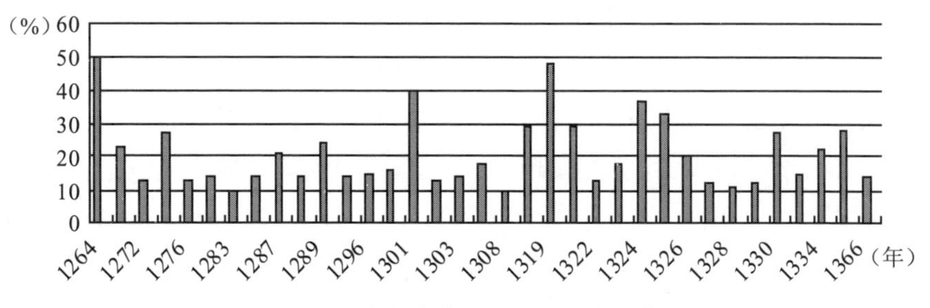

图1-1　北方大中范围水灾年及水灾范围

(二)连续大中范围水灾期的分布

如果以出现2年以上连续的大中范围水灾年为特大水灾期，则中统到至正间共出现5个特大水灾期：

1. 至元九年至十年(1272—1273)特大水灾期。其中1272年大约有7路发生大水或水；1273年诸路(大约14路)霖雨害稼九分，达到灾伤的最高分数。

2. 至元二十四年至二十六年(1287—1289)特大水灾期。其中1287

年近11路，或霖雨伤稼、压死人民、房屋倒塌，或大霖雨、江水溢、没民田；1288年大约8路，或大霖雨河决，或霖雨河溢害稼，或连岁大水民食草木，或霖雨害稼；1289年大约12路，或大水害稼，或霖雨害稼，或水坏田稼。

3. 元贞元年至大德元年(1295—1297)特大水灾期。三年都有8路，或水，或河决。

4. 大德五年至大德七年(1301—1303)特大水灾期。1301年大约20路，或水，或大水，或霖雨，或河溢民死；1302年大约7路，或大水，或霖雨50日、河溢，或河溢、坏民田，或霖雨、米价腾涌、人民流移；1303年大约8路，或水，或雨水坏田庐死人民，或河溢。

5. 至治元年至至顺二年(1321—1331)特大水灾期。连续11年发生大中范围水灾，其中5年大范围水灾，6年发生中范围大水灾。这5个大范围水灾年是1321年、1324年、1325年、1326年和1330年。1321年北方大约13路，或水，或大水河溢决堤，或霖雨伤稼，就是岭北行省乞里吉斯部，也发生江水(叶尼赛河及其支流)溢的水灾；1324年北方四省8路12州84县，或大雨水，或雨水伤稼害稼，或淫雨水深丈余，漂没民田，或大雨水50余日、损民庐舍，或大雨山崩，或霖雨损禾稼，或霖雨漂民庐舍，即使极少降雨的甘肃行省的甘肃河渠司营田等处，也雨水伤稼；1325年8路8州7县，或大水大雨伤稼，或大水没民田坏庐舍，甘肃行省的甘州路二月大霖雨漂没行帐孳畜，十月宁夏府路鸣沙州大雨水；1326年，大约8路8州7县，或河决坏民田，或霖雨坏田伤稼；1330年大约有14路，或水，或大水害禾稼，或河溢没民田，或海潮涌溢漂没盐场。6个中范围水灾年是1322年、1323年、1327年、1328年、1329年和1331年，分别有6～8路水或大水。此前的1319年大约有25路发生水灾，或水，或大雨水害稼，或河溢坏民田。此后的1334年大约有15路发生水灾，或大水，或河涨漂溺民畜庐舍，或水灾民饥，或霖雨民饥。这是元朝连年水灾最长的时期。

(三)大中范围水灾年及连续大中范围水灾期的周期变化

从中统三年(1262)到至正二十六年(1366)的105年中，89%的年份发生二、三级水灾，而大中范围水灾年达37%，这些大中范围水灾平均相距3年；每个单独大中范围水灾年(两个以上每个连续大中范围水灾年计为1)，平均相距8年左右；其中5个连续大中范围水灾期，平均相距11年左右。即大中范围水灾年有3年、8年的周期特点，5个连续大中范围水灾期有11年左右的周期。

三、旱灾的时间分布特点

(一)大中范围旱灾的分类

从太宗十年到至正二十六年(1238—1366)的129年间，有80年发生旱灾，占总统计年数的62%；49年无旱灾记载，占总数的38%。旱灾年比水灾年少，无旱灾年比无水灾年多，就是说元朝处于多水灾时期。如果考虑到大蒙古国时期还没有完善地建立水旱灾伤申检体覆制度，也不可能有什么原始文献以供史官修实录或大典时参考，许多实际发生的旱灾不见记载(除极少的例外，如太宗十年诸路旱蝗影响赋税收入，定宗十年草原大旱、河水尽涸，野草自焚、牛马十死八九、人不聊生)，那么旱灾的年份可能会有所提高。根据元朝水旱灾害申检体覆制度，凡是记载于史书的灾害，都是经过申检体覆，符合国家减免地税规定的水旱灾害，都造成作物损失5～10分的损害，不在灾伤5～7分之例，必在灾伤8～10分之例，即不是二级旱灾，就是三级旱灾。三级旱灾，文献一般记载为大旱(亢旱)，二级旱灾，史书一般记载为旱。因此，在讨论大范围旱灾的时间变化特点时，如果仍使用大旱年的提法，必与元代的灾害等级分类相混淆。

为解决这一问题，仍使用水旱灾害范围的计算方法，规定受旱灾范围(即路府州)在10%以下的年份为小范围旱灾年，受灾范围在10%～19%的旱灾年为中范围旱灾年，受灾范围在20%以上为大范围旱灾年。

统计结果表明，在 80 个旱灾年中，有 8 个大范围旱灾年，占总旱灾年的 10%；有 12 个中范围旱灾年，占总旱灾年的 15%（二者合计达 25%）；60 个小范围旱灾年，占总旱灾年的 75%。

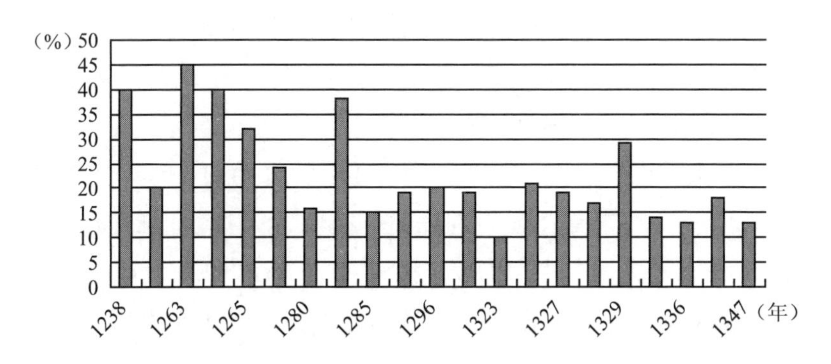

图 1-2　北方大中范围旱灾年及旱灾范围

(二)连续大中范围旱灾期的时间分布

如果以出现特大旱年(造成严重赋税损失、影响社会稳定)或者 2 年以上连续的大中范围旱灾年，作为特大旱灾期，则太宗到至正间共出现 5 个特大旱灾期：

1. 太宗十年(1238)特大旱期。《元史》卷二《太宗本纪》云："秋八月，陈时可、高庆民言诸路旱蝗，诏免今年田租，仍停旧未输纳者，俟丰岁议之。"所说诸路，应指太宗二年置十路征收课税使的十路：燕京、宣德、西京、太原、平阳、真定、东平、北京、平州、济南，及以后攻取的河南、南京、归德等中州地区，因其时各路所辖地区广大，所说诸路除包括上述各路外，还应包括大名、河间、广宁、益都、平滦等路府州，大约 20 路。从所说救灾并俟丰岁议看，这年旱蝗一定造成了农田灾伤，从而造成极大的赋税损失。

2. 定宗三年(1248)特大旱期。《元史》卷二《定宗本纪》云："是岁大旱，河水尽涸，野草自焚，牛马十死八九，人不聊生。诸王及各部又遣使于燕京迤南诸郡，征求货财、弓矢、鞍辔之物，或于西域回鹘索取珠玑，或于海东索取鹰鹘，驲骑络绎，昼夜不绝，民力益困。然自壬寅以来，法度不一，内外离心，而太宗之政衰矣。"旱灾造成了物资短缺，从而使蒙古国政局不稳。

3. 中统四年至至元二年(1263—1265)特大旱期。1263年中书省13路2州旱，或免今岁田租之半，或免田租十之六，或量减今岁田租，从所免租税分数看，旱灾使作物损失五分和六分以上，即田禾只有半成收获。1264年12路旱。1265年17路旱。同时1263年和1265年在旱灾地区，又是蝗灾大暴发时期，人民流移。

4. 元贞元年至大德元年(1295—1297)特大旱期。1295年陕西行省、河南行省、中书省大约10路(府直隶州)旱；1296年辽阳行省、河南行省、中书省大约10路5县旱；1297年中书省和河南行省大约10路2县，或旱，或大旱，有的路旱灾之外，并发大疫，有的路因旱而使民鬻子女。

5. 泰定三年至天历二年(1326—1329)特大旱期。大体上，每年均有10路左右发生旱灾，1329年达到极点。中书省、陕西和河南二行省旱，陕西饥民123万余，奉元流民数十万，河南饥民三万人，饿死者两千。

(三)大中范围旱灾年及连续大中范围旱灾期的周期变化

从太宗十年(1238)到至正二十六年(1366)的129年中，62%的年份发生二、三级旱灾，而大中范围旱灾年达25%，这些大中范围旱灾年，平均相距5年；每个单独大中范围旱灾年(5个特大旱灾期计为1)，其间隔是8年。

四、水旱灾害的时间分布特点

(一)水旱灾害的季节分布

中书省，87%的二、三级水灾分布于夏(4～6月)秋(7～9月)两季。现在黄淮海平原的涝灾主要发生于7月和8月[①]，说明元代山东、河北、

① 张养才等:《中国农业气象灾害概论》，369页，北京，气象出版社，1991。

山西、京、津地区水灾跨越的时间比今天长，即说明元代北方比现在降水多；而各季节都有旱灾发生，分别是12%、24%、32%和7%，除春旱、秋旱比较严重外，夏旱、冬旱也不在少数，且有9%的旱灾，跨越两至三季。河南行省，水旱灾害分布时间很长，4～6月水旱灾害占全年水旱灾害的57%，7～9月占总数的25%，一年中有半年处于严重的水旱灾害威胁中。陕西行省的水旱灾害比较集中，77%的二、三级水灾集中于5～8月，60%的旱灾集中于6～7月，水旱灾害时间只是全年的三分之一。辽阳行省6～7月水灾占全年的46%，9～10月占全年的30%，而旱灾则相对集中，2月和6月的旱灾，各占全年的22%。从中书省水旱灾害的季节分布图看，冬春发生旱灾的概率比水灾的概率高，夏秋水灾比旱灾高。

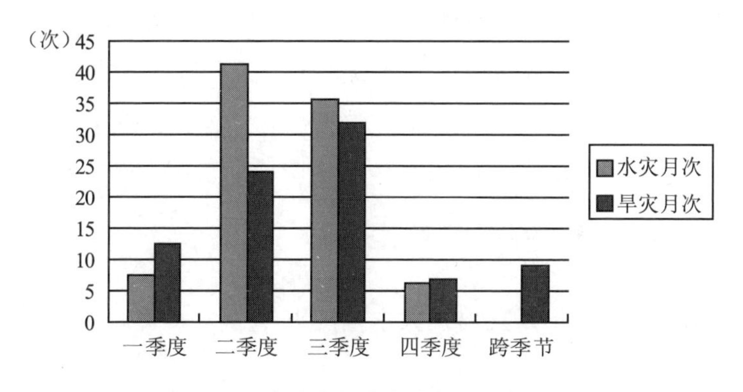

图1-3　中书省水旱灾害次数的季节分布

(二)水旱灾年的分类及其变化

用与上述分析水旱灾害范围同样的方法，规定受水旱灾害范围在10%以下的路府州受水旱灾的年份为小灾年，10%～19%的路府州受水旱灾的年份为中灾年，20%以上的路府州受水旱灾害的年份为大灾年。结果表明，1238—1366年的129年中，有小灾年58年，占总灾年(102)的57%；中灾年27年，占总灾年的26%；大灾年17年，占总灾年的17%。大中灾年合计占总灾年的43%。

按照元代的水旱灾伤申检制度，凡是损失1～4分的水旱灾害，都不在申检之列，故不见文献记载；所有记载的水旱灾害，都是损失5～

10 分的灾害，因此，可以认为，元代只有 27 年既无二、三级水灾，又无二、三级旱灾，只是发生了损失 1～4 分的水旱灾害。因为赋税全征，国家的粮食和包银的征收，一丝一毫也没有受损失，只是农民自己承受了自然灾害。27 个无二、三级水旱灾害年和 58 个小灾年，可以认为是全区 66％的年份中 80％以上的范围降水较为正常，只有 10％以下的路府州气候异常。这样的年份，以 1238—1261 年、1312—1318 年、1348—1366 年为最多，如果说第一时段因灾害申检制度不健全而不能完全反映水旱灾害的实际情形，那么第二、第三两个时段则不存在这个问题，也就是说第二、第三时段反映了当时大中范围水旱灾的减少。

大中灾年以 1262—1299 年、1300—1311 年、1319—1336 年几个时段为最多，分别是 20 年、5 年、14 年。这些时期，是水旱灾害申检制度健全并得到完全执行的时期，一般不应存在有灾不申不检、申检不实等情况，少数申检不实的情况，事隔几年之后也被严肃查处，就是说，这些时段反映了当时大中范围水旱灾的增加。以上三个时段的大中范围灾年，占总大中范围灾年的 72％。这些阶段的灾害记载的增加，也反映了当时国家有较充分的救灾能力。

(三)水旱大灾期及周期

如果将连续两年以上出现大中范围灾年称为大灾期，则有 9 个大灾期。

1. 中统四年至至元二年(1263—1265)大灾期。1263 年大旱灾，1264 年大水灾、旱灾；1265 年旱灾。

2. 至元九年至十年(1272—1273)大灾期。1272 年大水灾，1273 年大水灾。

3. 至元十三年至十四年(1276—1277)大灾期。1276 年水旱灾，1277 年水灾。

4. 至元十九年至二十年(1282—1283)大灾期。1282 年大旱，民流移之江南(是年江南水)，1283 年水。

5. 至元二十四年至二十六年(1287—1289)大灾期。1287 年东北、河北、河南、浙西大水，1288 年四地亦大水，1289 年四地亦大水。

6. 元贞元年至元贞三年(1295—1297)大灾期。1295 年陕西、山西、河北大旱，山东、北京、辽东、江南大水，1296 年水旱，1297 年水旱。

7. 大德五年至七年(1301—1303)大灾期。1301 年大水(六、七月山东、河北、浙西、东北)，1302 年大水。1303 年大水。

8. 大德十一年至至大元年(1307—1308)大灾期。1307 年大水，1308 年水。

9. 至治元年至至顺二年(1321—1331)大灾期。每年都有大中范围水灾，其中 1323 年、1326—1329 年，每年还有大中范围旱灾。

9 个大灾期平均间隔 8 年，每个大灾年(每个大灾期计做 1 次)平均间隔 5.6 年。

表 1-2　北方水旱灾害范围表

元代纪年(公元)	水灾路府州县数	水灾范围(受灾路府州县[b]占总路府州[c]的百分比)	旱灾路府州县数	旱灾范围(受灾路府州县占总路府州的百分比)
太宗十年(1238)[a]			20 路	40
定宗三年(1248)				20
中统三年(1262)			2 州	1.4
中统四年(1263)			13 路 2 州	45
至元元年(1264)	15 路	50	12 路	40
至元二年(1265)			17 路	32.7
至元三年(1266)				
至元四年(1267)	1 州	0.4	1 县	0.17
至元五年(1268)	11 路 4 州	23	1 路	2
至元六年(1269)	1 路 7 州 1 县	5	1 路 3 州	3
至元七年(1270)			12 路 2 州	23.8
至元八年(1271)	2 州	0.7	2 县	0.4
至元九年(1272)	6 路 3 州 2 县	13		
至元十年(1273)	14 路	27		
至元十二年(1275)	1 路	2	2 路	3.8

续表

元代纪年(公元)	水灾路府州县数	水灾范围(受灾路府州县[b]占总路府州[c]的百分比)	旱灾路府州县数	旱灾范围(受灾路府州县占总路府州的百分比)
至元十三年(1276)	6路2州1县	13	2路	3.8
至元十四年(1277)	3路4县	8	1路	2
至元十五年(1278)	2路1州水旱　4.2			
至元十六年(1279)	1路	2	2路1州	4.2
至元十七年(1280)	7路1县	14	7路1州	15.6
至元十八年(1281)	2州1县	1	2路1县	4
至元十九年(1282)			20路	38
至元二十年(1283)	4路5州	10		
至元二十一年(1284)	2路2州	5		
至元二十二年(1285)	7路1县	14	8路	15
至元二十三年(1286)	1路27县	7	2路	3.8
至元二十四年(1287)	10路4州2县	21	2路	3.8
至元二十五年(1288)	5路6州11县	14	1路5州6县	3.3
至元二十六年(1289)	11路2州10县	24	1州	0.4
至元二十七年(1290)	1路8州15县	7.7	4县	0.7
至元二十八年(1291)	3路3州7县	6		
至元二十九年(1292)	1路1州1县	2.5		
至元三十年(1293)	2路2州2县	5.3	15县	2.6
至元三十一年(1294)	11县	2	1州	0.4
元贞元年(1295)	5路7州11县	14	10路	19
元贞二年(1296)	6路2州21县	15	10路5县	20
大德元年(1297)	6路5州15县	16	10路2县	19
大德二年(1298)	3路4县	6.4	3路	5.7
大德三年(1299)	4路	7.6		
大德四年(1300)	2路3州	5	3路2县	6
大德五年(1301)	19路8州	40	4路	7.6

续表

元代纪年(公元)	水灾路府州县数	水灾范围(受灾路府州县[b]占总路府州[c]的百分比)	旱灾路府州县数	旱灾范围(受灾路府州县占总路府州的百分比)
大德六年(1302)	6路3州1县	13		
大德七年(1303)	7路4县	14		
大德八年(1304)	3州6县	2	3县	0.5
大德九年(1305)	1路2州11县	4.6	2路4县	4.5
大德十年(1306)	2路2州3县	5	2路	3.8
大德十一年(1307)	8路14县	18	1路	2
至大元年(1308)	5路1州2县	10	2路1县	4
至大二年(1309)	1路2县	2	1路	2
至大三年(1310)	1路3州4县	3.8	1路2州2县	3
至大四年(1311)	15路1州	29	2县	0.34
皇庆元年(1312)	2路4县	5.4	1路2州4县	3.4
皇庆二年(1313)	5州7县	3.6	6县	1
延祐元年(1314)	3县	0.5	1路	2
延祐二年(1315)	2州5县	1.6	4路2州	4.6
延祐三年(1316)	1路2县	2.3		
延祐四年(1317)	1路1州1县	2.5		
延祐五年(1318)	2县	0.3	3路	5.7
延祐六年(1319)	25路1县	48		
延祐七年(1320)	3路1州7县	7	1州1县	0.5
至治元年(1321)	14路1州9县	29	2路2州1县	4.8
至治二年(1322)	6路13县	13	2路6县	4.9
至治三年(1323)	8路4州6县	18	5路2县	10
泰定元年(1324)	9路12州84县	37	2路7县	5
泰定二年(1325)	13路8州33县	32.5	4路	7.7
泰定三年(1326)	8路8州7县	20	10路11县	21
泰定四年(1327)	3路11州12县	12	10路	19
泰定五年(1328)	2路41县	11	9路	17

续表

元代纪年(公元)	水灾路府州县数	水灾范围(受灾路府州县[b]占总路府州[c]的百分比)	旱灾路府州县数	旱灾范围(受灾路府州县占总路府州的百分比)
天历二年(1329)	5路4州2县	11.5	15路1县	29
至顺元年(1330)	14路	27	4路	7.7
至顺二年(1331)	8路	15	1路4县	2.6
至顺三年(1332)	8州12县	5.3	2县	0.34
元统元年(1333)	2路1州3县	4.7	3路	5.8
元统二年(1334)	10路4州7县	22	7路1州	14
后至元元年(1335)	3县	0.6	1路4县	3
后至元二年(1336)	1州4县	1.2	6路	13
后至元三年(1337)	1路1州4县	3.4		
后至元五年(1339)	1州	0.5		
后至元六年(1340)	1路5州13县	7	8路2县	17.8
至正元年(1341)	1州	0.5	2县	0.4
至正二年(1342)	1路1县	2	2路10县	6.3
至正三年(1343)	2路2州	5		
至正四年(1344)	10路4州24县	28		
至正五年(1345)	1路1县	2	2县	0.4
至正六年(1346)	2路	4		
至正七年(1347)			6路1县	13.2
至正八年(1348)	1州4县	1.2	2县	0.4
至正九年(1349)	1路3县	2.4		
至正十年(1350)	1路2县	2	1路	2
至正十一年(1351)	3县	5.2		
至正十三年(1353)	4县	0.7	2县	0.4
至正十四年(1354)	3县	1	1州	0.5
至正十五年(1355)			1路	2.2
至正十六年(1356)	4路1县	7.8		
至正十七年(1357)	1路4县	2.6		

续表

元代纪年(公元)	水灾路府州县数	水灾范围(受灾路府州县[b]占总路府州[c]的百分比)	旱灾路府州县数	旱灾范围(受灾路府州县占总路府州的百分比)
至正十八年(1358)	1州3县	0.9	4州1县	2
至正十九年(1359)	1路1县	2	2路	4.4
至正二十年(1360)	1路1州	2.6	4县	0.8
至正二十二年(1362)			3县	0.6
至正二十三年(1363)	3县	0.6	1路	2.2
至正二十四年(1364)	5县	1		
至正二十五年(1365)	1州5县	1.4		
至正二十六年(1366)	5路2州9县	13.5		

说明：

a. 太宗十年的路府州总数暂定为50。《元史》卷二《太宗本纪》云："太宗十年八月，陈时可、高庆民言诸路旱蝗。"这里定为20，具体考证，见本书表4-3后的说明。

b. 太宗至中统间，以中书省的水旱灾害记载为多，故路府州总数为30；至元元年(1264)至元统二年(1334)，有中书省陕西辽阳河南省的记载，故路府州总数为52；元统以后，没有辽阳省的灾害记载，故路府州总数为46。

c. 州县折合路标准：参照河南中书省的标准，以11县折合1路，4.8路属州折合1路。

五、水旱灾害的空间分布特点

元代北方降水的地区分布是，东部及东北地区水灾多于旱灾。表1-3北方地区水旱灾害频率比较总表，提供了中书省、辽阳行省、陕西行省及河南行省、淮汉流域以北总共56路府直隶州的旱灾月次、水灾月次、旱灾频率、水灾频率、各路府直隶州的水旱灾类型情况。从表中，可以看出各省各路府直隶州的降水情况。如辽阳行省，从至元五年(1268)到元统二年(1334)的67年间，水灾凡25年30月，38路14州12县受灾，平均为3年一遇，平均每年36天；而从至元二年(1264)至元统二年(1334)的70年间，旱灾9年9月，7路4州受害，平均为8年一遇，每年平均34天(现在，东北西部地区每年受旱超过30天[①])。大宁、辽阳、沈阳、开元五路是遭受水灾较多的地区，其中大宁路受水灾19月次，辽阳14月次，沈阳和开元路分别有6月次，主要集中于今辽西、松花江流域。

河南行省的江淮以北10路，从至元五年(1268)至至正二十六年(1366)的99年间，水灾54年88月次，受涝面积为42路33州135县(含芍陂、德安屯田各2次)，折合受涝面积为50个路，平均2年一遇，平均每次50天；从至元二年(1265)到至正二十二年(1362)的98年间，旱灾26年33月次，37路4州17县受旱，折合受旱面积为40个路，平均3.76年一遇，平均每次38天。现在黄淮海大部每年受旱超过30天[②]，元代河南的干旱与现在差不多。汴梁、归德、河南、汝宁、淮安五路府是遭受水灾较多的地区，分别有59、27、10、9、8月次的水灾。

中书省30路州，从太宗七年(1235)至至正二十六年(1366)的142年中，水灾91年207月次，有255路153州396县(折合322路)受灾，平均1.56年一遇，每次68天；从太宗十年(1238)到至正二十三年(1363)的126年中，旱灾68年120月次，有159路24州68县(折合170路)受害，平均1.85年一遇，每次53天。现在，黄淮海大部每年受旱超过30天[③]，说明元代中书省大部地区比现在干旱。大都、保定、真定、河间、永平、济宁、济南7路，分别有55、26、20、30、23、32、21月次的水灾。

在东部及东北各省中，水灾多于旱灾，雨水过多是个重要因素，如辽阳行省的大宁、广宁、开元、辽阳、沈阳、水灾达6路，降雨过多是水灾的主要原因。在51次水灾中，降水(包括雨水、大水、水)达46月次，降水占90%，而河流的冲决涨溢，仅5次，占10%。在中书省207月次的水灾中，有190多次是雨水过多(其中霖雨、淫雨、大水108月

① 张养才等:《中国农业气象灾害概论》，288页。

② 同上。

③ 同上。

次，水、雨水 88 次)，占水灾总数的 76%；而河流的冲决涨溢达 60 余月次，占水灾总数的 24%(有时一次降雨能引起河流变化，有时同一月的水灾在不同地区是由不同原因引起的，故这里的统计数字比水灾月份统计要多)。河南行省的归德府，27 月次水灾中，降水引起的水灾达 18 次，占总水灾的 64%；黄河等河流的冲决涨溢有 10 次，占总水灾的 36%(原因同前)。河南府路降水引起水灾 8 次，占水灾的 67%；河决引起水灾 4 次，占总水灾的 33%。淮安、高邮、汝宁水灾总月次为 21，降水过多引起的水灾为 17 月次，占总数的 81%；河决引起的水灾为 4 月次，占总水灾月次的 19%。这说明三点：其一，东部地区普遍降雨较多；其二，有些地区河流的冲决造成的灾害较少，主要因为人口耕地都较少，河流的冲决涨溢不会给人类造成很大的危害，如辽阳行省；其三，除极少数的例外，中书省的大部分河流的冲决较少，如御河 9 月次决溢、汾水 7 月次、滦河 5 月次、漳河 6 月次、沁水丹水 4 月次，沙河名水 3 月次，滹沱河 3 月次、大清河 2 月次、会通河 2 月次，拒马河、清河、易水、博水各 1 月次的溢决，在元代一百多年中，上述河流基本属安流。

在个别地区，河流的冲决涨溢乃至改道，是造成当地水灾的重要因素。如在中书省的大都路，浑河有 15 月次决溢。又如在河南行省的汴梁路，及中书省的曹州、济宁路、东平路，黄河的冲决涨溢，合计有 56 次之多，是造成这些地区水灾的主要原因。就汴梁路来说，59 月次水灾中，降水造成的水灾为 25 次，占总水灾的 40%；黄河等河流的冲决涨溢造成的水灾为 37 次，占总水灾的 60%。当然，降水过多和黄河等河流的冲决涨溢，也不可绝然分开，有时降水过多才引起河流的冲决涨溢；同时也说明黄河的堤防系统是有问题的。

中西部地区，即陕西行省、中书省的河东道宣慰司及兴和路，包括今天陕西全省、内蒙古的腾格里沙漠地区、甘肃省的东部地区、山西省、河北省的张家口地区，旱灾多于水灾。如陕西行省，从至元二十三年(1286)到至正三年(1343)的 58 年中，水灾 13 年 18 月，4 路 1 州 20 县受灾，平均 4.46 年一遇，平均每次 41 天；从至元二十五年(1288)到至正十九年(1359)的72年中，旱灾19年24月，15路2州17县受旱灾，平均3.78年一遇，每次37天，其中奉元、凤翔、延安等路，分别有11、5、5月次的旱灾。而且，陕西的大旱为9月次，占总旱灾24月次的近38%，这个比例在各省中都是很高的(如，辽阳行省虽然有9年9月次的旱灾，但都是旱，没有大旱；河南行省33月次旱灾中，大旱只有6月次，占总月次的18%)。

中书省的河东道宣慰司，包括大同、冀宁(太原及晋中地区)、晋宁(临汾及晋南地区)三路，分别有12、16、18月次旱灾。这些旱灾中共有9月次的大旱，占总旱灾的20%；而同期的水灾分别只有5、9、9月次。兴和路只有2年旱灾记录，没有水灾记录。

东部的个别地区，也是旱灾多于水灾，如燕南河北道肃政廉访司所辖的顺德、怀庆、卫辉、广平四路，包括今河北省的邢台、邯郸周边地区，河南省的新乡、焦作周边地区，分别有13、9、12、12月次旱灾，其中大旱分别各有2、3、4、2月次，占总旱灾月次的23%；宁海州旱灾占水旱灾害的57%。虽然有些路州水灾多于旱灾，但大旱占不小的比例，如大都路有27月次旱灾，大旱11年次，占总月次的40%；真定、益都、高唐、泰安、德恩冠[①]等州，旱灾在水旱灾害总月次中的比例达34%～46%。

从纬度看，北方降水的地区分布特点是，从南到北，降水随纬度变化，呈旱涝地带间隔状特点。最南的德安府(今湖北安陆)是多旱灾区，以北的襄阳、汝宁、高邮、河南、汴梁、归德、淮安、曹、济宁、东平、东昌等路府直隶州，为多水灾区；东部的宁海州为多旱灾区，以西的陕西的八路，河东道宣慰司的大同、冀宁、晋宁三路，燕南河北道肃政廉访司所辖的顺德、怀庆、卫辉、广平四路，为多旱灾区；中书省的的大都、河间、保定、真定、永平、上都五路，及辽阳行省的大宁、广宁、辽阳、沈阳、开元、水达达六路，为多水灾区。降雨多少，随纬度的变化，地带间隔状特点非常明显。

---

① 指德州、恩州、冠州，下同。

表 1-3　北方地区水旱灾害频率比较总表

行　省	路	旱灾次数	水灾次数			水旱频率		各路府州水旱灾类型	
			降水（雨水、大水、水）次数	河决溢涨次数	水灾总次数	旱灾频率（旱灾占水旱灾的比例）	水灾频率（水灾占水旱灾的比例）	多旱灾路（D）	多水灾路（F）
辽阳行省	大宁路	6	18	1（小凌河）	19	24	76		√
	广宁府路	2	3		3	40	60		√
	开元路	3	5	1（三河）	6	33	67		√
	辽阳路	3	13	1（辽河）	14	18	82		√
	沈阳路	1	5	1（辽河）	6	14	86		√
	水达达路		2	1（宋瓦江）	3		100		√
中书省	大都路	27			55	33	67		√
	保定路	7			26	21	79		√
	真定路	17			20	46	54		√
	彰德路	7			9	44	56		√
	河间路	12			30	29	71		√
	永平路	2			23	8	92		√
	兴和路	2			0	100	0	√	
	上都路	3			7	30	70		√
	大名路	11			19	37	63		√
	东平路	6			17	26	74		√
	东昌路	5			9	36	64		√
	济宁路	7			33	17	83		√
	益都路	10			20	33	67		√
	济南路	7			21	25	75		√
	般阳路	3			14	18	82		√
	曹　州	5			18	22	78		√
	濮　州	5			12	30	70		√
	高唐州	5			10	34	66		√
	泰安州	5			8	38	62		√
	德恩冠	7			13	35	65		√
	宁海州	4			3	57	43	√	
	顺德路	13			12	48	42	√	
	怀庆路	9			6	60	40	√	

续表

行　省	路	旱灾次数	水灾次数			水旱频率		各路府州水旱灾类型	
			降水（雨水、大水、水）次数	河决溢涨次数	水灾总次数	旱灾频率（旱灾占水旱灾的比例）	水灾频率（水灾占水旱灾的比例）	多旱灾路（D）	多水灾路（F）
	卫辉路	12			9	57	43	✓	
	广平路	12			11	52	48	✓	
	大同路	12			5	71	29	✓	
	冀宁路	16			9	64	36	✓	
	晋宁路	18			9	67	33	✓	
陕西行省	奉元路			7（沣洛泾渭黑潼等）				✓	✓
	延安路	5	3	1（洛）	4	56	44	✓	
	凤翔府	5			2	71	29	✓	
	庆阳府	1				100	0	✓	
	巩昌路	2			3	40	60		✓
	临洮府	2				100	0	✓	
	秦　州				3	0	100		✓
	西和州	1				100	0	✓	
	兰　州	1				100	0	✓	
	环　州	1				100	0	✓	
河南行省	河南路	7	8	4	10	41	59		✓
	汴梁路	9	25	37	59	13	87		✓
	归德府	3	18	10	27	10	90		✓
	淮安路	6	7	1	8	43	57		✓
	南阳路	6	4	4	6	50	50	亦旱亦涝	
	襄阳路	0	3	0	3				✓
	德安路	5	2	0	2	71	29	✓	
	安丰路	7	2	1	3	70	30	✓	
	高邮府	4	4	0	4	50	50	✓	✓
	汝宁路	5	6	3	9	36	64		✓

六、水旱灾害损失及国家救济措施

(一)水旱灾害损失

1. 受灾路府州县数量

辽阳行省大宁、广宁、开元、辽阳、沈阳、水达达六路，累计38路14州12县遭受水灾(折合41路)，7路4州(折合9路)受旱灾。陕西行省，累计4路1州21县受水灾(折合6路)，30路7州17县(折合33路)受旱灾。中书省大都、河间等30路，累计256路153州396县(折合324路)受水灾，159路24州68县(折合170路)受旱灾。河南行省河南、汴梁等10路，累计99年中42路33州135县及芍陂德安屯田各2次(折合50路)受水灾，37路17县(折合40路)受旱灾。总计，129年中，元代北方四省52路府州，累计420路受水灾，平均每路受水灾8次；250路受旱灾，平均每路受水灾接近5次。水旱灾害合计670路，平均每路受水旱灾13次。

2. 成灾面积

按照元代水旱灾伤减免规定，凡是损失5～10分收获5～0分的田地，都应减免租税，申检体覆灾伤及救济灾伤中，都必须明白开写“实损田禾顷亩分数”及应该住催的“税石”。[①] 此外，按察司或行台，在查处虚报灾伤面积时，指出“实有灾伤田土……顷亩、粮……石”和“冒破灾伤田土……顷亩、粮……石”[②]。即具体指明成灾面积和减免粮食石数。但是，文献只记载了部分受灾路府州县的成灾或成灾面积，这部分记载无疑是真实的，但有时过于笼统，如“没民田”“害稼”等，对此也只能推算。没有记载成灾面积的，很可能是元朝修《实录》和《经世大典》时众手成书，没有统一体例，不大可能是各路府州县或中书省或行省不计

① 《元典章》卷二十三《户部九·灾伤·灾伤地税住催例》。
② 《元典章》卷五十四《刑部十六·虚枉·虚报灾伤田粮官吏断罪》。

算成灾面积。因为如果不计算成灾面积，就无法计算减免税粮数量。现在《元史》各《本纪》和《五行志》中，都有许多减免税粮和赈济灾民的粮钞的数量记载，如果不统计成灾顷亩和人口，是不可能发放赈济粮钞的，也不可能决定减免税粮数量的。因此，我们只能对文献没有记载的成灾面积加以估算。

文献明确记载的成灾面积不多。通过对 26 年 37 次明确记载的成灾面积的统计，累计北方四省和江浙省 68 路，水灾成灾面积 383834 顷，平均每路水灾成灾面积 5644 顷；其中，北方四省 25 路水灾成灾面积 127796 顷，平均每路水灾成灾面积 5112 顷；如果依此推测，那么北方四省累计 420 路受水灾（辽阳 38 路 14 州 12 县，陕西 4 路 1 州 21 县，河南 42 路 33 州 135 县，中书省 256 路 153 州 396 县，折合 420 路），其成灾面积应该是 215 万顷。旱灾，累计北方四省 250 路受旱灾。其中，辽阳 7 路 4 州 1 县，陕西 30 路 7 州 17 县，河南 37 路 4 州 17 县，中书省 159 路 24 州 68 县。由于文献没有记载任何一次旱灾的成灾面积，所以推测总的旱灾成灾面积，很困难。如果仍以每路水灾平均成灾面积 5112 顷来推算，北方旱灾大约应有 128 万顷农田成灾，但这个数字是相当保守的，因为任何一次旱灾造成的田亩损伤都是成片的。总之，据初步测算，北方 129 年间，水旱灾害总的成灾面积，至少为 343 万顷。

通过对 26 年 37 次明确记载的成灾面积的统计，累计官民田成灾 383834顷。其中，民田成灾面积 379398 顷，占总数的 98.8%，官田成灾面积 4436 顷，占总数的 1.2%。按此比例计算，在 343 万顷水旱成灾面积中，民田成灾面积大约 339 万顷，官田成灾面积大约 4 万顷。

水旱还造成人员伤亡、房屋倒塌、牲畜损失，这还需进一步研究。

（二）国家救济水旱措施

1. 减免租税数量

文献对减免租税数量，记载过于笼统。如中统四年（1263）真定、彰德及广平路磁、名州旱，免彰德今岁田租之半，磁、名十之六；至元六年（1269）大同路云内、丰、东胜三州旱，免其田租；二十八年（1291）平滦、保定、河间大水被灾者全免，收成者半之。依据这些记载来推算减免租税数量实在困难。文献也具体记载一些减免租税的数量，但是，据此不足以概括北方水旱灾伤减免的总量。目前只能估算。

屯田等系官田和民田的租额不同、南北方租税额不同，所以要分开来看减免租税数量。

(1)屯田等系官田减免租税总额。《元史》两处记载了屯田和营田水灾成灾顷亩和减免田租数量：至元三十年(1293)八月，营田提举司所辖屯田，水没屯田177顷免田租4772石，十月广济署(河间路之清、沧二州)损屯田165顷免田租6213石。这两次水灾，每处平均每顷减免租粮分别是32.46石和37.65石，两处平均每顷减免租粮35石(平均每亩减免3斗5升)。元代水旱灾伤减免租税标准是“损八分以上者其税全免，损七分以下(5分以上)者只免所损分数”①，以上两处水灾文献只记载为“水”，可知为二级水灾，符合损5～7分者免所损分数(平均为6分)的标准。军屯租率一般为每顷60石(每亩6斗)，60石减6分，就是36石，很接近这两处屯田减税比例；如果减9分(取损8～10分的中间数9分)，就是54石。为避免过高或过低，取5分和10分的中间分数7.5分计，每顷减免45石。以此推算，4万顷应减180万石。

(2)民田减免租税。《元史》明确记载减免比例，如“免彰德今岁田租之半，磁名十之六”“免今年租税之半”“被灾者全免收成者半之”“减田租十分之三伤甚者尽免之”，这样的记载不多。只能根据北方地税和水旱灾伤减免分数来推测。中统五年(1264)规定“白地每亩输税三升”，至元十七年(1280)规定“地税每亩粟三升”②，即每顷3石。以减6分计，每顷减1.8石；以减9分计，每顷减2.7石。为避免过高或过低，取5分和10分的中间数即7.5分计，每顷减2.25石，民田339万顷成灾面积，至少要减763万石。以上推算表示，北方官、民田成灾面积至少要减免943万石。

---

① 《元典章》卷二十三《户部九·灾伤·水旱灾伤随时检覆》。

② 《元史》卷九十三《食货志》第四十二。

总之，据初步推算，北方累计大约有 670 路受水旱灾害，成灾面积大约 343 万顷，其中民田 339 万顷，官田 4 万顷；国家减免租税，官田约为 180 万石，民田约为 763 万石，二者合计约为 943 万石，接近 1000 万石。

2. 救济粮食

文献对国家发放赈济粮钞的记载，多数时候比较笼统："赈之""给粮六十日"。具体记载赈粮钞的数量，比较少。世祖成宗时的赈粮钞发放数额较大，仅至元十年(1273)就赈米 54 万余石，大德五年(1301)赈粮 20 万石，累计至元到大德间发放赈济米粟 200 万石左右。

七、结　论

元代(1238—1366)北方四省处于多水灾期，水灾年次、范围、破坏程度远远超过旱灾。

水旱灾伤的申检体覆制度及文献记载情况表明，《元史》只记载部分损失 5～7 分的水旱，而不是全部水旱，因此无水旱记载的年份只是无损失5～7分的水旱，而不表示没有水旱，因此无水旱记载的年份不能作为年景正常的指标。

元代大中(受害范围在 10％以上)水灾年具有 3 年、8 年和 11 年的周期特点，大中旱灾年具有 5 年和 8 年的周期性特点。

东部及东北水灾多于旱灾，陕西及山西旱灾多于水灾。

670 路受水旱灾害，其中水灾 420 路，旱灾 250；成灾面积 343 万顷，其中系官田约 4 万顷，民田约 339 万顷；减免租税 1000 万石，其中系官田 180 万石，民田 763 万石。

表 1-4　元代北方部分有灾伤面积的水灾统计[a]

元代纪年(公元)	受灾地区	水　情	灾害和救济措施
至元二十年(1283)	太原、怀孟、河南等路	沁河水涌	坏民田 1670 余顷
至元二十二年(1285)秋	彰德、大名、河间、顺德、济南	河　水	坏民田 3000 余顷
至元二十三年(1286)六月	杭州、平江二路属县	水	坏民田 17200 顷
至元二十六年(1289)十月	营田提举司(大都武清县)	水	害稼 3500 顷
	平滦路	水	坏田稼 1100 顷
至元二十七年(1290)四月	芍陂屯田	霖雨河溢	害稼 224 顷 80 余亩
至元二十七年(1290)六月	太康县	河　溢	没民田 3190 顷
至元二十七年(1290)七月	(奉元路)终南等屯	霖　雨	害稼 198 顷
至元三十年(1293)八月	营田提举司所辖屯田	水	水没 177 顷，免田租 4772 石
至元三十年(1293)十月	广济署(河间路之清、沧二州)	水	损屯田 165 顷，免田租 6213 石
元贞二年(1296)六月	大都路益津、保定、大兴县	水	损田稼 3000 余顷
大德六年(1302)五月	大都路东安州	浑河溢	坏民田 1080 余顷
大德八年(1304)五月	汴梁之祥符、太康、卫辉之获嘉、太原之阳武 大名滑州、濬州，德州之齐河	河　溢 雨　水	坏民田 680 余顷
至大元年(1308)七月	彰德、卫辉	水	损稻田 5370 顷
皇庆二年(1313)六月	大都路涿州范阳县、东安州、宛平县、固安州、霸州益津、文安，永清县	雨　水	坏田稼 7690 余顷
延祐元年(1314)六月	涿州范阳、房山二县	浑河溢	坏民田 490 余顷
延祐三年(1316)[b] 七月	河间路沧州清池县	景州吴桥县御河水	浸民庐及已熟田数万顷
延祐六年(1319)六月	河间路	漳水溢	坏民田 2700 余顷
延祐六年(1319)六月	大名路属县(2 县)	水	坏民田 18000 顷
延祐六年(1319)七月	大都路霸州文安县	霖　雨	害稼 3000 余顷

续表

元代纪年(公元)	受灾地区	水　情	灾害和救济措施
延祐七年(1320)四月	安丰、庐州	淮水溢	损禾麦10000顷
延祐七年(1320)七月	济南路棣州、德州	大雨水	坏田4600余顷
至治三年(1323)五月	大都路东安州	水	坏民田1560顷
至治三年(1323)六月	大都永清县	雨　水	损田400顷
	大都霸州，河间沧、莫州，保定易州、安州及诸卫屯田(永清、益津、香河、霸州、保定、涿州、定兴、河间、武清、清州、郭州)	水	坏田6000余顷
泰定二年(1325)八月	大都路涿州、霸州，永清、香河二县	大　水	伤稼9050顷
泰定三年(1326)六月	大宁路锦州	水　溢	坏田1000顷
泰定三年(1326)十二月	大宁路瑞州	大　水	坏民田5500顷
泰定五年(1328)	终南屯田	大　水	损禾稼40余顷
至顺元年(1330)闰七月	高邮府宝应、兴化等县	水	没民田13500余顷
天历三年(1330)五月	右卫(大都路霸州益津，郭州武清)屯田	大　水	害禾稼8余顷
天历三年(1330)六月	大名路长垣、东名二县	黄河溢	没民田580余顷
天历三年(1330)七月	河间路	海潮溢	漂没河间盐运司盐26700引
	大司农屯田(永平、大都路武清，河间路清沧等州)	水	没(官)田80余顷
天历三年(1330)闰七月	平江、嘉兴、湖州、松江三路一州	水	坏民田36600余顷，被灾者405500余户
	杭州、常州、庆元、绍兴、镇江、宁国等路，望江、铜陵、长林、宝应、兴化等县	水	没民田13500余顷
至顺二年(1331)八月	浙江诸路(30)	水潦害稼	188738顷
至顺三年(1332)五月	河间清州等处屯田	滹沱河决	没河间清州等处屯田43顷

续表

元代纪年(公元)	受灾地区	水　情	灾害和救济措施
至正九年(1349)三月	河间路	水　灾	盐减产 3 万引
至正十一年(1351)七月	冀宁路平晋、文水	大水，汾河溢	漂没田禾数百顷(两百)
	总计：59 路 20 州 50 县(折合 68 路，其中江浙 43 路，北方 25 路)		383834 顷(浙江 256038，北方 127796)
	平均：北方 5112 顷，江浙 5954 顷		合计 383834 顷(官田 4436 顷，民田 379398 顷)
	南北各路平均：每路 5533 顷(含浙江 5644 顷)		

说明：

a. 本表只统计有灾伤面积的水灾，不是全部水灾。

b. 本条据《元史》卷六十四《河渠志一》。

表 1-5　元代北方旱灾统计表

元代纪年(公元)	受灾地区	旱　情	灾害和救济措施
太宗十年(1238)八月	诸　路	旱　蝗	诏免今年田租，仍停旧未输纳者
中统四年(1263)八月	真定郡、彰德路及广平路磁名州	旱	免彰德今岁田租之半，磁名十之六
中统四年(1263)十一月	东平(含东昌、济宁、泰安、高唐、曹、濮、德、恩、冠等州)、大名等路	旱	量减今岁田租
至元六年(1269)六月	真定等路	旱　蝗	其代输筑城役夫户赋悉免之
至元六年(1269)九月	大同路云内、丰、东胜州	旱	免其田租
至元六年(1269)十月	广平路	旱	免租赋
至元七年(1270)三月	般阳路登州、莱州	蝗　旱	诏减其今年包银之半
至元十二年(1275)	太原、卫辉等路	旱	赈米粟
至元十七年(1280)三月	辽阳路懿、盖，北京(大宁路)大定诸州	旱	免今年租税之半

续表

元代纪年(公元)	受灾地区	旱 情	灾害和救济措施
至元二十八年(1291)八月	平滦、保定、河间	大 水	被灾者全免，收成者半之
大德二年(1298)正月	郡 县	水 旱	减田租十分之三，伤甚者尽免之，老病单弱者差税并免三年
大德二年(1298)五月	平滦、卫辉、顺德等路	旱、大风	损麦，免其田租
至元十六年(1279)七月	保定路	旱	减是岁租 3120 石
至元二十四年(1287)十一月	大都路	雨 水	赐今年田租129180石
至元二十五年(1288)六月	河南归德府睢阳县	霖雨、河溢害稼	免其租 1060 石有奇
	汴梁路考城、陈留、通许、杞、太康五县	大水及河溢	没民田，蠲其租 15300 石
至元二十五年(1288)八月	济宁路嘉祥、鱼台、金乡三县	霖雨害稼	蠲其租 5000 石
	陕西安西管内	大 饥	蠲其田租 21500 石有奇
至元二十五年(1288)九月	河间路献、莫二州	霖雨害稼	免田租 800 余石
至元二十六年(1289)六月	中书省济宁、东平、汴梁、济南棣州、顺德、平滦、真定	霖雨害稼	免田租 105749 石(真定 35000 石，济宁 2145 石，东平 147 石，大名 922 石，汴梁 13097 石，冠州 27 石。总计：51435 石)
至元二十七年(1290)六月	怀孟路武陟县、汴梁路祥符县	大 水	免田租 8820 石
至元二十七年(1290)五月	尚珍署广备等屯	大 水	免租税 3141 石
至元二十七年(1290)七月	河间路沧州乐陵县	旱	免田租 30356 石
至元二十七年(1290)十一月	广济署洪济屯	大 水	免租 13140 石
至元二十八年(1291)十二月	广济署大昌等屯(河间路之清、沧二州)	水	免田租 19500 石
至元二十九年(1292)九月	平滦路	大水且霜	免田租 2441 石

续表

元代纪年(公元)	受灾地区	旱　情	灾害和救济措施
至元三十年(1293)八月	营田提举司所辖屯田	水	147 顷，免其租4772石(32.46)
至元三十年(1293)十月	平滦路	水	免田租11970石
至元三十年(1293)十月	广济署(河间路之清、沧二州)	水	损屯田165顷，免田租6213石(37.65)
大德八年(1304)七月	顺德、恩州	去岁霖雨	免其民田租4000余石
大德八年(1304)八月	大名、高唐	去岁霖雨	免其田租24000余石
	总计：14路6州17县(折合18路)		410062石
			平均每路免租粮：22781石
总计免租粮：670路×22781石＝15263270石(约1500万石)			

表1-6　辽阳行省水灾年表

元代纪年(公元)	受灾地区	水　情	灾害和救济措施	受灾路州县数
至元五年(1268)	北京(大宁路)	水	免今年田租	1路
至元十七年(1280)八月	北京(大宁路)	水		1路
至元十八年(1281)二月	辽阳路懿州、盖州	水		2州
至元二十四年(1287)九月	东京(辽阳)义、静、威远、婆娑府	水	江水溢，没民田	3州1府
至元二十九年(1292)六月	大宁路惠州	连年旱涝	加以役繁，民饥死者500人	1州
至元三十一年(1294)十月	辽阳路九处	大　水	民饥，或起为盗贼，命赈之	9县
元贞元年(1295)七月	大宁路和众	水		1县
大德元年(1297)	辽阳路金、复州	水　旱		2州
大德五年(1301)七月	大宁路	水	赈粮千石	1路
大德七年(1303)六月	辽阳、大宁、沈阳、开元	水	坏田庐，男女死者119人[a]	4路
皇庆元年(1312)六月	大宁、水达达路	雨，宋瓦江溢	民避居亦母儿乞岭	2路

续表

元代纪年(公元)	受灾地区	水　情	灾害和救济措施	受灾路州县数
延祐四年(1317)四月	辽阳盖州	雨　水	害　稼	1州
延祐六年(1319)六月	辽阳、广宁、沈阳、开元	水		4路
延祐七年(1320)九月	沈　阳	水　旱	害稼，弛其山场河泊之禁	1州
至治元年(1321)七月	辽阳、开元	大　水		2路
至治元年(1321)十月	辽　阳	水		1路
至治二年(1322)九月	大宁路、水达达等驿	水	伤稼，赈之	2路
泰定二年(1325)九月	开元路	三河溢	没民田，坏庐舍	1路
泰定三年(1326)六月	大　宁	水旱[b]	蠲其租	1路
泰定三年(1326)十月	辽阳、沈阳、大宁及金、复州	水	民饥，发钞5万锭	3路
泰定三年(1326)十一月	广宁路属县	霖　雨	赈钞3万锭	1县
	大宁路锦州	水　溢	坏田千顷，漂死者百人	1州
泰定三年(1326)十二月	辽　阳	大　水		1路
	大宁路瑞州	大　水	坏民田5500顷，庐舍890所，溺死者150人	1州
泰定四年(1327)正月	大宁路	水	给溺死者人钞1锭	1路
泰定四年(1327)七月	辽阳辽河、老撒加(辽阳路、沈阳路)	河　溢		
致和元年(1328)六月	开元等路	水		1路
天历二年(1329)五月	达达路	大　水		1路
至顺元年闰(1330)七月	大宁等路	水		1路
至顺元年闰(1330)九月	辽阳行省	水		6路
	大宁路属县	水		1县
元统元年(1333)	大宁路瑞州	水		1州

续表

元代纪年(公元)	受灾地区	水　情	灾害和救济措施	受灾路州县数
元统二年(1334)六月	大宁、广宁、辽阳、开元、沈阳、懿州	水旱蝗[c]	大饥，诏以钞2万盯赈之	5路1州
	大宁路瑞州	水		1州
总计：水灾25年；30月(确定月份者为26个，不明月份者4个)			总计：死人近千；推测坏庐舍890×6=5000	总计：38路14州12县

说明：

a. 大德七年六月辽阳、大宁、沈阳、开元、平滦、昌国六郡雨水，坏田庐，男女死者119人。

b. 《元史》卷三十《泰定帝本纪二》载，泰定三年六月，“大宁……诸路属县水旱，并蠲其租”，没有明确指出是水或旱，或水旱兼有，故各单独记为1次。

c. 《元史》卷三十八《顺帝本纪》载，元统二年六月，“大宁、广宁、辽阳、开元、沈阳、懿州，水旱蝗，大饥，诏以钞二万锭，遣官赈之”，没有明确指出是水或旱，或水旱兼有，故水旱各单独记为1次。

表1-7　辽阳行省旱灾年表

元代纪年(公元)	受灾地区	旱　情	灾害和救济措施	受灾路州县数
至元二年(1265)	北京(大宁路)	蝗　旱		1路
至元十七年(1280)三月	辽阳路懿、盖，北京(大宁路)大定诸州	旱	免今年租税之半	3州
至元十七年(1280)八月	北京(大宁路)	旱		1路
至元十八年(1281)二月	广宁、北京(大宁)大定州	旱		2路
至元二十五年(1288)二月	辽阳路盖州	旱		1州
元贞二年(1296)十二月	辽东、开元	旱		2路
泰定三年(1326)六月	大宁等路	水　旱	蠲其租	1路
至顺元年(1330)四至七月	开元路肇州	旱		1州
元统二年(1334)六月	大宁、广宁、辽阳、开元、沈阳、懿州	水旱蝗	大饥，诏以钞1万锭赈之	5路1州
总计：旱灾9年9月				总计：7路4州

表 1-8 陕西行省水灾年表

元代纪年(公元)	受灾地区	水 情	灾害和救济措施	受灾路州县数
至元二十三年(1286)六月	安西路华州华阴县	大雨，潼谷水涌，平地三丈余		1县
至元二十六年(1289)十一月	陕西凤翔屯田	大 水		1县
至元二十七年(1290)七月	(奉元路)终南等屯	霖 雨	害稼万 9800 亩(198 顷)	1县
	凤翔屯田	霖 雨	害稼，免其租	1县
延祐五年(1318)五月	巩昌陇西县	大 雨	南山土崩，压死居民，给粮赈之	1县
延祐五年(1318)八月	秦州成纪县	暴 雨	山崩，朽壤坟起，覆没畜产	1县
至治二年(1322)六月	奉元眉县、豳州	水	免其租	1州1县
泰定元年(1324)五月	巩昌陇西县	大雨水	漂死者 500 余家	1县
	延安属县	水	民饥，赈粮有差	1县
泰定元年(1324)六月	奉元诸路	雨	伤稼，赈粮二月	2路
	陕 西	大雨，渭水及黑水河溢	损民庐舍	1路
	奉元朝邑县	河 溢		1县
泰定元年(1324)八月	秦州成纪县	大雨，山崩	雍土至来谷河成丘阜	1县
泰定元年(1324)九月	延安路	洛水溢		1路
	奉元路长安县	大 雨	沣水溢	1县
泰定二年(1325)六月	奉元路	雨	伤稼，蠲其租	1路
泰定三年(1326)七月	延安路肤施县	水	漂没民居 90 户	1县
泰定三年(1326)八月	奉元蒲城县	水		1县
泰定五年(1328)	终南屯田	大 水	损禾稼 40 余顷，诏蠲其租	1县
至顺二年(1331)五月	延安路保安县	大 水		1县
至顺三年(1332)三月	奉元朝邑县	洛水溢		1县

续表

元代纪年(公元)	受灾地区	水　情	灾害和救济措施	受灾路州县数
元统元年(1333)六月	关　中	泾河溢	水　灾	1路
后至元六年(1340)七月	奉元路周至县	河水溢	漂溺居民	1县
至正三年(1343)二月	巩昌府宁远、伏羌县，秦州成纪县	山崩水涌	溺死者无算	3县
总计：14年19月				总计：4路1州21县

表1-9　陕西行省旱灾年表

元代纪年(公元)	受灾地区	旱　情	灾害和救济措施	受灾路州县数
至元五年(1268)十二月	京　兆	大　旱		1路
至元二十五年(1288)	安西路商、耀、乾、华等16州	旱		4州
元贞元年(1295)六月	环州、巩昌府伏羌、通渭等县、延安路葭州、庆阳、安西	旱		3路1州2县
大德八年(1304)六月	凤翔府扶风、岐山、宝鸡	旱		3县
大德九年(1305)	渭南、栎阳	旱	9年5月蠲其田租	2县
大德九年(1305)春夏[a]	安　西	大　旱	二麦枯死	1路
大德九年(1305)六月	凤翔扶风	旱		1县
大德十年(1306)春夏	安　西	大　旱	二麦枯死	1路
大德十一年(1307)七月	安西等郡	旱	饥	1路
至大元年(1308)五月	渭　源	旱	饥	1县
至大四年(1311)六月	陕西诸县	水　旱	伤稼，命有司赈之	2县
延祐二年(1315)夏	巩昌、兰州	旱		2路
泰定三年(1326)七月	奉　元	旱		1路
泰定四年(1327)二月	奉元醴泉、豳州淳化县	旱		2县

续表

元代纪年(公元)	受灾地区	旱　情	灾害和救济措施	受灾路州县数
泰定四年(1322)六月	延安路绥德州	旱		1州
泰定四年(1322)七月	延安属县	旱	免田租	1县
泰定四年(1322)八月	延安路屯田	旱		1县
天历元年(1328)八月	陕　西	大　旱	人相食	6路
天历二年(1329)四月	陕　西	旱		6路
至顺二年(1331)四月	西和州	频年旱灾	民饥，赈之	1路
后至元二年(1336)三月	陕　西	暴风旱	无　麦	6路
至正七年(1347)	凤翔府岐山	大　旱		1县
至正十八年(1358)春夏	延安路富州、凤翔府岐山	大　旱	岐山人相食	1州1县
至正十九年(1359)	凤　翔	大　旱		1路
总计：旱灾19年24月				总计：旱灾30路7州17县

说明：

春季灾伤计入3月，夏季灾伤计入6月，秋季灾伤计入9月；连续两个季节以上灾伤单独统计。

表1-10　河南行省10路府水灾年表[a]

元代纪年(公元)	河南路	汴梁路	归德府	淮安路	南阳路	襄阳路	德安路	安丰路	高邮府	汝宁路	总计受水灾路州县数	水　情	灾害和救济措施
至元五年(1268)八月			C								1州	亳州大水	
至元九年(1272)九月					A						1路	淫雨，河水溢	圮田庐，害稼
至元十三年(1276)				C							2州	淮安路涟海州水[b]	
至元二十年(1283)六月	A				B						1路4州	河南等路沁河水溢，南阳4州河水溢	坏民田[c]，损稼

续表

元代纪年(公元)	河南路	汴梁路	归德府	淮安路	南阳路	襄阳路	德安路	安丰路	高邮府	汝宁路	总计受灾路州县数	水情	灾害和救济措施
至元二十二年(1285)秋		A							A		2路	南京(开封)河水，高邮大水	坏田，伤人民[d]
至元二十三年(1286)六月		D	D								7县	水	
至元二十三年(1286)十月		B									15县	河　决	
至元二十四年(1287)三月		E									1县	汴梁河水泛滥	
至元二十四年(1287)九月	A										1路	霖　雨	害　稼
至元二十四年(1287)十一月	A	A									2路	霖　雨	害　稼
至元二十五年(1288)五月		AE									1路	汴梁大霖雨，河决襄邑	漂麦禾
		D								C	2州3县	河　决	被　灾
至元二十五年(1288)六月			E								1县	河溢害稼	免租1060石
		D									5县	大水及河溢没民田	蠲租15300石
至元二十五年(1288)十二月		A									1路	河　溢	害　稼
至元二十六年(1289)六月		A									1路	霖　雨	害稼，免灾伤田租13097石
至元二十七年(1290)四月								E			芍陂屯田	霖雨河溢	害稼22480余亩
至元二十七年(1290)六月		E									1县	河溢太康县	没民田319000亩
		E									1县	大　水	免田租[e]
至元二十七年(1290)十一月		DC								C	2州3县	河决祥符、陈颍2州	大被其患

续表

元代纪年（公元）	河南路	汴梁路	归德府	淮安路	南阳路	襄阳路	德安路	安丰路	高邮府	汝宁路	总计受水灾路州县数	水情	灾害和救济措施
元贞二年（1296）六月										C	1州	水	
元贞二年（1296）九月		D	E								4县	河决汴梁3县、归德1县	
元贞二年（1296）十月		E									1县	河决开封	
大德元年（1297）正月		A	A								2路	水	
大德元年（1297）三月		D	CE								1州11县	河水大溢	漂没田庐（3065区），免其田租
大德元年（1297）五月		A									1路	河决汴梁	发民夫35000塞之
大德元年（1297）七月		E									1县	河决杞县蒲口	
大德二年（1298）六月		A	A								2路	河决蒲口96所	泛滥汴梁、归德
大德二年（1298）七月		A	D								1路4县	汴梁等处大雨，河决坏堤防	漂没归德数县禾稼、庐舍（2360区），免田租一年
大德三年（1299）十月	A	A									2路	水	免其田租
大德四年（1300）六月			C								1州	大　水	
大德五年（1301）六月			A			A					2路	大　水	
大德六年（1302）五月			CE								1州1县	归德徐州、邳州睢宁雨50日，沂、武二河合流，水大溢	

续表

元代纪年（公元）	河南路	汴梁路	归德府	淮安路	南阳路	襄阳路	德安路	安丰路	高邮府	汝宁路	总计受灾路州县数	水情	灾害和救济措施
大德七年（1303）六月		E			E						3县	汴梁兰阳、河阴，南阳新野等诸河皆溢	
大德八年（1304）五月		E									2县	祥符、太康河溢	
大德八年（1304）六月		EC									1州 2县	霖　雨	免其田租
大德九年（1305）六月		A									1路	霖　雨	为灾，给粮一月
		E		E							2县	汴梁阳武思齐口河决，淮安山阳县水	
大德九年（1305）七月				E							1县	山阳水	免田租[f]
大德九年（1305）八月		D	E								6县	归德宁陵、汴梁陈留、通许、扶沟、太康、杞县河溢	
大德十一年（1307）六月		A	A		A						3路	水	
大德十一年（1307）九月						A					1路	霖　雨	民饥，敕河南省发粟赈之
至大二年（1309）七月		E	A								1路 1县	河决归德，又决汴梁封丘县	
至大三年（1310）六月		E				A					1路 1县	襄阳、洧川水	
		E									1县	汜水大水	
至大四年（1311）六月			A								1路	水	给钞赈之

续表

元代纪年（公元）	河南路	汴梁路	归德府	淮安路	南阳路	襄阳路	德安路	安丰路	高邮府	汝宁路	总计受灾路州县数	水　情	灾害和救济措施
皇庆元年（1312）五月			E								1县	归德睢阳河溢	
皇庆二年（1313）六月		CE	C								3州2县	河决汴梁陈州及开封、陈留县，归德亳睢二州	没民田庐
延祐二年（1315）六月		CE									1州1县	河决郑州，坏汜水县治	
延祐三年（1316）四月										E	1县	颍州太和县河溢	
延祐三年（1316）六月		A									1路	河决汴梁	
延祐六年（1319）六月		A	A		A					A	4路	大　雨	害　稼
延祐七年（1320）四月								A			1路	淮水溢	损禾麦[g]
			E								1县	城父县水	
延祐七年（1320）五月										A	1路	霖雨	
延祐七年（1320）七月										D	3县	上蔡、汝阳、西平等县水	
延祐七年（1320）		E									1县	河决汴梁原武	浸灌数县
至治元年（1321）七月				E							2县	淮安清河、山阳等县水	
至治元年（1321）八月				E							2县	盐城、山阳县水	免其租
至治二年（1322）正月		E									1县	仪封县河溢	
至治二年（1322）闰五月			E								1县	睢阳县亳社屯大水	
至治二年（1322）六月										E	1县	汝宁上蔡水	免其租

续表

元代纪年（公元）	河南路	汴梁路	归德府	淮安路	南阳路	襄阳路	德安路	安丰路	高邮府	汝宁路	总计受水灾路州县数	水　情	灾害和救济措施
至治二年（1322）七月				E							1路	淮安路水	民饥，免其租
								A			1路	安丰路芍陂屯田水	害　稼
泰定元年（1324）五月			C								1州	陈州雨水	害　稼
泰定元年（1324）八月		E									2县	考城、仪封等县霖雨	损禾稼
泰定二年（1325）五月									E		1县	雨　水	
		A									15县	河溢汴梁	被灾者15县
泰定二年（1325）六月			C								1州	归德宿州雨水	
泰定二年（1325）七月		C									1州	睢州河决	
泰定二年（1325）八月		E									2县	汴梁考城、仪封霖雨	损禾稼
泰定三年（1326）二月			A								1路	归德府河决	民饥，赈粮56000石
泰定三年（1326）六月							A			E	1州	德安路、汝宁光州	水
泰定三年（1326）七月		CE									1州 1县	河决郑州阳武	漂没阳武县民16500余家
泰定三年（1326）十月		E									2县	河水溢，汴梁路利乐堤坏	役丁夫64000人筑之
泰定四年（1327）五月		C									1州	睢州河溢	
泰定四年（1327）六月		E									1县	汴梁路河决	
泰定四年（1327）八月		E									2县	扶沟、兰阳河溢	漂民居1900余家，赈之

续表

元代纪年（公元）	河南路	汴梁路	归德府	淮安路	南阳路	襄阳路	德安路	安丰路	高邮府	汝宁路	总计受灾州县路数	水　情	灾害和救济措施
泰定四年（1327）十二月		D	EC								2州4县	夏邑县河溢，汴梁中牟、开封、陈留县，归德邳、宿州雨水	
天历二年（1329）六月			C	A					A		2路2州	淮东诸路（含高邮府），归德徐、邳二州大水	
至顺元年闰（1330）七月									E		2县	宝应、兴化等县水	没民田13500余顷
至顺二年（1331）五月							E				屯田	德安屯田水	
至顺二年（1331）七月			A								1路	归德府雨	伤稼，免其租
至顺三年（1332）五月		DC									2州3县	汴梁睢州、陈州，开封、兰阳、封丘河水溢	
元统元年（1333）五月		E									1县	阳武县河溢	害　稼
元统元年（1333）六月	A										1路	黄河大溢	河南水灾
元统二年（1334）六月				E							1县	淮河涨	漂山阳境内民畜房舍
后至元元年（1335）		E									1县	河决汴梁封丘县	
后至元二年（1336）五月					C						1州	南阳邓州大霖雨，白核、湍河大溢	水为灾
后至元三年（1337）六月		E	A								1路2县	兰阳、尉氏及归德府	皆河水泛滥

续表

元代纪年（公元）	河南路	汴梁路	归德府	淮安路	南阳路	襄阳路	德安路	安丰路	高邮府	汝宁路	总计受水灾路州县数	水　情	灾害和救济措施
后至元六年(1340)十月	E										1县	宜阳县大水	漂民居，溺死者众，人给殡葬钞一锭，仍赈义仓粮二月
至正元年(1341)		C									1州	钧州大水	
至正二年(1342)四月		E									1县	睢州仪封县大水	害　稼
至正三年(1343)七月		D									7县	中牟、扶沟、尉氏、洧川、荥阳、汜水、河阴7县大水	赈粜麦10万石
至正四年(1344)六月	E										1县	巩县大雨，伊洛水溢	漂民居数百家
		D	A								4县	鄢陵、通许、陈留、临颍等县，归德大水	害稼，麦禾皆不登，人相食
至正五年(1345)十月												黄河泛滥	
至正五年(1345)夏秋		A									1路	汴梁路久雨	害稼，二麦禾豆俱不登
至正十一年(1351)夏	E										1县	河决永城县	坏皇陵岗岸
至正十四年(1354)六月	E										1县	巩县大雨，伊洛水溢	漂没民居，溺死300余人
至正十六年(1356)八月		E									1县	河决郑州河阴县，遂成中流	官署民居尽废
至正二十六年(1366)六月	A										1路	大霖雨，廛水溢，深四丈许	漂东关民居数百家

续表

元代纪年（公元）		河南路	汴梁路	归德府	淮安路	南阳路	襄阳路	德安路	安丰路	高邮府	汝宁路	总计受水灾路州县数	水情	灾害和救济措施
至正二十六年（1366）七月			C									1县	钧州大水	害稼
总计：水灾54年88月（次）	各路受灾次数	10	59	27	8	6	3	2	3	4	9	总计99年中的受害面积：42路33州135县，芍陂德安屯田各2次，折合受涝面积为50路[h]		

说明：

a. 灾害代用符号：1～2县灾伤用E表示，3～7县灾伤用D表示，路属州1～2州用C，路属州3州以上灾伤用B，路及省直隶府州，用A。

b. 《元史》卷七《世祖本纪六》载，至元十三年，“是岁，（中书省）东平、济南、泰安、德州、（河南行省）涟海、（中书省大名路）清河、（中书省）平滦、西京西三州，以水旱缺食，赈军民站户米225560石，粟47712石，钞4282锭有奇。平阳路旱，济宁路及高丽沈州水”。此处没有明确指哪些路县旱，哪些水。但可以推测是年降雨带主要在东部即济宁和沈州（即今沈阳）一带，所以处于同一区域的东平、济南、泰安、德州、涟、海、清河、平滦，应该有大规模降雨；平阳旱，处于同一区域的西京西三州也应以为旱。故此处暂定西京西三州为旱，其他地区为水。

c. 至元二十年六月，（中书省）太原、怀孟，（河南行省）河南等路沁河水溢，坏民田一千六百七十余顷。

d. 至元二十二年秋，（河南行省）南京，（中书省）彰德、大名、河间、顺德、济南等路河水坏田三千余顷；（河南行省）高邮、（江浙行省）庆元大水，伤人民七百九十五户，坏庐舍三千九十区。

e. 至元二十七年六月辛丑（中书省）怀孟路武陟县、（河南行省）汴梁路祥符县皆大水，免田租八千八百二十石。

f. 大德九年七月，扬州之泰兴、江都，淮安之山阳水，免其田租九千余石。

g. 延祐七年四月，安丰、庐州淮水溢，损禾麦一万顷。

h. 州县折合路府州标准：《元史·地理志二》中河南行省10路府领51县、26州，26州共领71县。县和州领县122，每路府平均领县12.2，即平均12.2县折合1路府，2.73县折合1路属州，4.46路属州折合1路府。

表1-11　河南行省10路府旱灾年表

元代纪年（公元）	河南路	汴梁路	归德府	淮安路	南阳路	襄阳路	德安路	安丰路	高邮府	汝宁路	旱灾路州县数	旱情	灾害和救济措施
至元二年（1265）			C								2州	徐宿邳旱蝗	

续表

元代纪年（公元）	河南路	汴梁路	归德府	淮安路	南阳路	襄阳路	德安路	安丰路	高邮府	汝宁路	旱灾路州县数	旱　情	灾害和救济措施
至元十七年(1280)八月		A									1路	旱	
至元二十二年(1285)五月		A									1路	旱	
至元二十三年(1286)五月		A									1路	旱	
元贞元年(1295)九月								A	A		2路	旱	
元贞二年(1296)九月								A			1路	旱	免其田租
大德元年(1297)六月		A			A						2路	大　旱	民鬻子女
大德元年(1297)八月			A								1路	旱	
大德元年(1297)十月								E			2县	蒙城、霍丘自春及秋不雨	赈　之
大德五年(1301)六月		A			A						2路	旱	
至大元年(1308)二月			A							A	2路	旱　蝗	民饥，给钞万锭赈之
延祐四年(1317)四月							A				1路	旱	免屯田租
至治元年(1321)五月									A		1路	旱	
至治二年(1322)六月				E							2县	淮安属县旱	免其租
至治二年(1322)								A			1路	河南屯田旱[a]	
至治三年(1323)十一月								E			1县	芍陂屯田旱	赈　之
泰定元年(1324)				A	A		A	A			4县	河南诸屯田皆旱	

续表

元代纪年（公元）	河南路	汴梁路	归德府	淮安路	南阳路	襄阳路	德安路	安丰路	高邮府	汝宁路	旱灾路州县数	旱情	灾害和救济措施
泰定二年（1325）七月		A					A			A	3路	旱	免其租
泰定三年（1326）五月				E							1县	洪泽屯田旱	
					A					A	2路	南阳、汝宁旱蝗	
泰定三年（1326）六月							A				1路	德安旱[b]	并蠲其租
泰定三年(1326)夏	A	A									2路[c]	亢阳不雨	
泰定四年（1327）五月					E					E	2县	南阳汝宁属县旱蝗	
泰定四年（1327）六月										A	1路	旱	
泰定四年（1327）八月				A	A		A	A			4路	河南等路屯田旱	
天历二年（1329）四月	A										1路	河南路旱	
至顺三年（1332）九月	E										1县	河南府洛阳县旱	
元统元年(1333)夏				A				A	A		3路	淮东淮西皆旱	
元统二年（1334）二月								A			1路	安丰路旱饥	赈粜麦6700石
元统二年（1334）四月	A										1路	旱，4至8月不雨	
后至元元年(1335)四月	A										1路	大　旱	
至正七年（1347）四月	A	A									2路	大　旱	
至正十四年(1354)		EE									1县	祥符大旱，旱魃再见	
至正二十二年（1362）	D										3县	洛阳、孟津、偃师大旱	人相食

续表

元代纪年（公元）		河南路	汴梁路	归德府	淮安路	南阳路	襄阳路	德安路	安丰路	高邮府	汝宁路	旱灾路州县数	旱　情	灾害和救济措施
总计：旱灾 26 年，33 月次	每路受灾 33 月次	7	9	3	5	6	0	5	7	4	5	总计 98 年中的旱灾路州县：37 路 4 州 17 县折合受旱面积为 40 个路		

说明：

a.《元史》卷二十八《英宗本纪二》载，至治二年六月，“扬州属县旱，免其租”，“淮安属县旱，免其租”；九月，“临安河西县春夏不雨，种不入土，居民流散，命有司赈给，令复业”。又载，是岁，“河南及云南乌蒙等处屯田旱”，没有明确指河南何处屯田。按，《元史》卷一百《兵志三》记载，河南行省所辖军民屯田，有南阳府民屯、洪泽万户府屯田、芍陂屯田万户府、德安等处军民屯田总管府四处。而至治二年六月扬州淮安旱，可以认为是年降雨带不在江淮地区，而安丰路芍陂屯田距扬州淮安地最近，最有可能发生旱灾，因此暂定为安丰路屯田。

b.《元史》卷三十《泰定帝本纪二》载，泰定三年六月，“大宁、庐州、德安、梧州、中庆诸路属县水旱，并蠲其租”，没有明言哪些路是水是旱或水旱兼有，故水旱各单独记 1 次。

c. 泰定三年夏，燕南、河南州县十有四亢阳不雨，没有明确指出州县具体数量，故这里只记为 2 路。

表 1-12　1262—1366 河南行省 10 路府水旱灾害频率比较表

地　区	旱灾次数	水灾次数			水旱灾频率		各路府水旱灾类型	
路　府	旱灾总次数	降水（雨水、大水、水）次数	河决溢涨次数	水灾总次数	旱灾频率（旱灾占水旱灾的百分比）	水灾频率（水灾占水旱灾的百分比）	多旱灾路（D）	多水灾路（F）
河南路	7	8	4	10	44	56		✓
汴梁路	9	25	37	59	13	87		✓
归德府	3	18	10	27	10	90		✓
淮安路	6	7	1	8	43	57		✓
南阳路	6	4	4	6	50	50	亦旱亦涝	
襄阳路	0	3	0	3				✓
德安路	5	2	0	2	71	29	✓	
安丰路	7	2	1	3	70	30	✓	
高邮府	4	4	0	4	50	50	亦旱亦涝	
汝宁路	5	6	3	9	36	64		✓

表 1-13　中书省水灾灾情年表

元代纪年(公元)	受灾地区	水灾状况	灾害和救济措施	受灾路州县数
太宗七年(1235)	大都路宛平县	卢沟河决破	刘仲禄率人修之	1县
至元元年(1264)	中都、保定、真定、顺德、河间、东平、济南、益都、般阳路莱州、淄州、恩州、高唐州、济宁路济州等郡	大　水		12路
至元四年(1267)五月	大同路应州	大　水		1州
至元五年(1268)九月	中都路	水	免今年田租	1路
至元五年(1268)十二月	中都、济南、益都、般阳路淄莱、河间、东平、顺天、顺德、真定、恩州、高唐、济宁路兖州	大　水	免今年田租	10路 3州
至元六年(1269)正月	益都路，般阳路淄州、莱州	大　水		1路 2州
至元六年(1269)十二月	河间路献、莫、清、沧四州及大同路丰州、浑源县	大　水		5州 1县
至元八年(1271)十月	大都路檀、顺等州	风　潦	害　稼	2州
至元九年(1272)六月	京　师	大　雨		2县
至元九年(1272)九月	怀孟、卫辉、顺天等郡，广平路名、磁州、泰安、大都路通州、永平路滦州	淫雨、河水并溢	圮田庐，害稼	4路 4州
至元十年(1273)[a]	大都、保定、真定、顺德、河间、永平、大名、广平、东平、济宁、益都、济南、般阳、曹州	霖　雨	害稼9分	14路
至元十二年(1275)	河间路	霖　雨	赈米粟	1路
至元十三年(1276)	济宁、东平、济南、泰安、德州、平滦、(大名)清河	水	赈　济[b]	6路 1县
至元十四年(1277)六月	济宁路	雨　水	平地丈余，损稼	1路
	曹州定陶、武清二县，濮州，东昌路堂邑县	雨　水	没禾稼	1路 3县

续表

元代纪年(公元)	受灾地区	水灾状况	灾害和救济措施	受灾路州县数
至元十四年(1277)十二月	冠州、广平路永年县	水		1路 1县
至元十五年(1278)	西京、奉圣州及彰德等处	水　旱	民饥，赈米粟	?
至元十六年(1279)十二月	保定等路	水		1路
至元十七年(1280)正月	冠州、广平路永年县	水		1路 1县
至元十七年(1280)八月	大都、北京(大宁路)、怀孟、保定、东平、济宁等路	水		5路
至元十八年(1281)十一月	到定路清苑县	水		1县
至元二十年(1283)六月	太原、怀庆、卫辉路	水，河水溢	坏民田	3路
至元二十年(1283)十月	大都路涿州	拒马河溢		1州
至元二十一年(1284)六月	保定、河间，济南路滨、棣二州	大　水		2路 2州
至元二十二年(1285)二月	浑　河	堤　决		1县
至元二十二年(1285)秋	彰德、大名、河间、顺德、济南	河　水	坏民田3000余顷	5路
至元二十三年(1286)三月	大都路霸州，保定路雄州二州及保定路诸县	水泛溢	冒官民田	2州 2县
至元二十三年(1286)六月	大都涿、郭、檀州、顺州、蓟五州	水		5州
至元二十三年(1286)十一月	平滦、太原、汴梁	水旱	为　灾	
至元二十四年(1287)六月	大都路霸州益津县	雨　水		1县
至元二十四年(1287)九月	太原、河间等路	霖　雨	害　稼	2路
至元二十四年(1287)十一月	大都路	雨　水	赐今年田租129180石	1路
至元二十四年(1287)	保定、太原、河间、顺德、般阳、真定	霖　雨	害　稼	6路 (河南)

续表

元代纪年(公元)	受灾地区	水灾状况	灾害和救济措施	受灾路州县数
至元二十五年(1288)二月	京　师	水	发官米下其价粜贫民	2县
至元二十五年(1288)七月	保定路	霖　雨	害　稼	1路
	益都路胶州	连岁大水	民采橡而食	1州
	大都路霸、郭二州	霖　雨	害　稼	2州
至元二十五年(1288)八月	济宁路嘉祥、鱼台、金乡三县	霖　雨	害　稼	3县
至元二十五年(1288)九月	保定路，河间路献、莫二州	霖　雨	害　稼	1路 2州
至元二十五年(1288)十二月	太原路	河　溢	害　稼	1路
至元二十六年(1289)五月	东昌路	御河溢入会通河	漂东昌民庐舍	1路
至元二十六年(1289)六月	真定、顺德、平滦、济南棣州、济宁、东平	霖　雨	害　稼	5路 1州
至元二十六年(1289)七月	平滦昌国等屯田	霖　雨	损　稼	1县
	济宁路兖州尚珍署屯田	大　水	9720顷	1州
	平滦屯田	霖　雨	损稼11600顷	1县
至元二十六年(1289)八月	霸　州	大　水		1州
	大都路	霖　雨	害　稼	1路
至元二十六年(1289)九月	平滦昌国等屯田	霖　雨	害　稼	1县
至元二十六年(1289)十月	营田提举司(大都武清县)	水	害稼3500顷	1县
	平滦路	水	坏田1100顷	1县
至元二十六年(1289)闰十月	宣徽院所辖宝坻县屯田(450顷)	大　水	害　稼	1县
至元二十七年(1290)五月	尚珍署(济宁路兖州)广备屯等屯田	大　水	免田租	1州
至元二十七年(1290)六月	怀孟路武陟县	大　水	免田租	1县
至元二十七年(1290)七月	大名路魏县	御河溢	害　稼	1县
至元二十七年(1290)九月	高唐州	御河决	没民田	1路

续表

元代纪年(公元)	受灾地区	水灾状况	灾害和救济措施	受灾路州县数
至元二十七年(1290)十一月	广济署洪济屯田(河间路清沧二州)(12600顷)	大　水	免田租	2县
	河间路莫州及任丘县，保定路雄州及新安县	易水溢	田庐漂没无遗	2州 2县
至元二十八年(1291)八月	大名路之清河、南乐诸县	霖　雨	害　稼	2县
至元二十八年(1291)八月	平滦、保定、河间	大　水	被灾者全免，收成者半之	3路
至元二十八年(1291)九月	景州、河间等县	霖　雨	害稼，免田租56590石	1州 1县
至元二十八年(1291)十二月	广济署大昌等屯(河间路清沧二州)	水	免田租	2州
至元二十九年(1292)闰六月	大都路河西务	水	给米赈饥民	1县
至元二十九年(1292)九月	平滦路	大水且霜	免田租	1路
至元三十年(1293)五月	真定路深州静安县	大　水	民饥，赈济	1县
至元三十年(1293)八月	营田提举司(大都路武清县)	水	没屯田177顷，免田租4772石	1县
至元三十年(1293)九月	恩　州	水	百姓缺食	1路
至元三十年(1293)十月	平　滦	水	免田租11970石	1路
	广济署(河间路之清、沧二州)	水	损屯田165顷，免田租6213石	2州
至元三十一年(1294)八月	平滦路迁安等县	水	免其田租	1县
至元三十一年(1294)九月	真定路赵州晋宁县	水		1县
元贞元年(1295)六月	泰安、曹州、济宁路	水		3路
	济南路历城县	大清河溢	坏民居	1县
至元元年(1295)七月	大都、东平	水		2路
	大都武卫屯田(涿州、霸州、保定、定兴)	大　水		4州

续表

元代纪年(公元)	受灾地区	水灾状况	灾害和救济措施	受灾路州县数
至元元年(1295)九月	上都路宣德府	大 水	军民乏食，给粮两月	1州
元贞二年(1296)五月	太原平晋、河间路州交河、乐寿二县，莫州任丘、莫亭等县	水		5县
元贞二年(1296)六月	大都路益津、保定、大兴县	水	损田稼3000余顷	3县
	真定鼓城、获鹿、藁城等县，保定葛城、归信、新安、束鹿等县	水		7县
元贞二年(1296)七月	真定、彰德、曹州及济南路滨州	水		3路 1州
元贞二年(1296)八月	大名路	水		1路
元贞二年(1296)十月	广备屯及宁海州之文登	水		2县
元贞二年(1296)十一月	象食屯	水	免其田租	1县
元贞二年(1296)十二月	大都、保定	水		2路
大德元年(1297)五月	彰德、广平、大名等属县	漳河溢	损民禾稼	3县
大德元年(1297)六月	大名、平滦、东昌等路	水		3路
大德元年(1297)	大都之檀、顺州	水		2州
大德三年(1299)八月	河间郡、大都	水		1路
大德四年(1300)五月	真定、保定、大都通、蓟二州	水		2路 2州
大德五年(1301)五月	保定、河间，上都路宣德府属州，宁海州	水		3路 1州
大德五年(1301)六月[d]	平滦路	霖雨，滦河溢	民死者众，免除今年田租，并赈粟30000石	1路
大德五年(1301)六月	济宁、般阳、益都、东平、济南、大都路	水		6路
大德五年(1301)七月	大都、保定、河间、济宁、大名	水		5路

续表

元代纪年(公元)	受灾地区	水灾状况	灾害和救济措施	受灾路州县数
	顺德路	水	免其田租	1路
大德五年(1301)	大名、上都宣德府、大都奉圣州、宁海、济宁、般阳、登州、莱州、益都、潍州、博兴州、东平、济南、滨州、保定、河间、真定	水		是年总计：11路7州
大德六年(1302)四月	上　都	大　水	民饥，减价粜粮10000石赈之	1路
大德六年(1302)五月	济南路	大　水		1路
	大都路东安州	浑河溢	坏民田1080余顷	1州
大德六年(1302)六月	广平路	大　水		1路
大德六年(1302)七月	顺德	水		1路
大德六年(1302)十月	济南滨、棣、泰安、高唐州	霖　雨	米价腾涌，民多流移，发粟赈之，并给钞30000锭	2路 2州
大德七年(1303)五月	济南、河间等路	水		2路
大德七年(1303)六月	平滦、昌国	雨　水	坏田庐，男女死	1路[c]
大德七年(1303)五月二十九日至六月九日	大都路昌平县	大　雨	山水暴涨，漫流(白浮堰)上，冲决水口	1县
大德八年(1304)四月	(郭州)柳林屯田	被　水		1县
大德八年(1304)五月	太原阳武县、卫辉获嘉县	河　溢		2县
	大名滑州、濬州	雨　水	坏民田680余顷	2州
	德州之齐河	霖　水		1县
大德九年(1305)六月	东昌博平、堂邑二县	雨　水		2县
大德九年(1305)八月	大名元城县	大　水		1县

续表

元代纪年(公元)	受灾地区	水灾状况	灾害和救济措施	受灾路州县数
大德九年(1305)	曹州禹城县	霖 雨	害稼，次年正月民饥，发陵州米赈之	1县
大德十年(1306)五月	大都路郭州、保定路雄州	水		2州
大德十年(1306)六月	保定满城、清苑县 大名、益都、保定路易州定兴县	雨 水 大 水		2路 3县
大德十一年(1307)六月	保定路之容城、新城、束鹿，河间路之靖海，真定路之隆平	水		5县
大德十一年(1307)七月	保定、河间、晋宁	水		3路
	冀宁文水县	汾水溢		
大德十一年(1307)八月	冀宁路文水、平遥、祁县，晋宁路霍邑，保定路容城、束鹿，靖海，真定路隆平等县	水		8县
大德十一年(1307)十一月	永平路之卢龙、滦州、迁安、昌黎、抚宁	水	民饥，给钞千锭赈之	1路6县
至大元年(1308)五月	大都路武清县、河间路清州	御河水决	流灌翼卫屯田	2县
至大元年(1308)六月	益都路	水	民饥，采草根树皮以食，免今岁差徭，仍以本路税课及发朱汪、利津两仓粟赈之	1路
至大元年(1308)七月	大名路睿州	霖雨，御河溢涨		1县
	济宁路	雨 水	平地丈余，暴决入城，漂庐舍，死者18人。诏遣官以钞5000锭赈之	1路

续表

元代纪年(公元)	受灾地区	水灾状况	灾害和救济措施	受灾路州县数
	真定路	淫　雨	死170人，发米17000石赈之	1路
	彰德、卫辉	水	损稻田5370顷	2路
至大二年(1309)十月	大都路武清县	浑河水决	没诸卫屯田	1县
至大三年(1310)六月	濮州甄城、东平路汶上	水		2县
	益都路沂州、莒州、兖州	水	没民田	3州
至大四年(1311)六月	大都三河县、潞县，河东祁县、怀仁县，永平丰盈屯	雨　水	害　稼	5县
	济宁、东平、高唐	水	给钞赈之	3路
至大四年(1311)七月	济宁、东平、般阳、保定、太原、河间、真定、顺德、彰德、大名、广平等路，德、濮、恩等州，大都路之通州，冀宁路祁县	霖　雨	伤　稼	14路 1州 1县
皇庆元年(1312)二月	(大都路)东安州、永清	浑河水溢决	左卫屯田浸不下种	2县
皇庆元年(1312)六月	浑　河	涨　决	漂民庐，没禾稼	1县
皇庆二年(1313)六月	大都路涿州范阳县、东安州、宛平县、固安州、霸州益津、文安，永清县	雨　水	坏田稼7690余顷	2州 5县
延祐元年(1314)六月	涿州范阳、房山二县	浑河溢	坏民田490余顷	2县
延祐元年(1314)七月	大都路武清县	浑河堤决	淹没民田，发廪赈之	1县
延祐二年(1315)正月	浑　河	霖雨，坏河堤	没民田，发卒补之	1县
延祐二年(1315)七月	京师之郭州、昌平、香河、宝坻等县	大　雨水	没民田庐	1州 3县

续表

元代纪年(公元)	受灾地区	水灾状况	灾害和救济措施	受灾路州县数
延祐三年(1316)三月	大都路武清县	浑河决堤堰	没田禾，军民蒙害	1县
延祐三年(1316)七月	河间路沧州清池县	景州吴桥县御河水溢	浸民庐及已熟田数万顷	1县
延祐四年(1317)正月	晋宁路解州盐池	水		盐　池
延祐四年(1317)二月	曹　州	水		1路
延祐四年(1317)四月	上都路开平县	霖雨，滦河水涨		1县
延祐六年(1319)六月	济宁等路	水	遣官阅视，乏食者赈之，仍禁酒，开河泊禁，听民采食	1路
	河间路	漳水溢	坏民田2700余顷	1路
	益都、般阳、济南、东昌、东平、济宁等路，曹、濮、泰安、高唐等州	大雨水	害　稼	10路州
	永平路	水		1路
延祐六年(1319)六月	大名路属县	水	坏民田18000顷	1路
	彰德、真定、保定、卫辉等郡	大雨水		4路
延祐六年(1319)七月	大都路霸州文安县	霖　雨	害稼3000余顷	1县
延祐七年(1320)七月	济南路棣州、德州	大雨水	坏田4600余顷	2州
延祐七年(1320)八月	大都路霸州文安、大城二县	滹沱河溢	害　稼	2县
	晋宁县汾州平遥县	水		1县
		浑河溢	坏民田	
至治元年(1321)六月	大都路霸州	大水，浑河溢	被灾者23000户	1州
	大都路蓟州平谷、渔阳二县，邢台、沙河二县，大名魏县，永平石城县	大　水		6县

续表

元代纪年(公元)	受灾地区	水灾状况	灾害和救济措施	受灾路州县数
至治元年(1321)七月	彰德临漳县	漳水溢		1县
	大都宝坻县、固安州、东安州 真定元氏县	大　水		2州 2县
	东平、东昌二路，高唐、曹、濮等州	雨　水	害　稼	2路 3州
	大都、保定、真定、大名、济宁、东平、东昌、永平等路，高唐、曹、濮等州	水		
至治二年(1322)二月	濮州、恩州	大　水		2路
	顺德路9县	水　旱		9县
至治三年(1323)五月	大都路东安州	水	坏民田1560顷	1州
	真定路武邑县	雨　水	害　稼	1县
	大名魏县	淫　雨		1县
	保定定兴县，济南无棣厌次县，济宁砀山县，河间齐东县	霖　雨	害　稼	4县
至治三年(1323)六月	大都永清县	雨　水	损田400顷	1县
	大都霸州，河间沧、莫州，保定易州、安州及诸卫屯田(永清、益津、香河、霸州、保定、涿州、定兴、河间、武清、清州、郭州)	水	坏田6000余顷	1路 3州
至治三年(1323)七月	郭　州	雨　水	害　稼	1州
至治三年(1323)夏	大都、河间、保定、济南、济宁五路属县	霖　雨	伤　稼	6路
泰定元年(1324)五月	大都路漷州、固安州	大雨水	漂　列	2州
	大都，真定晋州、深州	雨	伤稼、赈粮二月	1路 2州

续表

元代纪年(公元)	受灾地区	水灾状况	灾害和救济措施	受灾路州县数
泰定元年(1324)六月	益都、济南、般阳、东昌、东平、济宁等郡22县，曹、濮、德、高唐等处10县	淫雨，水深丈余，漂没田庐		32县
	大同浑源县	河溢		1县
	晋宁路汾州、真定路深、晋州 大都路顺州	雨水	害稼	5州
	真定	滹沱河溢	漂民庐舍	1路
泰定元年(1324)七月	真定、河间、保定、广平等路37县	大雨水五十余日	害稼	37县
	大都路固安州	清河溢		1州
	顺德路任县	沙、沣、名溢		1县
	大名路开州濮阳县、曹州楚丘县	河溢		2县
	真定、广平、庐州等十一郡	雨水	伤稼	2路
	济南沾化、利津等县	霖雨	损禾稼	2县
泰定二年(1325)正月	大都宝坻县	雨水		1县
泰定二年(1325)闰正月	保定路雄州、归信诸县	大水河溢	民饥被灾者11605户，赈钞3万锭	1县
泰定二年(1325)四月	大都路涿州房山、范阳县	水		2县
泰定二年(1325)五月	大都路檀州	大水，平地深丈五尺		1州
泰定二年(1325)六月	大都路通州三河县	大雨，水丈余		1县
	冀宁路汾水溢			1县
	卫辉路及永平屯田丰赡、昌国、济民等署	雨	伤稼，蠲其租	2路

续表

元代纪年(公元)	受灾地区	水灾状况	灾害和救济措施	受灾路州县数
	济宁路虞城、砀山、单父、丰、沛五县	水		5县
泰定二年(1325)八月	大都路涿州、霸州,永清、香河二县	大 水	伤稼9050顷	2州 2县
泰定二年(1325)	御 河	水 溢		1县
泰定三年(1326)正月	恩 州	水	赈 粮	1路
泰定三年(1326)六月	大兴县	霖雨,山水暴涨	泛没诸乡桑枣田园	1县
	大同路属县	水		1县
泰定三年(1326)七月	大都路东安、檀、顺、郭州	雨	浑河决	4州
	真定蠡州	水		1州
	汾州平遥县	汾水溢		1县
泰定三年(1326)十一月	永平路	大 水		1路
泰定四年(1327)三月	大都路	浑河决		1县
泰定四年(1327)六月	大都路东安、固安、通、顺、檀、蓟七州,永清、良乡等县	雨 水		7州 2县
泰定四年(1327)七月	上都路云州	大 雨		1州
	济宁路虞城县	河 溢	伤 稼	1县
泰定四年(1327)八月	大都路昌平县	霖雨不止,山水泛滥	浸没民田	1县
泰定四年(1327)十月	大都路诸州县	霖雨水溢	坏民田庐,赈粮24900石	1县
泰定五年(1328)六月	永平路	水		1路
	河间、益都、济南、般阳、济宁等郡30县,濮、德、泰安等州9县	雨 水	害 稼	39县
天历二年(1329)六月	大都东安、通、蓟、霸四州、河间靖海县、永平昌国屯	雨 水	害 稼	4州 2县

续表

元代纪年(公元)	受灾地区	水灾状况	灾害和救济措施	受灾路州县数
天历三年(1330)五月	右卫(大都路霸州益津，郭州武清)屯田	大水	害禾稼800余亩	2县
天历三年(1330)六月	大名路长垣、东名二县	黄河溢	没民田580余顷	2县
	高唐、曹州	水		2路
天历三年(1330)七月	河间路	海潮溢	漂没河间盐运司盐26700引	1路
	大都、保定、益都诸属县，及京畿诸卫(东安州、永清、香河、霸州、保定、涿州、定兴、河间路)	水		3路
	大司农屯田(永平、大都路武清，河间路清沧等州)	水	没田80余顷	3路
至顺二年(1331)四月	晋宁路潞州潞城县	大雨水		1县
至顺二年(1331)五月	河间路莫亭县	水		1县
至顺二年(1331)六月	大都、保定、河间、东昌路属州县及诸屯(东安州、永清、香河、霸州、保定、涿州、定兴、河间路)	水		5州10县
	彰德路漳县	漳水决		1县
至顺二年(1331)十二月	真定深州、晋州	水		2州
至顺三年(1332)五月	河间清州等处屯田	滹沱河决	没河间清州等处屯田43顷	1州
至顺三年(1332)六月	晋宁县汾州	大水		1州
至顺三年(1332)九月	益都路莒、沂州，泰安州奉符县，济宁路鱼台、丰县，曹州楚丘县	大水		2州4县
至顺三年(1332)十月	曹州楚丘县	河堤决	发民定修之	1县

续表

元代纪年(公元)	受灾地区	水灾状况	灾害和救济措施	受灾路州县数
元统元年(1333)六月	京　师	大霖雨，水平地丈余		左右警巡院
元统二年(1334)正月	东平须城县、济宁州、曹州济阴县	水　灾	民饥，以米12300石赈之	1州2县
元统二年(1334)二月	永平诸县	水灾，滦河漆河溢	赈钞5000锭	1县
元统二年(1334)三月	山东(益都、济南、般阳及登、莱二州)	霖雨，水涌	民饥，赈粜米20000石	3路
元统二年(1334)四月	东平、益都	水		2路
元统二年(1334)五月	上都路宣德府	大　水		1府
元统二年(1334)八月	大都至通州(左右警巡院、大兴、通州)	霖雨，大水		1州3县
后至元元年(1335)六月	京师(左右警巡院)	大霖雨		2县
后至元二年(1336)八月	大都至通州(左右警巡院、大兴、通州)	霖雨，大水		1州3县
后至元三年(1337)六至七月	卫辉路	淫雨，丹沁与御河通流，平地深2丈余	漂没民舍田禾甚众。民皆栖于树木，郡守僧家奴以舟载饮食之，移老弱居城头，日给粮饷，月余水退	1路
后至元五年(1339)七月	沂　州	沂州、沭暴涨，决堤防	害田稼	1州
后至元六年(1340)二月	京畿五州十一县	大　水		5州11县
后至元六年(1340)八月	卫　辉	大　水	漂民居1000余家	1路
至正二年(1342)六月	济　南	山水暴涨	漂没民居1000余家，溺死者无算	1县
至正三年(1343)五月	曹　州	河决白茅口		1路

续表

元代纪年(公元)	受灾地区	水灾状况	灾害和救济措施	受灾路州县数
	曹、濮、济宁路济州、兖州	黄河决白茅堤，平地水2丈	皆被灾	4路
至正三年(1343)六月	大都京城、大兴、东安州、武清县	大霖雨不止，水溢；浑河水溢		1州 4县
至正四年(1344)正月	曹　州	霖雨、河决	雇夫15800修筑之	1路
至正四年(1344)五月	曹、濮、济宁路济州、兖州	大霖雨，黄河溢，平地水二丈，决白茅堤	皆被灾	2路 2州
	大都路霸州	大　水	大饥，人相食	1州
至正四年(1344)六月	曹州定陶、楚丘、成武，大名路东明，济宁路巨野、郓城、单州、虞城、砀山、金乡、鱼台、丰、沛、任城、嘉详、东平路汶上，济南、河间	黄河暴涨决口	死人，流离四方	2路 1州 15县
至正四年(1344)七月	永平路	滦河溢，出平地丈余	禾稼庐舍漂没甚众	1路
	东平路东阿、阳谷、汶上、平阴四县	大水，大饥		4县
至正四年(1344)八月	山东(益都、济南、般阳、宁海)	霖　雨	饥民有相食者，赈之	4路
至正五年(1345)夏秋	河间路	淫　雨	妨害盐灶	1路
至正五年(1345)七月	曹州济阴	黄河决	漂没民亭舍甚众	1县
至正六年(1346)二月	京畿五州十一县	水	每户赈米两月	5州 11县
至正六年(1346)五月	曹州、济宁路路治	黄河决		1路 1县
至正八年(1348)正月	济宁路济巨野	黄河决	陷济宁路	1县

续表

元代纪年(公元)	受灾地区	水灾状况	灾害和救济措施	受灾路州县数
至正八年(1348)五月	京　城	大霖雨	京城崩	1县
至正八年(1348)六月	益都路胶州	大　水	民饥，赈济	1州
至正八年(1348)七月	益都路高密县	大　水		1县
至正九年(1349)三月	河　北	黄河河北溃	五月修金堤	1县
至正九年(1349)四月	河间路	水　灾	盐减产3万引	1路
至正九年(1349)五月	济宁路丰县、沛县	白茅河东注沛县	遂成巨浸	2县
至正九年(1349)七月	高唐州城	大霖雨	水没州城，漂没民居、禾稼	1县
至正十年(1350)二月	彰德路	大　雨	害　稼	1路
至正十年(1350)六月	晋宁路霍州灵石县	雨水暴涨，决堤堰	漂民居甚众	1县
至正十年(1350)七月	晋宁路汾州平遥县	汾水溢		1县
至正十一年(1351)七月	冀宁路平晋、文水	大水，汾河溢	漂没田禾数百顷	2县
至正十三年(1353)夏	大都路蓟州丰润、玉田、遵化、平谷四县	大　水		4县
至正十四年(1354)	济宁路金乡、鱼台	水，河溢	漂没3百里	2县
至正十四年(1354)秋	大都路蓟州	大　水		1州
至正十六年(1356)八月	山东(益都、济南、般阳、宁海)	大　水		4路
至正十七年(1357)六月	广平郡邑	暑雨，漳河溢	皆　水	1路
至正十七年(1357)秋	大都路蓟州4县	大　水		4州
至正十八年(1358)秋	京师及蓟州(大兴)	大　水		1州 3县
至正十九年(1359)四月	晋宁路	汾水暴涨		1路
至正十九年(1359)九月	济州任城县	河　决		1县
至正二十年(1360)七月	益都路、大都路通州	大　水		1路 1州

续表

元代纪年(公元)	受灾地区	水灾状况	灾害和救济措施	受灾路州县数
至正二十三年(1363)七月	怀庆路孟州济源、温县	淫　雨	害　稼	2县
	东平路寿张县	河　决	圮城墙，漂屋庐，人溺死者甚众	1县
至正二十四年(1364)三月	怀庆路孟州、河内、武陟县	水		3县
至正二十四年(1364)七月	益都路寿光县、胶州高密县	水		2县
至正二十五年(1365)七月	京师及蓟州	大　水		1州 2县
	东平路须城、东阿、平阴三县	河决小流口，达于清河	坏民居，伤禾稼	3县
至正二十六年(1366)二月	大名路东明县、曹州、濮州，济宁	河北徙	皆被其害	3路 1县
至正二十六年(1366)七月	冀宁路汾州介休县	汾水溢		1县
	大都路蓟州四县、卫辉	大　水	害　稼	1路 4县
至正二十六年(1366)八月	济南路滨、棣州	棣州大清河决	民居漂流无遗	2州
	济宁路肥城县 德州齐河县	黄水泛滥	漂没田禾民居百有余里 70余里亦如之	1县

说明：

a.《元史》卷八《世祖本纪五》载，至元十年"诸路虫蝻灾五分，霖雨害稼九分，赈米凡545590石"，具体路州不详。按：十二年赈卫辉、太原、河间等路凡粟米近3万石，十三年赈东平等13路州米27万石，十四年赈东平、济南等郡民米粟近5万石，以上诸路每路各得赈济粮2.5万石。54万石可以赈济27路。假定虫蝻灾和霖雨害稼的路州数量相等，那么也有13路受水灾。《元史》卷五十八《地理志一》记载太宗七年"自燕京、顺天等三十六路……(至元)十三年平宋，全有版图"，表明至元十年时的三十几路主要位于河北、山东等农作区。而对于德宁等八路建置沿革和水旱灾害缺少记载，故排除在至元十年霖雨之列。因此只有北方32路州比较易于发生水灾。再假设受灾的路州数量为14路，元代规定水旱灾伤"损八分以上者其税全免"(《元典章》卷二十三《户部九》)，"诸路霖雨害稼九分"就要全免其税，肯定发生于多雨年多水灾路。从统计结果看，元代的多雨年有：至元元年中书省 7 路大水，至大四年中书省 14 路大水霖雨，延祐六年中书省 17 路霖雨，至治元年 14 路水灾。水灾最多的路是大都、保定、真定、顺德、河间、永平、大名、广平、东平、济宁、益都、般阳、济南、曹州。这样参照多水灾路和多雨年，确定至元十年的“诸路霖雨害稼九分”之“诸路”为大都、保定、真定、顺德、河间、永平、大名、广平、东平、济宁、益都、般阳、济南、曹州。

b. 见表 1-10 河南行省 10 路府水灾积年及受灾路数量表。

c. 大德七年六月，辽阳、大宁、平滦、昌国、沈阳、开元六郡雨水，坏田庐，男女死者百十九人。

d. 《元史》卷六十四《河渠志一》载：“大德五年八月十三日，平滦路言：‘六月九日霖雨……至二十四夜，滦、漆、淝、洳诸河水复涨入城，余屋漂荡殆尽。’”

表 1-14　中书省 30 路州水灾表

元代纪年(公元)	大都路	保定路	真定路	顺德路	彰德路	怀庆路	卫辉路	河间路	永平路	兴和路	上都路	大名路	广平路	大同路	冀宁路	晋宁路	东平路	东昌路	济宁路	益都路	济南路	般阳路	曹州	濮州	高唐州	泰安州	德恩冠	宁海州	每次(月、季)受水灾路州县数	每年受灾路州县数
太宗七年(1235)	E																												1 县	1 县
至元元年(1264)		A	A	A				A				A					A	A	A	A	A	C	A	A	A	A	A		15 路	15 路
至元四年(1267)五月														C															1 州	1 州
至元五年(1268)九月	A																												1 路	10 路 3 州
至元五年(1268)		A	A	A				A									A		C	A	A	C			A		A		9 路 3 州	
至元六年(1269)正月																				A		C							1 路 2 州	1 路 7 州 1 县
至元六年(1269)十二月								B						E															5 州 1 县	
至元八年(1271)十月	C																												2 州	2 州
至元九年(1272)六月	A																												2 县	

续表

元代纪年（公元）	大都路	保定路	真定路	顺德路	彰德路	怀庆路	卫辉路	河间路	永平路	兴和路	上都路	大名路	广平路	大同路	冀宁路	晋宁路	东平路	东昌路	济宁路	益都路	济南路	般阳路	曹州	濮州	高唐州	泰安州	德恩冠	宁海州	每次(月、季)受水灾路州县数	每年受灾路州县数
至元九年(1272)九月	C	A				A	A		C				C													A			4路3州	4路3州2县
至元十年(1273)	A	A	A	A				A	A			A	A				A		A	A	A	A	A						14路	14路
至元十二年(1275)								A																					1路	1路
至元十三年(1276)									A				C				A		A		A					A	A		6路1县	6路1县
至元十四年(1277)六月																		E	A				E	A					2路3县	3路4县
至元十四年(1277)十二月													E														A		1路1县	
至元十五年(1278)																														
至元十六年(1279)十二月		A																											1路	1路
至元十七年(1280)正月													E														A		1路1县	6路1县
至元十七年(1280)八月	A	A				A											A		A										5路	
至元十八年(1281)十一月		E																											1县	1县
至元二十年(1283)六月						A	A								A														3路	3路1州
至元二十年(1283)十月	C																												1州	
至元二十一年(1284)六月		A						A													C								2路2州	2路2州

续表

元代纪年（公元）	大都路	保定路	真定路	顺德路	彰德路	怀庆路	卫辉路	河间路	永平路	兴和路	上都路	大名路	广平路	大同路	冀宁路	晋宁路	东平路	东昌路	济宁路	益都路	济南路	般阳路	曹州	濮州	高唐州	泰安州	德恩冠	宁海州	每次（月、季）受水灾路州县数	每年受灾路州县数
至元二十二年（1285）二月	E																												1县	5路 1县
至元二十二年（1285）秋				A	A			A				A									A								5路	
至元二十三年（1286）三月	C	C E																											2州 5县	1路 7州 5县
至元二十三年（1286）六月	B																												5州	
至元二十三年（1286）十一月			A																										1路	
至元二十四年（1287）六月	E																												1县	7路 1县
至元二十四年（1287）九月								A							A														2路	
至元二十四年（1287）十一月	A																												1路	
至元二十四年（1287）		A	A	A																		A							4路	
至元二十五年（1288）二月	C																												2县	
至元二十五年（1288）七月	C	A																		C									1路 3州	
至元二十五年（1288）八月																			D										3县	

续表

元代纪年（公元）	大都路	保定路	真定路	顺德路	彰德路	怀庆路	卫辉路	河间路	永平路	兴和路	上都路	大名路	广平路	大同路	冀宁路	晋宁路	东平路	东昌路	济宁路	益都路	济南路	般阳路	曹州	濮州	高唐州	泰安州	德恩冠	宁海州	每次（月、季）受水灾路州县数	每年受灾路州县数
至元二十五年(1288)九月	A							C																					1路2州	3路5州5县
至元二十五年(1288)十二月															A														1路	
至元二十六年(1289)五月																		A											1路	10路2州2县
至元二十六年(1289)六月			A	A					A								A		A		C								5路1州	
至元二十六年(1289)七月									A										C										1路1州	
至元二十六年(1289)八月	A																												1路	
至元二十六年(1289)九月									A																				1路	
至元二十六年(1289)十月	E								A																				1路2县	
至元二十七年(1290)五月																			C										1州	1路5州4县
至元二十七年(1290)六月						E																							1县	
至元二十七年(1290)七月												E																	1县	

续表

元代纪年（公元）	大都路	保定路	真定路	顺德路	彰德路	怀庆路	卫辉路	河间路	永平路	兴和路	上都路	大名路	广平路	大同路	冀宁路	晋宁路	东平路	东昌路	济宁路	益都路	济南路	般阳路	曹州	濮州	高唐州	泰安州	德恩冠	宁海州	每次(月、季)受水灾路州县数	每年受灾路州县数
至元二十七年(1290)九月																									A				1路	
至元二十七年(1290)十一月		C E						C E																					4州 2县	
至元二十八年(1291)八月												E																	2县	3路 3州 3县
至元二十八年(1291)九月								C E																					1州 1县	
		A						A	A																				3路	
至元二十八年(1291)十二月								C																					2州	
至元二十九年(1292)闰六月	E																												河西务	1路 1河西务
至元二十九年(1292)九月									A																				1路	
至元三十年(1293)五月			E																										1县	2路 2州 2县
至元三十年(1293)八月	E																												1县	
至元三十年(1293)九月																											A		1路	
至元三十年(1293)十月								C	A																				1路 2州	
至元三十一年(1294)八月									E																				1县	2县

续表

元代纪年（公元）	大都路	保定路	真定路	顺德路	彰德路	怀庆路	卫辉路	河间路	永平路	兴和路	上都路	大名路	广平路	大同路	冀宁路	晋宁路	东平路	东昌路	济宁路	益都路	济南路	般阳路	曹州	濮州	高唐州	泰安州	德恩冠	宁海州	每次(月、季)受水灾路州县数	每年受灾路州县数
至元三十一年(1294)九月			E																										1县	
元贞元年(1295)六月																			A		E		A			A			3路 1县	4路 5州 1县
元贞元年(1295)七月	D																A												1路 4州	
元贞元年(1295)九月											C																		1州	
元贞二年(1296)五月								D							E														5县	6路 1州 16县
元贞二年(1296)六月	D	D	E																										10县	
元贞二年(1296)七月			A		A																	C	A						3路 1州	
元贞二年(1296)八月												A																	1路	
元贞二年(1296)十月																												E	1县及广备屯	
元贞二年(1296)十一月																													象食屯	
元贞二年(1296)十二月	A	A																											2路	
大德元年(1297)五月					E							E	E																3县	3路 2州 3县
大德元年(1297)六月									A			A						A											3路	
大德元年(1297)	C																												2州	

续表

元代纪年（公元）	大都路	保定路	真定路	顺德路	彰德路	怀庆路	卫辉路	河间路	永平路	兴和路	上都路	大名路	广平路	大同路	冀宁路	晋宁路	东平路	东昌路	济宁路	益都路	济南路	般阳路	曹州	濮州	高唐州	泰安州	德恩冠	宁海州	每次（月、季）受水灾路州县数	每年受灾路州县数
大德三年(1299)八月	A							A																					2路	2路
大德四年(1300)五月	C	A	A																										2路 2州	2路 2州
大德五年(1301)五月		A						A			C																	A	3路 1府	27路 7州 2府
大德五年(1301)六月	A																A		A	A	A	A							6路	
大德五年(1301)七月	A	A						A				A							A										5路	
大德五年(1301)八月				A					A																				2路	
大德五年(1301)													A																11路 7州 1府	
大德六年(1302)四月											A																		1路	6路 3州
大德六年(1302)五月	C																				A								1路 1州	
大德六年(1302)六月													A																1路	
大德六年(1302)七月				A																									1路	
大德六年(1302)十月																					C				A	A			2路 2州	
大德七年(1303)五月								A	A												A								3路	3路 1县
大德七年(1303)六月	E																												1县	
大德八年(1304)四月	E																												1县	2州 4县
大德八年(1304)五月							E				C				E												E		2州 3县	

续表

元代纪年（公元）	大都路	保定路	真定路	顺德路	彰德路	怀庆路	卫辉路	河间路	永平路	兴和路	上都路	大名路	广平路	大同路	冀宁路	晋宁路	东平路	东昌路	济宁路	益都路	济南路	般阳路	曹州	濮州	高唐州	泰安州	德恩冠	宁海州	每次（月、季）受水灾路州县数	每年受灾路州县数
大德九年(1305)六月																		E					E						3县	4县
大德九年(1305)八月												E																	1县	
大德十年(1306)五月	C	C																											2州	2路 2州 3县
大德十年(1306)六月		D										A								A									2路 3县	
大德十一年(1307)六月		D	E					E																					5县	4路 14县
大德十一年(1307)七月		A						A							E	A													3路 1县	
大德十一年(1307)八月		D	E					E							D	E													8县	
大德十一年(1307)十一月									A																				1路	
至大元年(1308)五月	E																												2县	5路 1州 2县
至大元年(1308)六月																				A									1路	
至大元年(1308)七月			A		A		A					C							A										4路 1州	
至大二年(1309)十月	E																												1县	1县
至大三年(1310)六月																	E			B				E					3州 2县	3州 2县
至大四年(1311)六月	E								E					E	E		A		A						A				3路 5县	17路 1州 5县
至大四年(1311)七月	C	A	A	A	A			A				A	A		A		A		A			A		A			A A		14路 1州	

续表

元代纪年（公元）	大都路	保定路	真定路	顺德路	彰德路	怀庆路	卫辉路	河间路	永平路	兴和路	上都路	大名路	广平路	大同路	冀宁路	晋宁路	东平路	东昌路	济宁路	益都路	济南路	般阳路	曹州	濮州	高唐州	泰安州	德恩冠	宁海州	每次（月、季）受水灾路州县数	每年受灾路州县数
皇庆元年(1312)二月	E																												2县	3县
皇庆元年(1312)六月	E																												1县	
皇庆二年(1313)六月	C D																												2州 5县	2州 5县
延祐元年(1314)六月	E																												2县	3县
延祐元年(1314)七月	E																												1县	
延祐二年(1315)正月	E																												1县	1州 4县
延祐二年(1315)七月	C D																												1州 3县	
延祐三年(1316)七月								E																					1县	1县
延祐四年(1317)正月																E													1县	1路 2县
延祐四年(1317)二月																							A						1路	
延祐四年(1317)四月											E																		1县	
延祐六年(1319)六月		A	A		A		A	A	A			A					A	A	A	A	A	A	A	A	A	A			17路	17路 1县
延祐六年(1319)七月	E																												1县	
延祐七年(1320)七月																					C								2州	2州 3县
延祐七年(1320)八月	E															E													3县	
至治元年(1321)六月	C																												1州	9路 1州 5县
至治元年(1321)七月	A	A	A	E	E				E			E					A	A	A				A	A	A				9路 5县	

续表

元代纪年（公元）	大都路	保定路	真定路	顺德路	彰德路	怀庆路	卫辉路	河间路	永平路	兴和路	上都路	大名路	广平路	大同路	冀宁路	晋宁路	东平路	东昌路	济宁路	益都路	济南路	般阳路	曹州	濮州	高唐州	泰安州	德恩冠	宁海州	每次（月、季）受水灾路州县数	每年受灾路州县数
至治二年(1322)二月				D																				A			A		2路9县	2路9县
至治三年(1323)五月	C	E	E					E				E							E		E								1州6县	6路4州6县
至治三年(1323)六月	A							D																					1路3州	
至治三年(1323)七月	A	A						A											A		A								5路	
泰定元年(1324)五月	C																												2州	4路10州73县
泰定元年(1324)六月	A		A											E		C	D	D	D	D	D	D	D	D	D		D		2路7州31县	
泰定元年(1324)七月	A		A	E				A				E	A								E		E						2路1州42县	
泰定二年(1325)正月	E																												1县	2路5州15县
泰定二年(1325)闰正月		E																											1县	
泰定二年(1325)四月	E																												2县	
泰定二年(1325)五月	E																												1州	
泰定二年(1325)六月	E						A		A						E				D										2路2州9县	
泰定二年(1325)八月	C E																												2州2县	

续表

元代纪年（公元）	大都路	保定路	真定路	顺德路	彰德路	怀庆路	卫辉路	河间路	永平路	兴和路	上都路	大名路	广平路	大同路	冀宁路	晋宁路	东平路	东昌路	济宁路	益都路	济南路	般阳路	曹州	濮州	高唐州	泰安州	德恩冠	宁海州	每次(月、季)受水灾路州县数	每年受灾路州县数
泰定三年(1326)正月																											A		1路	2路5州3县
泰定三年(1326)六月	E													E															2县	
泰定三年(1326)七月	D		C													E													5州1县	
泰定三年(1326)十一月									A																				1路	
泰定四年(1327)三月	E																												1县	1路8州5县
泰定四年(1327)六月	B E																												7州2县	
泰定四年(1327)七月											C								E										1州1县	
泰定四年(1327)八月	E																												1县	
泰定四年(1327)十月	A																												1路	
泰定五年(1328)六月								D	A										D	D	D	D		D		D	D		1路39县	1路39县
天历二年(1329)六月	B							E	E																				4州2县	4州2县
天历三年(1330)五月	E																												1路	7路2县
天历三年(1330)六月												E											A		A				2路2县	
天历三年(1330)七月	D	C						D	C																				4路	

续表

元代纪年（公元）	大都路	保定路	真定路	顺德路	彰德路	怀庆路	卫辉路	河间路	永平路	兴和路	上都路	大名路	广平路	大同路	冀宁路	晋宁路	东平路	东昌路	济宁路	益都路	济南路	般阳路	曹州	濮州	高唐州	泰安州	德恩冠	宁海州	每次(月、季)受水灾路州县数	每年受灾路州县数
至顺二年(1331)四月																E													1县	7州13县
至顺二年(1331)五月								E																					1县	
至顺二年(1331)六月	D	D			E			D	E									E											5州11县	
至顺二年(1331)十二月			C																										2州	
至顺三年(1332)五月								C																					1县	3州6县
至顺三年(1332)六月																C													1州	
至顺三年(1332)九月																			E	C			E			E			2州4县	
至顺三年(1332)十月																							E						1县	
元统元年(1333)六月	E																												2县	2县
元统二年(1334)正月																	E		C				E						1州2县	5路2州1府6县
元统二年(1334)二月									E																				1县	
元统二年(1334)三月																				A	A	A							3路	
元统二年(1334)四月																	A			A									2路	
元统二年(1334)五月											C																		1府	
元统二年(1334)八月	D																												1州3县	

续表

元代纪年（公元）	大都路	保定路	真定路	顺德路	彰德路	怀庆路	卫辉路	河间路	永平路	兴和路	上都路	大名路	广平路	大同路	冀宁路	晋宁路	东平路	东昌路	济宁路	益都路	济南路	般阳路	曹州	濮州	高唐州	泰安州	德恩冠	宁海州	每次（月、季）受水灾路州县数	每年受灾路州县数
后至元元年(1335)六月	E																												2县	2县
后至元二年(1336)八月	D																												4县	4县
后至元三年（1337）六至七月	D						A																						1路 1州 4县	1路 1州 4县
后至元五年(1339)七月																				C									1州	1州
后至元六年(1340)二月	B																												5州 11县	1路 5州 11县
后至元六年(1340)八月							A																						1路	
至正二年(1342)六月																					A								1路	1路
至正三年(1343)五月																			C				A	A					2路 2州	2路 2州
至正四年(1344)正月																							A						1路	10路 4州 19县
至正四年(1344)五月	C																		C				A	A					2路 3州	
至正四年(1344)六月								D				E							D C		D		D						2路 1州 15县	
至正四年(1344)七月									A								D												1路 4县	
至正四年(1344)八月																				A	A	A						A	4路	
至正五年(1345)夏秋								A																					1路	1路 1县
至正五年(1345)七月																							E						1县	
至正六年(1346)五月																			C				A						2路	2路

续表

元代纪年（公元）	大都路	保定路	真定路	顺德路	彰德路	怀庆路	卫辉路	河间路	永平路	兴和路	上都路	大名路	广平路	大同路	冀宁路	晋宁路	东平路	东昌路	济宁路	益都路	济南路	般阳路	曹州	濮州	高唐州	泰安州	德恩冠	宁海州	每次(月、季)受水灾路州县数	每年受灾路州县数
至正八年(1348)正月																			A										1县	1州4县
至正八年(1348)五月	E																												2县	
至正八年(1348)六月																				C									1州	
至正八年(1348)七月																				E									1县	
至正九年(1349)四月								A																					1路	1路3县
至正九年(1349)五月																			E										2县	
至正九年(1349)七月																									E				1县	
至正十年(1350)二月					A																								1路	1路2县
至正十年(1350)六月																E													1县	
至正十年(1350)七月																E													1县	
至正十一年(1351)七月															E														2县	2县
至正十三年(1353)夏	D																												4县	4县
至正十四年(1354)秋	C																		E										1州2县	1州2县
至正十六年(1356)秋																				A	A	A						A	4路	4路
至正十七年(1357)六月													A																1路	1路4县
至正十七年(1357)秋	D																												4县	
至正十八年(1358)秋	C																												1州3县	1州3县

续表

元代纪年（公元）	大都路	保定路	真定路	顺德路	彰德路	怀庆路	卫辉路	河间路	永平路	兴和路	上都路	大名路	广平路	大同路	冀宁路	晋宁路	东平路	东昌路	济宁路	益都路	济南路	般阳路	曹州	濮州	高唐州	泰安州	德恩冠	宁海州	每次(月、季)受水灾路州县数	每年受灾路州县数
至正十九年(1359)四月																A													1路	1路 1县
至正十九年(1359)九月																			E										1县	
至正二十年(1360)七月	C																			A									1路 1州	1路 1州
至正二十三年（1363）七月						E											E												3县	3县
至正二十四年(1364)三月						D																							3县	5县
至正二十四年(1364)七月																				E									2县	
至正二十五年（1365）七月	C																D												1州 5县	1州 5县
至正二十六年(1366)二月												E							A				A	A					3路 1县	4路 2州 8县
至正二十六年(1366)七月	D						A								E														1路 5县	
至正二十六年(1366)八月																			E		C						E		2州 2县	
总计：受灾251路141州396县，折合256路																														
总计每路水灾发生月次	83	31	22	12	9	6	9	38	26	0	7	20	11	5	11	11	19	9	35	22	25	14	22	12	10	8	14	3		
总计每路水灾发生年次	55	26	20	12	9	6	9	30	23	0	7	19	11	5	9	9	17	9	33	20	21	14	18	12	10	8	13	3		
总计：91年207月次	大都路	保定路	真定路	顺德路	彰德路	怀庆路	卫辉路	河间路	永平路	兴和路	上都路	大名路	广平路	大同路	冀宁路	晋宁路	东平路	东昌路	济宁路	益都路	济南路	般阳路	曹州	濮州	高唐州	泰安州	德恩冠	宁海州		

说明：本表最后一列“每年受灾路州县”，是该年各月合计。

表 1-15　元代各时期水灾路州县数表

年　号	水灾路州县
至　元	92 路 43 州　36 县
元贞大德	59 路 24 州　46 县
至　大	22 路 5 州　10 县
皇　庆	2 州　8 县
延　祐	18 路 3 州　14 县
至　治	17 路 7 州　20 县
泰　定	10 路 26 州　134 县
天　历	2 路 11 州　14 县
至　顺	10 州　19 县
元　统	5 路 2 州　8 县
后至元	2 路 7 州　21 县
至　正	29 路 13 州　66 县
总　计	256 路 153 州 396 县

表 1-16　中书省水灾季节分布表

	大都路	保定路	真定路	顺德路	彰德路	怀庆路	卫辉路	河间路	永平路	兴和路	上都路	大名路	广平路	大同路	冀宁路	晋宁路	东平路	东昌路	济宁路	益都路	济南路	般阳路	曹州	濮州	高唐州	泰安州	德恩冠	宁海州	总计	各月水灾的百分比
1～3 月	8	2		1	1	1			1			1	1			1	1		3	2		2	4	3			3		36	7.4
4～6 月	34	10	8	1	3	3	4	15	9		5	7	3	4	6	5	7	7	17	9	11	4	10	7	4	4	3		200	41.2
7～9 月	31	11	8	6	5	2	5	15	10		2	10	3		4	5	7	1	12	8	8	4	5	1	3	1	4	2	173	35.6
10～12 月	7	4	2					4	4			2	4	1	1						1		1		1	1		1	31	6.3
月份不明	3	4	4	4				4	2			2	2				4		2	2	4	3	1		1	1	2		45	9.2
总计每路州月次	83	31	22	12	9	6	9	38	26		7	20	11	5	11	11	19	8	34	21	25	13	21	11	9	7	13	3	485	

表 1-17　中书省旱灾灾情表

元代纪年(公元)	受灾地区	旱灾状况	灾害和救济措施	受灾路州县数
太宗十年(1238)八月	诸　路	旱　蝗	诏免今年田租，仍停旧未输纳者	22 路

续表

元代纪年(公元)	灾害地区	旱灾状况	灾害和救济措施	受灾路州县数
中统三年(1262)五月	济南路滨、棣二州	旱		2州
中统四年(1263)八月	真定郡、彰德路及广平路磁名州	旱	免彰德今岁田租之半，磁名十之六	2路 2州
中统四年(1263)十一月	东平(含东昌、济宁、泰安、高唐、曹、濮、德、恩、冠等州)、大名等路	旱	量减今岁田租	11路
至元元年(1264)二月	东平(含东昌、济宁、泰安、高唐、曹、濮、德、恩、冠等州)、太原、平阳	旱		12路
至元二年(1265)	西京、益都、真定、东平(含东昌、济宁、泰安、高唐、曹、濮、德、恩、冠等州)顺德、河间	旱　蝗		13路
至元四年(1267)	顺天(保定)束鹿	旱		1县
至元六年(1269)六月	真定等路	旱　蝗	其代输筑城役夫户赋悉免之	1路
至元六年(1269)九月	大同路云内、丰、东胜州	旱	免其田租	3州
至元六年(1269)十月	广平路	旱	免租赋	1路
至元七年(1270)三月	般阳登州、莱州	蝗　旱	诏减其今年包银之半	2州
至元八年(1271)四月	大同路蔚州灵仙、广灵县	旱		2县
至元十二年(1275)	太原、卫辉等路	旱	赈米粟	2路
至元十三年(1276)十二月	平阳路、大都路	旱、无雪		2路
至元十四年(1277)春	大都路	去冬无雪，春泽未继		1路
至元十六年(1279)七月	真定路赵州	旱		1州

续表

元代纪年(公元)	受灾地区	旱灾状况	灾害和救济措施	受灾路州县数
	保定路	旱	减是岁租3120石	1路
至元十七年(1280)八月	大都、保定、怀孟、平阳	旱		4路
至元十八年(1281)	平阳路松山县	旱		1县
至元十九年(1282)八月[a]	河间、真定、顺德、广平、彰德、大名、卫辉、怀庆、东平、高唐、曹、濮、德、恩、冠、益都、济南、般阳、济宁、宁海	旱	民多流移，所在官司发廪赈之；九月，赈真定饥民，其流移江南者，官给之粮；次年正月，税粮之在民者权停勿征	20路
至元二十二年(1285)五月	广平、怀孟、濮州、东昌、平阳、卫辉、彰德	旱		7路
至元二十三年(1286)五月	京畿	旱		1路
至元二十四年(1287)春秋	平阳	旱	春，二麦枯死；秋，种不入土	1路
至元二十五年(1288)	东平路须城等六县	旱		6县
至元二十六年(1289)	平阳路绛州	大旱		1州
至元二十七年(1290)四月	平山、真定、枣强三县	旱	免其田租	3县
至元二十七年(1290)七月	河间路沧州乐陵	旱	免田租30356石	1县
元贞元年(1295)七月	太原、平阳、河间	旱		3路
元贞二年(1296)七月	怀孟、河间、大名	旱		3路
元贞二年(1296)八月	大名开州、怀孟武陟、河间肃宁	旱		3县
元贞二年(1296)九月	河间莫、献	旱		2州
元贞二年(1296)十二月	太原	旱		1路

续表

元代纪年(公元)	受灾地区	旱灾状况	灾害和救济措施	受灾路州县数
元贞三年(1297)六月	河间、大名路	旱		2路
元贞三年(1297)七月	怀州武陟县	旱		1县
元贞三年(1297)八月	真定、顺德、河间、宁海	旱　疫		4路
元贞三年(1297)九月	卫　辉	旱　疫		1路
元贞三年(1297)十二月	平阳曲沃	旱		1县
元贞三年(1297)	(顺德、河间、大名)平阳	旱		7路 2县
大德二年(1298)五月	平滦、卫辉、顺德等路	旱、大风	损麦，免其田租	3路
大德四年(1300)五月	顺德、东昌、济宁	旱　蝗		3路
大德四年(1300)十一月	真定平棘、大名白马县	旱		2县
大德五年一至(1301)五月	京　畿	大　旱		1路
大德五年(1301)六月	卫辉、大名、濮等路州	旱		3路
大德九年(1305)五月	大都路	旱		1路
大德九年(1305)七月	真定晋州饶阳县	旱		1县
大德十年(1306)五月	京　畿	旱	遣使持香祷雨	1路
至大二年(1309)五月	京　师	旱	乏食	1路
至大三年(1310)夏	广　平	亢　旱		1路
至大三年(1310)六月	广平路磁州、洺水、鸡泽肥乡	旱		2州 2县

续表

元代纪年(公元)	受灾地区	旱灾状况	灾害和救济措施	受灾路州县数
皇庆元年(1312)六月	济南路滨、棣州，蒲台、阳信县及德州	旱		1路 2州 2县
皇庆元年(1312)秋冬	大都路	亢　旱		
皇庆二年(1313)三月	(京师)去秋至今春	亢旱少雨	民间乏食	2县
皇庆二年(1313)九月	京　畿	大　旱		2县
皇庆二年(1313)十二月	京　师	久　旱	民多饥疫	2县
延祐元年(1314)冬春	大　都	冬无雪，至春草木枯焦		1路
延祐二年(1315)春	大都路檀、蓟等州	旱		2州
延祐二年(1315)六月	济宁、益都	亢　旱	汰省宿卫士刍粟	2路
延祐五年(1318)七月	真定、河间、广平、中山	大旱		3路 1府
延祐七年(1320)四至五月	左卫屯田(大都路东安州、永清县)	旱　蝗		1州 1县
至治元年(1321)六月	大同都	旱		1路
至治三年(1323)五月	大同路雁门屯田	旱	损　麦	1县
至治三年(1323)夏	顺德、真定、冀宁	大　旱		3路
至治三年(1323)六月	济宁、益都	亢　旱	汰省宿卫士刍粟	2路
泰定元年(1324)三月	冀宁石州、离石、宁乡	旱　饥	赈米两月	3县
泰定元年(1324)六月	河间、晋宁	旱		2路
泰定二年(1325)七月	顺　德	旱		1路

续表

元代纪年(公元)	受灾地区	旱灾状况	灾害和救济措施	受灾路州县数
泰定三年(1326)三月	京　师	不　雨		2县
泰定三年(1326)夏	燕南河南州县十有四(保定真定顺德怀庆)	亢阳不雨		7县
泰定三年(1326)七月	大名、永平	旱阳不雨		2路
泰定四年(1327)二月	顺德唐山	旱		1县
泰定四年(1327)五月	大都属县	旱　蝗		1县
泰定四年(1327)六月	晋宁路潞州、霍州	旱		2州
泰定四年(1327)八月	真定、晋宁	旱		2路
泰定四年(1327)十一月	永平路	水　旱	民饥，蠲其赋三年	1路
泰定五年(1328)二月	广平、彰德	旱		2路
泰定五年(1328)冬	京　师	冬无雪		
天历二年(1329)春夏	京　师	春不雨	祷雨，雨土霾	1路
天历二年(1329)夏	大都路	旱	麦苗枯死	1路
	真定、河间、大名、广平、益都	旱		4路41县
天历二年(1329)九月	上都西按塔罕阔干忽刺秃之地	旱　饥		1县
天历二年(1329)十二月	冀宁路	旱		1路
天历三年(1330)七月	大同路东胜、榆次，冀宁路兴州、及广平路滏阳等县	旱		(与肇州合计13县)取平均数为8县

续表

元代纪年(公元)	受灾地区	旱灾状况	灾害和救济措施	受灾路州县数
天历三年(1330)四至七月	大同、真定、冀宁、广平及忠左右屯田(大同)	自夏至七月不雨		4路
至顺二年(1331)四月	晋宁、冀宁、大同、河间诸路属县	皆以旱	不能种，告饥	4县
至顺三年(1332)八月	冀宁路阳曲、河曲二县	旱		2县
后至元元年(1335)三月	益都路沂水、日照、蒙阴、莒县	旱　饥	赈米1万石	4县
后至元六年(1340)	燕南(真定、顺德、彰德广平、大名、怀庆、卫辉、河间)	亢旱		8路
后至元六年(1340)冬	京　师	无　雪		2县
至正元年(1341)冬	京　畿	不雨无雪		2县
至正二年(1342)春夏秋	彰德、冀宁路平晋、榆次、徐沟县，晋宁汾州孝义县，大同路忻州	大　旱	自春至秋不雨，人有相食者	1路 1州 4县
至正二年(1342)秋	卫　辉	大　旱		1路
至正五年(1345)	曹州禹城县	大　旱		1县
至正五年(1345)夏	益都胶州高密县	旱		1县
至正七年(1347)四月	怀庆、卫辉、冀宁、晋宁	大　旱		4路
至正八年(1348)三月	益都临淄	大　旱		1县
至正八年(1348)春	大都路房山县	大　旱		1县
至正十年(1350)夏秋	彰　德	旱		1路
至正十三年(1353)六至八月	京　师	六至八月不　雨		2县
至正十四年(1354)夏秋	怀庆河内县、孟州	大　旱		2县
至正十五年(1355)	卫　辉	大　旱		1路

续表

元代纪年(公元)	受灾地区	旱灾状况	灾害和救济措施	受灾路州县数
至正十八年(1358)春	大都蓟州	旱		1州
至正十八年(1358)春夏	益都莒州、济南滨州、般阳淄川、冀宁霍州	大　旱	莒州家人自相食	3州 1县
至正十九年(1359)	晋宁路	大　旱		1路
至正二十年(1360)	大都通州	旱		1州
至正二十年(1360)四月至秋	汾州介休县	自四月至秋不雨		1县
至正二十三年(1363)	济　南	大　旱		1路

说明：

《元史》卷十二《世祖本纪九》载，至元十九年八月，“江南水，民饥者众；真定以南旱，民多流移；和礼霍孙请所在官司发廪以赈，从之”；九月，“赈真定饥民，其流移江南者，官给之粮，使还乡里”；二十年正月，“以燕南、河北、山东诸郡去岁旱，税粮之在民者，权停勿征，仍谕：‘自今管民官，凡有灾伤，过时不申，及按察司不即行视者，皆罪之。’”故依据《地理志》燕南河北肃政廉访司和山东东西道宣慰司、山东东西道肃政廉访司所辖路州，确定各受水灾路州。

表 1-18　中书省 30 路州旱灾表

元代纪年(公元)	大都路	保定路	真定路	顺德路	彰德路	怀庆路	卫辉路	河间路	永平路	兴和路	上都路	大名路	广平路	大同路	冀宁路	晋宁路	东平路	东昌路	济宁路	益都路	济南路	般阳路	曹州	濮州	高唐州	泰安州	德恩冠	宁海州	每次(月、季)受旱灾路州县数	每年受旱灾路州县数
太宗十年(1238)八月	A	A	A	A	A		A			A	A	A	A	A	A	A	A	A	A		A		A	A	A	A	A A A		20路	20路
中统三年(1262)五月																					C								2州	2州
中统四年(1263)八月			A		A							C																	2路	4路
中统四年(1263)十一月												A					A												2路	
至元元年(1264)二月															A	A	A												3路	3路

续表

元代纪年(公元)	大都路	保定路	真定路	顺德路	彰德路	怀庆路	卫辉路	河间路	永平路	兴和路	上都路	大名路	广平路	大同路	冀宁路	晋宁路	东平路	东昌路	济宁路	益都路	济南路	般阳路	曹州	濮州	高唐州	泰安州	德恩冠	宁海州	每次(月、季)受旱灾路州县数	每年受旱灾路州县数
至元二年(1265)		A	A	A				A						A			A	A	A	A			A	A	A	A	A A A		16路	16路
至元四年(1267)		E																											1县	1县
至元六年(1269)九月														D															3州	1路 3州
至元六年(1269)十月													A																1路	
至元七年(1270)三月																				A		C							1路	12路
至元七年(1270)七月																		A	A	A	A	A	A	A	A	A	A A A	A	11路	
至元八年(1271)四月														E															2县	2县
至元十二年(1275)							A								A														2路	2路
至元十三年(1276)十二月	A															A													2路	2路
至元十四年(1277)春	A																												1路	1路
至元十六年(1279)三月		A																											1路	
至元十六年(1279)七月		A	C																										1路 1州	1路 1州
至元十七年(1280)八月	A	A				A										A													4路	4路
至元十八年(1281)																E													1县	1县
至元十九年(1282)八月		A	A	A	A	A	A	A				A	A				A		A	A	A	A	A	A	A		A A A	A	20路	20路

续表

元代纪年（公元）	大都路	保定路	真定路	顺德路	彰德路	怀庆路	卫辉路	河间路	永平路	兴和路	上都路	大名路	广平路	大同路	冀宁路	晋宁路	东平路	东昌路	济宁路	益都路	济南路	般阳路	曹州	濮州	高唐州	泰安州	德恩冠	宁海州	每次（月、季）受旱灾路州县数	每年受旱灾路州县数
至元二十二年(1285)五月					A	A	A						A			A		A						A					7路	7路
至元二十三年(1286)五月	A																												1路	1路
至元二十四年(1287)春																A													1路	2路
至元二十四年(1287)秋																A													1路	
至元二十五年(1288)																	D												6县	6县
至元二十六年(1289)																C													1州	1州
至元二十七年(1290)四月			D																										3县	3县
至元二十七年（1290）七月								E																					1县	4县
至元三十一年(1294)六月	C																												1州	1州
元贞元年(1295)七月								A							A	A													3路	3路
元贞二年(1296)七月						A		A						A															3路	7路5县
元贞二年(1296)八月						E		E				E																A	3路3县	
元贞二年(1296)九月								E																					2县	
元贞二年(1296)十二月															A														1路	

续表

元代纪年(公元)	大都路	保定路	真定路	顺德路	彰德路	怀庆路	卫辉路	河间路	永平路	兴和路	上都路	大名路	广平路	大同路	冀宁路	晋宁路	东平路	东昌路	济宁路	益都路	济南路	般阳路	曹州	濮州	高唐州	泰安州	德恩冠	宁海州	每次(月、季)受旱灾路州县数	每年受旱灾路州县数
元贞三年(1297)六月								A				A				A													2路	7路2县
元贞三年(1297)七月						E																							1县	
元贞三年(1297)八月			A	A				A																				A	4路	
元贞三年(1297)九月							A																						1路	
元贞三年(1297)十二月																E													1县	
大德二年(1298)五月				A			A		A																				3路	3路
大德四年(1300)五月				A														A	A										3路	3路2县
大德四年(1300)十一月			E									E																	2县	
大德五年(1301)一至五月	A																												1路	4路
大德五年(1301)六月							A					A												A					3路	
大德九年(1305)五月	A																												1路	1路1县
大德九年(1305)七月			E																										1县	
大德十年(1306)五月	A																												1路	1路
至大二年(1309)四月	A																												1路	1路

续表

元代纪年（公元）	大都路	保定路	真定路	顺德路	彰德路	怀庆路	卫辉路	河间路	永平路	兴和路	上都路	大名路	广平路	大同路	冀宁路	晋宁路	东平路	东昌路	济宁路	益都路	济南路	般阳路	曹州	濮州	高唐州	泰安州	德恩冠	宁海州	每次（月、季）受旱灾路州县数	每年受旱灾路州县数
至大三年(1310)夏													A																1路	1路 2州 2县
至大三年(1310)六月													C E																2州 2县	
皇庆元年(1312)六月																					C E						A		1路 2州 2县	1路 2州 4县
皇庆元年(1312)秋冬	E																												2县	
皇庆二年(1313)三月	E																												2县	6县（京师）
皇庆二年(1313)九月	E																												2县	
皇庆二年(1313)十二月	E																												2县	
延祐元年(1314)春	A																												1路	1路
延祐二年(1315)春	C																												2州	2路 2州
延祐二年(1315)六月																			A	A									2路	
延祐五年(1318)七月			A					A					A																3路	3路
延祐七年(1320)四月	C E																												1州 1县	1州 1县
至治元年(1321)六月														A															1路	1路

续表

元代纪年（公元）	大都路	保定路	真定路	顺德路	彰德路	怀庆路	卫辉路	河间路	永平路	兴和路	上都路	大名路	广平路	大同路	冀宁路	晋宁路	东平路	东昌路	济宁路	益都路	济南路	般阳路	曹州	濮州	高唐州	泰安州	德恩冠	宁海州	每次（月、季）受旱灾路州县数	每年受旱灾路州县数
至治三年（1323）五月														E															2县	5路2县
至治三年（1323）夏			A	A											A														3路	
至治三年（1323）六月																			A	A									2路	
泰定元年（1324）三月															D														3县	2路3县
泰定元年（1324）六月								A								A													2路	
泰定二年（1325）七月				A																									1路	1路
泰定三年（1326）三月	E																												2县	3路10县
泰定三年（1326）六月	E	E	E	E		E																							7县	
泰定三年（1326）七月				A					A			A																	3路	
				E																									1县	
泰定四年（1327）二月				E																									1县	3州5县
泰定四年（1327）五月	E																												1县	
泰定四年（1327）六月																C													3州	
泰定四年（1327）七月	E																												1县	
泰定四年（1327）八月			E													E													2县	

续表

元代纪年（公元）	大都路	保定路	真定路	顺德路	彰德路	怀庆路	卫辉路	河间路	永平路	兴和路	上都路	大名路	广平路	大同路	冀宁路	晋宁路	东平路	东昌路	济宁路	益都路	济南路	般阳路	曹州	濮州	高唐州	泰安州	德恩冠	宁海州	每次（月、季）受旱灾路州县数	每年受旱灾路州县数
泰定五年(1328)二月					A								A																2路	3路
泰定五年(1328)冬	A																												1路	
天历二年(1329)春	A																												1路	8路 1县
天历二年(1329)夏	A		A					A				A	A							A									6路	
天历二年(1329)九月											E																		1县	
天历二年(1329)十二月															A														1路	
天历三年(1330)七月			A										D A	D A	D A														4路	4路
至顺二年(1331)四月								E						E	E	E													4县	4县
至顺三年(1332)八月															E														2县	2县
后至元元年(1335)三月																				D									4县	4县
后至元六年(1340)			A	A	A	A	A	A					A	A															8路	8路 2县
后至元六年(1340)冬	E																												2县	
至正元年(1341)冬	E																												2县	2县
至正二年(1342)春夏秋					A		A							C	D	E													2路 10县	2路 10县
至正五年(1345)																				E			A						2县	2县

续表

元代纪年（公元）	大都路	保定路	真定路	顺德路	彰德路	怀庆路	卫辉路	河间路	永平路	兴和路	上都路	大名路	广平路	大同路	冀宁路	晋宁路	东平路	东昌路	济宁路	益都路	济南路	般阳路	曹州	濮州	高唐州	泰安州	德恩冠	宁海州	每次（月、季）受旱灾路州县数	每年受旱灾路州县数
至正七年（1347）四月						A	A								A	A													4路	4路
至正八年（1348）三月	E																			E									2县	2县
至正十年（1350）夏秋					A																								1路	1路
至正十三年（1353）六至八月	E																												2县	2县
至正十四年（1354）夏秋						EC																							1州1县	1州1县
至正十五年（1355）							A																						1路	1路
至正十八年（1358）春	C																												1州	1州
至正十八年（1358）春夏															C					C	C	E							3州1县	3州1县
至正十九年（1359）																A													1路	1路
至正二十年（1360）	E																												3县	4县
至正二十年（1360）四月至秋																E													1县	
至正二十三年（1363）																					A								1路	1路
总计：68年120月次	27	7	17	13	7	9	12	12	2	2	3	11	12	13	16	18	6	5	7	10	7	3	5	5	5	5	7	4	总计：159路24州68县	

说明：

至元十五年西京、奉圣州及彰德等处水旱、民饥，赈米粟近117000石；至元三十年，真定、宁晋等处被水旱雹为灾者二十九；皇庆元年十月，山东、徐邳等处水旱，以御史台没入赃钞四千余锭赈之；至治二年二月，顺德路9县水旱，赈之。以上因不明确何处水、何处旱，故不收入本表。

表 1-19　中书省旱灾月、季统计表

	大都路	保定路	真定路	顺德路	彰德路	怀庆路	卫辉路	河间路	永平路	兴和路	上都路	大名路	广平路	大同路	冀宁路	晋宁路	东平路	东昌路	济宁路	益都路	济南路	般阳路	曹州	濮州	高唐州	泰安州	德恩冠	宁海州	总计	各季所占全年百分比
1—3 月	7	1		1	1			1					1	1	3	4	1	1	1	4		1			1	1	1		31	12.4
4—6 月	5	1	5	4		4	4	4	1			3	2	4	4	5		2	3	3	2			2		1	1		60	24
7—9 月	3	4	10	6	2	2	3	5		1	2	5	5	3	2	3	2	1	2	1	2	1	3	3	2	1	2	4	80	32
10—12 月	5		1									2	1		2	2	1								2	1	1		18	7.2
季节连旱	4				2	2	1	1	1				1	2	3	1				2	1	1							22	8.8
月、季不明	3	1	1	2	2	1	4	1		1	1	1	2	2	2	3	2	1	1		2		2	1		1	2		39	15.6
总　计	27	7	17	13	7	9	12	12	2	2	3	11	12	12	16	18	6	5	7	10	7	3	5	6	5	5	7	4	250	

表 1-20　1262—1366 年中书省 30 路州水旱灾害频率比较表

	旱灾月次数	水灾次数			水旱灾频率		各路州水旱灾类型	
路　州	旱灾总次数	降水(雨水大水水)次数	河决溢涨次数	水灾总次数	旱灾频率(旱灾占水旱灾的百分比)	水灾频率(水灾占水旱灾的百分比)	多旱灾路(D)	多水灾路(F)
大都路	27			55	33	67		✓
保定路	7			26	21	79		✓
真定路	17			20	46	54		✓
顺德路	13			12	48	42	✓	
彰德路	7			9	44	46		✓
怀庆路	9			6	60	40	✓	
卫辉路	12			9	57	43	✓	
河间路	12			30	29	71		✓
永平路	2			23	8	92		✓
兴和路	2			0	100	0	✓	
上都路	3			7	30	70		✓
大名路	11			19	37	63		✓
广平路	12			11	52	48	✓	

续表

路州	旱灾月次数	水灾次数			水旱灾频率		各路州水旱灾类型	
	旱灾总次数	降水(雨水大水)次数	河溢决涨次数	水灾总次数	旱灾频率(旱灾占水旱灾的百分比)	水灾频率(水灾占水旱灾的百分比)	多旱灾路(D)	多水灾路(F)
大同路	12			5	71	29	✓	
冀宁路	16			9	64	36	✓	
晋宁路	18			9	67	33	✓	
东平路	6			17	26	74		✓
东昌路	5			8	38	62		✓
济宁路	7			32	18	82		✓
益都路	10			19	34	66		✓
济南路	7			21	25	75		✓
般阳路	3			13	19	81		✓
曹州	5			17	23	77		✓
濮州	5			11	31	69		✓
高唐州	5			9	36	64		✓
泰安州	5			7	42	58		✓
德恩冠	7			12	37	63		✓
宁海州	4			3	57	43	✓	

表 1-21　元代报灾时间滞后表

《河渠志》记载时间			
灾害	灾害发生时间	报灾时间	报灾滞后于发生时间
浑河水决	至大二年十月五日	十　月	
浑河水溢	皇庆元年二月二十七日		
浑河决	延祐元年六月十四日	六月十七日	4 天
御河溢决	至大元年五月十八日申时	六月二十九日	近 40 天

续表

《河渠志》记载时间			
灾　害	灾害发生时间	报灾时间	报灾滞后于发生时间
御河支流溢	至大元年七月十一日至十七日	十　月	近 3 个月
滦河六月九日霖雨，十五日夜溢，冲圮城东西二处旧护城堤、东西南三面城墙，横流入城，漂郭外三关濒河及在城官民屋庐粮物，没田苗、溺人畜，余犹不止。二十四日夜，滦漆、淝、洳诸河水复涨入城，余屋漂荡殆尽。	大德五年六月九日至二十四日夜	八月十三日	50 天
上都开平县霖雨水灾	延祐四年正月一日 四月二十六日	六月十四日 六月十四日	6 个月 50 天

说明：

至元二十五年(1288)六月归德府睢阳县霖雨河溢害稼，免租 1060 石；汴梁 5 县大水河溢没民田，蠲其租 15300 石；八月济宁路 3 县霖雨害稼，蠲其租 5000 石；九月河间路献、莫二州霖雨害稼免田租 800 余石。至元二十六年(1289)六月中书省济宁、东平、汴梁、济南棣州、顺德、平滦、真定霖雨害稼，免田租 105749 石。至元二十七年(1290)五月尚珍署广备等屯大水，免租税 3141 石；六怀孟路武陟县、汴梁路祥符县大水，免田租 8820 石；七月河间路沧州乐陵县旱免田租 30356 石，十一月广济署洪济屯大水免租 13140 石。至元二十八年(1291)十二月广济署大昌等屯水，免田租 19500 石。至元二十九年(1292)九月平滦路大水且霜，免田租 2441 石。至元三十年(1293)十月平滦路水，免田租 11970 石。大德八年(1304)七月顺德、恩州去岁霖雨，免其民田租 4000 余石；八月大名、高唐去岁霖雨，免其田租 24000 余石。

第二章　元代北方寒害及救济预防措施

寒害，包括霜冻和雪灾。霜冻是元代北方比较重要的农业灾害，而雪灾(白灾)对北方畜牧业的危害比黑灾(无雪)更严重。这里所说的北方，指中书省、岭北、陕西、辽阳等行省，及河南行省的河南府、淮安等10路府。时段从中统二年(1261)始到至正二十八年(1368)止。主要分析霜冻和雪灾的时空分布特点，以供研究农业和气候变迁问题参考。同时叙述当时的减灾措施，来说明封建国家指导生产、维护社会稳定的社会职能。黑灾即无雪及暖冬的相关问题附于此，一并论述。

一、霜冻时空分布特点及其危害

(一)农作物霜冻

在统计时段内，即从中统二年到至正二十八年(1261—1368)的108年间，共有44个霜冻年，差不多每两年半就有一年发生霜冻。根据发生时间，霜冻可分为早霜冻和晚霜冻。由温暖季节向寒冷季节过渡时发生的霜冻，为早霜冻或秋霜冻；由寒冷季节向温暖季节过渡时发生的霜冻，为晚霜冻或春霜冻。元代北方霜冻，有的年份两种类型的霜冻都有发生，这样在44个霜冻年份中共发生58次(月)霜冻。农作物如禾麦菽霜冻，发生于除一月和十二月以外的所有月份中。在44个年份中，发生于四、五月的春霜冻(晚霜冻)分别是5年和7年，主要影响麦类如大麦、小麦的拔节、开花和灌浆，危害豆类的苗期生长。重者，文献记作“杀麦”“杀麦禾”“杀菽”，表示损害程度严重；轻者，则不见记载。这是可以理解的，因为轻霜冻的危害还可以缓解，而重霜冻则造成减产甚至绝收，该收的夏税收不上来，州县官逐级上报中书省或各行省，并申请减免地税或请求粮食救济。发生于七月和八月秋霜冻（早霜冻）分别是11年和10年，主要危害尚未成熟的谷类，如粟、黍、稷、粱和未收获的露地蔬菜。文献记作“杀稼”“害稼”“杀禾”。

霜冻次数和时段，不仅表示气候寒暖对农业生产的影响，而且还可以作为反映气候寒暖变化的良好指标。[①] 108年中，农作物霜冻有38年，平均2.8年一遇。13世纪后40年有13个农作物霜冻年，平均3年中就有1年发生霜冻；14世纪的前68年中有25个农作物霜冻年，平均2.7年中发生1年，说明14世纪前期比13世纪后期霜冻频率增大了。按照每10年中的作物霜冻积年来看，1260—1269年、1290—1299年各有4年发生霜冻，而1300—1309年、1310—1319年、1320—1329年、1330—1339年、1360—1369年，则分别有7年、4年、6年、3年、3年，这同样说明14世纪前期霜冻年比13世纪明显增多了，这或许也可以作为14世纪比13世纪寒冷的佐证之一。特别是1300—1309年之间有7年发生霜冻，1320—1329年有6年发生霜冻，均证明这两个十年比较寒冷。

元代北方地区农作物霜冻，多为局地灾害。霜冻地区随纬度而变化，北纬30°～35°，龙州、开州、商州、密州等均有霜冻现象；北纬35°～40°，是发生霜冻最多的地带，巩昌、平凉、临洮、渭源、会州、兰州、六盘山、宁夏、静宁、彬州、奉元、咸宁、绥德、冀宁、大名、怀庆、潞州、隰川、卫辉、汴梁、汤阴、晋宁、太原、定襄、雄州、益津、河间、广宁、济南、济宁、东平、棣州、般阳、恩州、济阳、栾城、泰安、永平、诸卫屯田区，都有霜冻；在北纬40°以北的西京、北京、武州、宣德、威宁、龙门、大同、兴和、金源、武平、兴中、高州，也有霜冻发生。发生霜冻频繁的地区为：大同、太原、临汾，河北

① 李克让主编：《中国气候变化及其影响》，407页。

中部，平滦、辽阳，山东中部，奉元地区。总计44年中，共有30多个路和枢密院所辖诸卫屯田受霜冻。

霜冻发生，有纬度、地形、天气、农作制度等多方面因素，俗话说，“雪打高山霜打洼”，北方低洼而无山体阻隔的平原，或东西南三面皆山、中间是平地或坡地或河流谷地，北面有通向山谷的缓坡，冷气流易于进入。上述几个霜冻频繁地区，如陕西中南部地区、山西中部的汾水谷地、河北中部平原、山东中部地区，就是这样的地形。阴雨或密云不雨，同时偏北风较强或很强，而在干冷气团控制下，天空逐渐转晴，风力减小，入夜后天晴风静，是霜冻发生的一般天气前提。① 霜冻也与农作制度有关，宣德地处北纬40°以北，北京(内蒙古宁城县西北)纬度更高，中统初年曾几次发生农作物霜冻，后来不见有霜冻记载，这是因为12世纪和13世纪我国东部地区气候重新变得温暖，人们把喜温作物的种植北界向高纬度地区推移，元初颁布的官修农书《农桑辑要》记载橘树在怀州(今河南沁阳)有种植，苎麻在河南陈蔡(今河南淮阳与汝南)年收三次。当温暖气候转变为寒冷气候时，人们未能及时调整农作制度，因而作物遭受霜冻。后来调整了农作制度，才不见有霜冻记载。

(二)桑树霜冻

108年中，有10年发生桑树霜冻，平均十年一遇，多数为晚霜冻，10年中有7年发生于3月。霜冻影响桑树生长，轻则“损桑”，10个霜冻年中只有1年为轻霜冻；重则为“杀桑”，有9年为重霜冻，蚕无桑叶可食，文献记作“无蚕”“废蚕事”，有精确数字记载的有两次：至元二十一年(1284)“山东陨霜杀桑，蚕尽死，被灾者三万余家”，大德九年(1305)“益都、般阳、河间三郡属县陨霜杀桑。河间清、莫、沧、献四县，霜杀桑二百四十一万七千余本，坏蚕一万二千七百余箔”。霜冻的10年分别为1280年、1284年、1292年、1304年、1305年、1308年、1313年、1314年、1318年、1363年，主要集中于13世纪和14世纪之交。其中13世纪后40年中有3次，14世纪前近70年中占了7次，特

① 张养才等编著：《中国农业气象灾害概论》，138页，北京，气象出版社，1991。

别是14世纪前20年中占6次。这说明14世纪前期比13世纪后期明显寒冷得多。按照每十年的桑树霜冻积年来看，1280—1289年有2个霜冻年，1300—1309年、1300—1318年，各有3个霜冻年，这说明13世纪和14世纪之交是比较寒冷的。这与农作物霜冻年情况一致。

桑树霜冻，多发于北纬35°～40°的中纬度地区，即中书省的六路一州：济南、东平、益都、般阳、河间、大名和宁海州。山东及河北是元代北方主要植桑区，也是元代诸王五户丝分拨数量较多的几个路(《元史·食货志三》)。桑树霜冻危害了养蚕，也最终影响了元代国家丝料和诸王五户丝的收入。

二、黑灾(无雪)、白灾(大雪)、大寒及其他

(一)无雪(黑灾和草原火灾)

牧区冬半年积雪过少或无积雪，使牲畜缺乏饮用水源而遭受损失，称为黑灾。连续20～40天无积雪，为轻黑灾，超过60天为重黑灾。1976年中科院蒙宁综合考察队指出：黑灾与冬春雨雪多少有关，冬春干旱尤其是秋旱连冬春旱，更易发生重黑灾，内蒙古黑灾多发于十一月至来年四月，并以三、四月出现次数最多，海拉尔地区黑灾几乎全出现在四月份，锡林郭勒盟四月份的黑灾占总数的40%以上。[①] 蒙古国定宗贵由汗三年(1248)三月，发生了严重的黑灾和火灾，史载，“三年戊申……是岁大旱，河水尽涸，野草自焚，牛马十死八九，人不聊生”，结果“诸王及各部，又遣使于燕京迤南诸郡，征求货财、弓矢、鞍辔之物，或于西域回鹘索取珠玑，或于海东楼取鹰鹘，驲骑络驿，昼夜不绝，民力益困”[②]。贵由汗三年的黑灾，应该是重黑灾。由于蒙古国与宋交战，燕京以南诸郡承担大量粮食供应任务，草原干旱、无雪、草原

① 张养才等编著：《中国农业气象灾害概论》，486页。
② 《元史》卷二《定宗本纪》。

火灾，使蒙古各部畜牧业遭受严重损失，财赋及其他物资供应短缺，加剧了蒙古国内部的矛盾和紧张，所以《元史・定宗本纪》接着说："自壬寅(1241)以来，法度不一，内外离心，而太宗之政衰矣。"看来，无雪、草原火灾不仅仅使"牛马十死八九，人不聊生"，更严重的是增加了政治离心力，而政治不稳又无力减轻自然灾害的破坏。

气候学家竺可桢在其关于气候变迁的卓越论文《中国近五千年来气候变迁的初步研究》中用 10 个例证和今昔对比的方法，说明 13 世纪和 14 世纪的气候变迁：13 世纪初期和中期比较温暖，并持续到后半叶，14 世纪比较寒冷。[①] 元代北方的暖冬现象，再次证明了其结论之正确，包括定宗三年(1248)的北方大旱无雪和草原大火，共有 3 条记载说明 13 世纪北方的暖冬："至元六年(1269)，京师冬无雪"[②]；"至元十三(1276)冬无雪"[③]；至元十五年(1278)淮安冬无雪，父老诉说"冬无雪，民多疾，奈何?"[④]无雪日很长才能造成疾病流行。14 世纪即大德五年(1301)以后，北方虽有 2 个暖冬记载：皇庆元年(1312)冬无雪，延祐元年(1314)大都檀蓟等州冬无雪，至春草木枯焦；但雪灾和大寒的记载比暖冬记载多，14 世纪的雪灾和大寒比 13 世纪多。

(二)雪灾(白灾)和大寒

白灾是草原畜牧业的冬春雪害，冬半年降雪过多积雪过厚，掩埋牧场，影响牲畜采食或不能采食，造成冻饿或染病，甚至大量死亡。元代北方农牧交错带及其以北的畜牧区，大风雪引起的灾害，14 世纪比 13 世纪明显增多。大德五年(1301)以后，北方农作区时有奇寒大雪，甚至南方历来无冰雪区，也发生结冰降雪现象。

元代前期北方暖冬较多，至元二十五年(1288)北方气候出现变冷迹象，"往岁北边大风雪，拔突古伦所部牛马多死"[⑤]。表 2-1 显示，从大

---

① 竺可桢：《竺可桢科普创作选集》，99 页，北京，科学普及出版社，1981。

② 《元史》卷五十一《五行志二》。

③ 《续通考》卷二二二"恒燠"。

④ 《元史》卷一九一《许维桢传》。

⑤ 《文史》卷十五《世祖本纪十二》。

德五年(1301)开始到至正七年(1347)，北方草原及农牧交错带大风雪的记载明显增多，共有14年发生白灾，称海至北境十一站、朔方乞禄伦之地、大同路、蒙古大千户，大宁蒙古大千户，达达地、云需府、镇宁王那海部曲二百户、兴和路鹰房及蒙古民万一千一百余户，河州路、晃火儿不剌、塞秃不剌、纽阿迭烈孙、三卜剌等处，大斡耳朵思等发生大风雪，有时是“比岁大风雪”。有时冬季发生，有时夏秋发生。风雪造成了严重畜牧灾害，如牛马多死，马驼羊冻死者十九，畜牧亡死且尽，羊马驼畜尽死，畜牧亡死且尽，毙畜牧，损孳畜，畜牧冻死，羊马冻死等，而且使民大饥，士卒饥，人民流散(各《本纪》和《五行志》)。

不仅在北方草原和农牧交错带，就连北方农作区，大德五年(1301)以后也有不少路府发生奇寒大雪。彰德地处北纬36°，降雪正常，但《元史·五行志二》记载彰德在14世纪中期的非降雪季节，有3年发生奇寒大雪：至正六年(1346)九月彰德雨雪结冰；至正十年春(1351)大寒，近清明节雨雪三尺，民多冻馁而死；至正二十七年三月(1367)大雪，寒甚于冬，民多冻死。又延祐元年(1314)三月东平、般阳等路，泰安、曹、濮等州(北纬34°～37°)，大雨雪三日；奉元路(西安，北纬34°)咸宁县至正二十七年(1367)井水结冰。这种寒冷的天气，在南方也时有发生。后至元六年(1340)宝庆路(今湖南邵阳市，地处北纬27°)大雪，深四尺五寸；至正九年(1349)温州(地处北纬28°)大雪。大约在1314年至1327年平素无冰的岭南地区(北纬23°左右)始结冰[①]，这种气候对当地的农业生产和生活产生了严重的影响。

草原白灾与大寒现象，在地区上有逐渐南移的特点。从1301年至1347年，北方草原和农牧交错带14年发生草原白灾，农区发生大风雪灾害的年份只有两个，即延祐元年(1314)三月东平等路大雪和至正六年(1346)九月漳德路雨雪；同期，南方只有后至元六年(1346)宝庆路大雪。1347年后，北方旱作区和南方大雪大寒及结冰现象增多，这说明14世纪开始的寒冷气候，先由北方开始，逐渐南移了。总之，霜冻、

① 《元史》卷一九一《卜天璋传》。

白灾、大寒及无雪(黑灾)等各指标，都说明了14世纪北方气候的转冷。

三、雪灾的国家救济预防措施

元代荒政继承前代，有报灾、救灾、防灾等措施。早在太宗窝阔台汗十年北方诸路发生蝗灾时，就减免赋税。元朝立国后，对灾害的救济比前期更多。

霜灾和白灾发生后，朝廷有折物、减免赋税、赈济粮钞三种措施。中统元年(1260)定户籍科差条例时，规定“被灾之地，(丝料)听输他物折”[①]。这是对植桑区丝料的折物输税规定。至元二十七年(1290)十月“以兴松二州霜，免其地税”；天历元年陕西霜旱，免其科差一年[②]；至顺二年(1331)，宁夏霜灾，免田租[③]。这是减免地税科差。至元二十八年，以去岁陨霜害稼，赈卫士怯磷口粮二月[④]；至元二十八年(1291)，棣州霜，民饥，发附近官廪，计口以给[⑤]；元贞元年(1295)正月“以陨霜杀禾，复赈安西王山后民米一万石”[⑥]，当是救济去年秋安西王封地霜杀禾；至顺元年(1330)汴梁路封丘祥符霜灾，赈以粟三千石[⑦]。这是救济以粮食。对北方部落的风雪灾害，主要措施是救济以粮钞，如大德五年(1301)称海至北境十二站，牛马多死，赐钞一万一千余锭[⑧]；英宗至治三年(1323)九月，大宁蒙古大千户风雪毙畜牧，赈米十五万石[⑨]；镇宁王那海部曲二百户，风雪损孳畜，命岭北行省赈粮二月[⑩]；至顺二

① 《元史》卷九十三《食货志一》。
② 《元史》卷九十六《食货志四》。
③ 《元史》卷三十五《文宗本纪四》。
④ 《元史》卷九十六《食货志四》。
⑤ 《元史》卷十七《世祖本纪十四》。
⑥ 《元史》卷十八《成宗本纪一》。
⑦ 《元史》卷三十四《文宗本纪三》。
⑧ 《元史》卷二十《成宗本纪三》。
⑨ 《元史》卷二十九《泰定帝本纪一》。
⑩ 《元史》卷三十五《文宗本纪四》。

年(1331)四月兴和路鹰房及蒙古民万一千一百余户，风雪畜牧冻死，赈米五千石[1]；后至元六年(1340)大斡耳朵思，风雪为灾，马多死，以钞八万锭赈之；达达之地，大风雪羊马皆死，赈军士钞一百万锭[2]。总之，世祖、文宗、顺帝前期对霜雪之灾的赈济比其他时期要多些，对蒙古部落饥民和卫士的赈济比对汉人的赈济要多些。

元朝农书比较注意对霜灾的预防。《农桑辑要·栽桑》云："备霜灾者，三月间，倘值天气陡寒，北风大作，先于园北，觑当日风势，发火燠煴，假借烟气，顺风以解霜冻。"用熏烟预防桑树霜冻，是较古老的方法，由于朝廷几次颁布《农桑辑要》，这种预防霜冻的方法对农业生产具有指导作用。东平王桢《农书》卷二《垦耕》，从耕作上讲究预防霜冻低温对作物的影响："秋耕宜早者，乘天气未寒时，将阳和之气掩在地中，其苗易荣。过秋天气寒冷有霜时，必待日高方可耕地，恐掩寒气在内，令地薄不收子粒。春耕易迟者，亦待春气和暖，日高时耕。"通过一天中恰当掌握春耕秋耕的时机达到防止低温对农作物的影响。

霜冻、黑灾、白灾对农业畜牧业及政治经济生活都发生了相当的影响，朝廷的救济和预防措施发挥了一定的作用，减免赋税等各项政策在元世祖时执行得比较严厉。至元二十年正月(1283)谕："自今管民官，凡有灾伤，过时不申，及按察司不即行视者，皆罪之。"但因关涉财政收入，报灾减税往往不能认真执行，甚至发生"按察司已尝阅视，而中书不为奏免"，直到御史台请求，才能权停税粮的情况。[3] 报灾救灾往往滞后，文宗至顺元年(1330)正月："濠州去年旱，赈粮一月。大名路及江浙诸路以去年旱告。永平路以去年雹灾告。"[4]以此推想，霜灾报灾救灾的滞后在所难免。

---

① 《元史》卷三十五《文宗本纪四》。

② 《元史》卷四十《顺帝本纪三》。

③ 《元史》卷十二《世祖本纪九》。

④ 《元史》卷三十四《文宗本纪三》。

表 2-1 元代北方雪灾表

元代纪年(公元)	月、季	地区、部落、人户	雪寒灾害	救济措施
至元十五年(1278)	冬	淮　安	雪深三尺	
至元二十五年(1288)		拔突古伦部	往岁北边大风雪……牛马多死	赐米1000石
大德五年(1301)	七	称海至北境十一站	大风雪，马牛多死	赐钞11000余锭
大德九年(1305)		朔方乞禄伦之地	大风雪，畜牧亡损且尽，人乏食	官市驼马，内府出衣币
大德十年(1306)		大同路	暴风大雪，坏民庐舍	
延祐元年(1314)	三	东平、般阳等郡，泰安、曹、濮等州	大雨雪三日	
延祐元年至延祐七年(1314—1320)		朔　漠	大风雪三日，羊马驼畜尽死，人民流散，以子女鬻人为奴婢	置宗仁卫总之，命县官赎置卫中
至治三年(1323)	四	蒙古大千户	比岁风雪毙畜牧	赈钞200万贯
	九	大宁蒙古大千户	风雪毙畜牧	赈米15万石
泰定元年(1324)	三	云需府	大雪，民饥	
延祐二年至天历二年(1315—1329)		岭南	岭南地素无冰，天璋至，始有冰	
天历元年(1328)		诸王喃答失、彻彻秃、火沙、乃台马诸部	风雪毙畜牧，士卒饥	赈粮5万石，钞40万锭
至顺二年(1331)	四	镇宁王那海部曲二百户	风雪损孳畜	命岭北行省赈粮二月
至顺二年(1331)	十一	兴和路鹰房及蒙古民万一千一百余户	大雪畜牧冻死	赈米5000石
元统三年(1335)	三	河州(青海和政)	大雪十日，深8尺，马驼羊冻死者十九，民大饥	
后至元五年(1339)	五	晃火儿不剌、塞秃不剌、纽阿迭烈孙、三卜剌等处六爱马	大风雪，民饥	发米赈之
后至元六年(1340)	三	大斡耳朵思	风雪为灾，马多死	以钞8万锭赈之
后至元六年(1340)		宝庆路	大雪，深4尺5寸	

续表

元代纪年(公元)	月、季	地区、部落、人户	雪寒灾害	救济措施
	七	达达之地	大风雪羊马皆死	赈军士钞100万锭
至正六年(1346)	六	达达之地	大风雪羊马皆死	
至正六年(1346)	九	彰　德	雨雪，结冰	
至正七年(1347)	八	木磷等处	大雪，羊马冻死	赈　之
至正九年(1349)	三	温　州	大雪	
至正十年(1350)	春	彰　德	大寒，近清明节雨雪3尺，民多冻馁而死	
至正十一年(1351)	三	汴梁路钧州，密县	大雷雨雪，平地雪深3尺余	
至正二十七年(1367)	三	彰　德	大雪，寒甚于冬，民多冻死	
	秋	冀宁路(太原)徐沟、介休县	雨雪	
	十二	奉元路咸宁县	井水冰	

表 2-2　元代北方霜冻表

元代纪元(公元)	月、季	陨霜地区	灾害和救济措施
中统二年(1261)	五	西　京	杀　禾
	七	西京、宣德	杀　稼
中统三年(1262)	五	西京、宣德、威宁、龙门等路	
	八	河间、平滦、广宁、西京、宣德、北京	害　稼
中统四年(1263)	四	武　州	杀麦禾
至元二年(1265)	八	太　原	霜　灾
至元七年(1270)	四	檀　州	霜
至元八年(1271)	七	巩昌、临洮、平凉府、会、兰等州	杀　稼
至元十七年(1280)	四	宁海、益都等4郡	损　桑
至元二十一年(1284)	三	山　东	杀桑蚕尽死，被灾者三万余家
至元二十四年(1287)	九	大定、金源、高州、武平、兴中	伤　稼

续表

元代纪元(公元)	月、季	陨霜地区	灾害和救济措施
至元二十六年(1289)	五	济南、棣州	杀 菽
至元二十七年(1290)	七	大同、平阳、太原	杀 禾
	十	兴、松2州	免其地税
至元二十八年(1291)		棣 州	民饥，发附近官廪，计口以给
至元二十九年(1292)	三	济南、般阳等郡及恩州属县	杀 桑
至元三十一年(1294)	秋	安西王封地	杀 禾
元贞二年(1296)	八	咸宁县、金复州、隆兴路	杀 禾
大德五年(1301)	三	汤 阴	杀 麦
	五	商 州	杀 麦
大德六年(1302)	八	大同、太原	杀 禾
大德七年(1303)	四	济南路	杀 麦
	五	山东般阳路	杀 麦
大德八年(1304)	三	济阳、栾城2县	杀 桑
	八	太原之交城、阳曲、管州、岚州，大同之怀仁	杀 禾
大德九年(1305)	三	益都、般阳、河间三郡属县	河间清、莫、沧、献四县霜杀桑2417000余本，坏蚕12700余箔
大德十年(1306)	七	大同浑源县	杀 禾
	八	绥德州米脂县	杀禾280顷
至大元年(1308)		大名路	杀 桑
	八	大 同	杀 禾
至大二年(1309)	八	永平路	杀 禾
至大四年(1311)	七	大宁等路	
皇庆二年(1313)	三	济 宁	杀 桑
延祐元年(1314)	三	东平、般阳等郡，泰安、曹、濮等州	杀 桑
	闰三	济宁、东昌、汴梁等路及东明、长垣、陇州、开州、青城、渭源诸县	杀桑果禾苗，无蚕

续表

元代纪元(公元)	月、季	陨霜地区	灾害和救济措施
	七	冀 宁	杀 稼
延祐四年(1317)	六	六盘山	杀稼500余顷
延祐五年(1318)	五	雄州归信县	杀 桑
延祐六年(1319)	三	奉元路	
延祐七年(1320)		诸卫屯田	害 稼
至治二年(1322)	闰五	辽阳路	杀 禾
至治三年(1323)	七	冀宁阳曲县、大同路大同县、兴和路威宁县	杀 禾
	八	袁州宜春县	害 稼
	十一	沂州定襄县及忠翊卫屯田所营田、象食屯田所	杀 禾
泰定二年(1325)	七	宗仁卫屯田	杀 禾
泰定三年(1326)	七	怯辚口屯田	赈粮二月
天历元年(1328)		陕 西	免其科差一年
天历三年(1330)	闰七	奉元西和州、宁夏应理州、鸣沙州、巩昌静宁、彬、会等州、凤翔麟游、大同山阴，晋宁潞城、隰川等县，忠翊卫左右屯田	杀 稼
至顺元年(1330)	二	汴梁路封丘、祥符	霜 灾
	闰七	忠翊卫左右屯田	杀 稼
至顺二年(1331)	七	宁 夏	为灾，免田租
至顺三年(1332)	二	德宁路(白云鄂博)	霜雹，民饥
	八	浑源、云内	杀 禾
至正七年(1347)	八	卫 辉	杀 稼
	九	辽 阳	伤 禾
至正十三年(1353)	秋	邵武光泽县	杀 稼
至正二十三年(1363)	三	东平路须城、东阿、阳谷三县。	杀桑，废蚕事
	八	钧州密县	杀 菽
至正二十七年(1367)	五	大同陨霜	杀 麦
至正二十八年(1368)	四	奉 元	杀 菽

表 2-3　霜冻地区分布与受损作物表

纬　度	地　区	受损作物
北纬 40°以北	西京、北京、武州、宣德、威宁、龙门、大同、兴和、金源、武平、兴中、高州	禾麦稼
北纬 35°～40°	巩昌、平凉、临洮、渭源、会州、兰州、六盘山、宁夏、静宁、邠州、奉元、咸宁、绥德、冀宁、大名、怀庆、潞州、隰川、卫辉、汴梁、汤阴、晋宁(平阳)、太原、定襄、雄州、益津、河间、广宁、济南、济宁、东平、棣州、般阳、恩州、济阳、栾城、泰安、永平、诸卫	稼禾菽麦，桑
北纬 30°～35°	龙州、开州、商州、密县、曹州、濮州	麦　桑
北纬 30°以南	袁州宜春、邵武光泽	稼

表 2-4　1261—1368 年霜冻类型、等级、救灾及时空分布表

作物种类	霜冻年次	霜冻集中月	类型	北纬度	受灾地区	等级次数	救灾减灾措施	1261—1299 年霜冻年次	1300—1368 年霜冻年次	霜冻年集中时段(按每 10 年发生 2 年以上霜冻计)
桑树	10	三	晚春	35～40	济南、东平、益都、般阳、河间、大名、宁海	损桑 1 次杀桑 9 次	烟　熏	3	7	1280—1289 有 2 个，1300—1309 有 3 个，1310—1319 有 3 个
禾麦菽	43	四、五、七、八	晚春早秋	35～45	大同、太原、临汾、河北、平滦、辽阳、山东、奉元	害麦禾菽 9 次杀麦禾菽 30 次	免田租差税地税赈粮	10	24	1260—1269 有 4 个，1290—1299 有 4 个，1300—1309 有 7 个，1310—1319 有 4 个，1320—1329 有 6 个，1330—1339 有 3 个

第三章　元代北方雹灾及救济措施

北方，这里指河南行省淮汉流域以北的 10 路府，中书省的大都等 30 路，辽阳、陕西和甘肃行省，而以前四省为主。冰雹是农业气象灾害，局域性强、季节性明显、来势急、持续时间短，灾害影响以砸伤和降温为主。在元代，雹灾仍为北方主要的农业灾害之一，对当时的农牧业生产和居民生活造成严重的破坏。

依据文献记载，本章统计了元代北方四省发生雹灾的时间、地区，并据以分析北方冰雹的时空特点：在地区上，省路之间分布不均衡，北方有 7 个主要降雹区，大多数是南北一线发生，其原因是受河流山脉走向的影响；在季节分布上，以夏季多雹为主，这比现代雹灾的季节分布要早，从一个侧面说明元代北方比现在寒冷。根据文献记载的冰雹大小、灾害描述、国家的灾伤住税制度，本章把元代北方雹灾分为一级、二级、三级。一级不见记载，《五行志》和各《本纪》记载的只是二级、三级雹灾。国家对雹灾的减灾措施，主要是住税，即二级减所损分数，三级免税，但赈济较少。

一、冰雹的时空分布特点

冰雹的省区分布不平衡，《五行志》和《本纪》记载的甘肃行省雹灾只有一次，至顺三年(1332)五月甘州雨雹(凡是雹灾，均据《五行志》和各

《本纪》，以下为节省篇幅，一般不单独出注）。但这不是元代甘肃历史上发生的唯一一次雹灾，而只能说是唯一的一次雹灾记载。

辽阳行省，文献记载有8年发生雹灾，全部发生于大宁、开元、广宁、辽阳4路，其中7年发生于大宁路，如至元二十四年(1287)九月大定、金源、高州、武平、兴中等处雨雹；大德八年(1304)五月大宁路建州雨雹；大德十一年(1307)五月建州雨雹；至大元年(1308)八月大宁县雨雹害稼毙畜牧；致和元年(1328)六月大宁属县雨雹；天历二年(1329)七月大宁惠州雨雹。开元路有2年发生雹灾。辽阳路和广宁路各有1年发生雹灾，即至元二十九年(1292)闰六月辽阳、沈州、广宁、开元等路雨雹，天历三年(1330)七月开元路雨雹。总计有3路8州2县受灾。

河南行省10路府，据表3-3显示，有13年发生雹灾，其中河南府路、汴梁路各有4年的雹灾，淮安路3年，归德府、高邮府、南阳路各1年。其他4路不见有雹灾记载。

陕西行省的雹灾，文献记载多有缺失。据表3-2统计，有13年17次雹灾，其中巩昌有5年、泾州有3年的雹灾记载，西和州、徽州、庆阳府、延安路，及安塞、肤施、富州、白水县均有2年的雹灾记载，而金州、会州、延安、神木、凤翔、临洮、兴州、静宁州及成纪、通渭等都有雹灾记载。

中书省30路州，据表3-4统计，大体有61年77次(月)发生雹灾。大同、冀宁、晋宁、兴和、大都、真定6路，都是雹灾最多的地区，分别有17、17、8、9、15、12年的雹灾记载。彰德、永平、上都、益都、济南等5路分别有6、7、7、6、5年的雹灾记载，而保定、怀庆、卫辉、河间、大名、广平、东平、东昌、济宁、般阳、曹州、濮州、高唐州、泰安州、德州、恩州、冠州和宁海州18路州，雹灾发生年数在3年以下，几乎可以忽略不计。

以上可见，元代北方雹灾的地区分布特点，有的地区雹灾相对集中，有的地区雹灾几乎可以忽略不计。那么，元代北方雹灾在地理分布上有什么特点?

从纬度看，文献记载的北纬25°～30°发生的雹灾很少，只有6年7

次。而这种情况有两种可能：一是雹灾少，二是失于记载。这里，不妨突破本章规定的地理范围，把《元史·五行志二》记载的雹灾转录如下：大德四年(1300)三月宣州泾县、台州临海县(今安徽泾县和浙江临海市，北纬29°)风雹；至治二年(1322)六月思州(今贵州遵义附近，北纬28°)大风雨雹；泰定元年(1324)五月思州龙泉平雨雹伤麦，六月顺元(今贵阳市，北纬26°)等雨雹；元统元年(1333)三月戊子绍兴萧山县(北纬29°)大风雨雹，拔木仆屋，杀麻麦，毙伤人民；至正六年(1346)二月辛未兴国路(今江西兴国，北纬26°)雨雹，大者如马首，小者如鸡子，毙禽畜甚众；至正八年(1348)四月龙兴奉新县(今江西奉新县，北纬28°)大雨雹。

元代文献记载的绝大多数雹灾，多发生于北纬30°～45°地区，即河南行省的10路府，中书省的30路州、陕西行省和辽阳行省的多雹灾地区。

(一)多雹灾地区

从多雹灾地区看，元代北方有几个主要的雹灾区。

1. 陕西行省的金州(今甘肃榆中)、临洮、巩昌、渭源(在今甘肃渭源)、成纪(今甘肃天水)、西和州(今甘肃西和)、徽县(今陕西徽县)等。雹灾发源于祁连山，向东南移动至定西州(今甘肃定西)、陇西、西和州、徽州，如元贞元年(1295)五月，陕西省的巩昌(今甘肃陇西)、金州、会州(今宁夏会宁)、西和州大雨雹。

2. 庆阳府(今甘肃庆阳)、泾州(今甘肃泾川)、平凉府(今甘肃平凉)、静宁州(今甘肃静宁)等。据现代研究，冰雹发源于贺兰山区后，一路进入庆阳地区东北部，另一路在六盘山加强后，又分别影响平凉地区和庆阳地区的西南部。[①] 这些地区在元代归陕西行省，也是主要雹区，泾州泾川县有3年发生冰雹，静宁州两年，庆阳府2年。

3. 奉元路(即今西安地区)至延安路一带，这里是清水、洛水、沮水、漆水、白水、渭水等河流的交汇地，两边地势稍高而中间偏低。自

① 张养才等编著：《中国农业气象灾害概论》，453页。

南而北，奉元路的白水，延安路富州、宜君、安塞、肤施、神木等，都发生过雹灾。有时同时发生，如至大二年(1309)六月延安、神木县雨雹一百余里，泰定二年(1325)六月兴州(今榆林与太原之间)、富州(今陕西富县)、白水(今陕西白水)、肤施、安塞(均在今延安市附近)等县雨雹。

4. 上都(今内蒙古多伦地区)、兴和(今河北张北地区)、大同、冀宁(今太原地区)、晋宁(今山西临汾地区)诸路。这几路往往同时发生降雹，如大德八年(1304)太原、大同、隆兴(即兴和)雨雹，九年(1305)六月晋宁、冀宁、宣德(今河北宣化)、隆兴、大同等郡雨雹，元贞二年(1296)六月隆兴、威宁路(即兴和路威宁县，今河北省张北附近)，说明这几路处于同一降雹带。特别是大同路的白登，太原的阳曲、交城、离石、寿阳、文水等县，经常发生雨雹。

5. 大都、真定、彰德、汴梁、河南等路，南北一线，有时这些地区同时发生降雹，如中统三年(1262)五月顺天(今北京)、真定、河南等路雨雹；至元二年(1265)八月河南、南京(即汴梁路开封)、大名、彰德等郡雨雹。这里的大都和彰德都是大雹灾多发地区，如大都路，延祐三年(1316)五月蓟州雹深一尺，泰定三年(1326)龙庆路雨雹平地深三尺，至正二十年五月(1360)蓟州遵化县雨雹终日等。

6. 辽阳行省的大宁(今辽宁和众地区)、广宁(今辽宁北镇地区)、辽阳(今辽宁辽阳地区)、开元(今吉林农安地区)等路，及中书省的永平路等地区。主要集中于大宁路各属县。大宁路有7年的雹灾记载，其中大宁、高州、武平(今均在今内蒙古敖汉旗附近)、兴中(今辽宁朝阳地区)、建州、金源、惠州(今均在朝阳附近)，开元，辽阳、沈州(今沈阳)都有多年的雹灾记载，特别是建州和大宁，其雹灾比其他州县要多。

7. 益都、济南、般阳等路交界地区，有时同时发生降雹，如至大元年四月(1308)般阳新城县(今山东桓台附近)、益都高苑县(均在今山东淄博)、济南厌次县(今山东惠民)风雹，显然这里也是一个降雹区。

8. 兴和、大同、太原、临汾。表3-4显示，兴和路、大同路、冀宁路、晋宁路分别有9年、17年、17年和8年的大雹灾记载。兴和路主要集中于天成、宣平、威宁，大同路的大同、白登、怀仁、金城、武州、应州，冀宁路(太原)的平定州、崞州、清源、定襄、阳曲、交城、文水、离石、寿阳、介休、管州、岚州、定襄，晋宁路的河中府等地，这是一个南北带状降雹带。

(二)雹灾地带形状

从雹灾的地带形状看，有散点状、团块状、条带状、跳跃状四种。所有单独一个地区发生的降雹，都可以视为散点状雹灾地带。

1. 团块状，呈不规则的三边形、四边形和多边形状：如中统四年(1263)七月燕京昌平县，开平路兴(今河北承德附近)、松(今内蒙古赤峰附近)、云(今河北赤城北)三州雨雹害稼，四个降雹点呈四边形；至元二十四年(1287)九月辽阳行省的大定、金源、高州、武平、兴中等处雨雹，五地均在今辽宁省朝阳附近。以上均是典型的团块状分布。

2. 条带状分布。一种是东西条带状分布，如泰定三年(1326)六月房山(今北京市郊区)、宝坻(今河北省宝坻县)、玉田(今河北玉田县)、永平(今河北滦县)等县大风雹，折木伤稼。这四个地区，自西而东，都处于北纬40°附近，是典型的东西条带状分布，其形成可能是受海洋对流的影响。另一种是南北条带状分布，如至元二十九年(1292)闰六月，辽阳(今辽宁辽阳)、沈州(今辽宁沈阳)、广宁府(今辽宁北镇)、开元路(今吉林农安)雨雹；元贞元年(1295)五月陕西行省的巩昌(今甘肃陇西)、金州(今甘肃榆中)、会州(今宁夏会宁)、西和州(今甘肃西和)大雨雹；至大二年(1309)六月，延安神木县大雹一百余里，击死人畜；泰定二年(1325)六月兴州(今榆林与太原之间)、富州、肤施、安塞、白水等县雨雹，同月，静宁州(今甘肃静宁)及成纪(今甘肃天水)、通渭(今甘肃通渭)雨雹；至正十一年(1351)四月彰德雨雹“地广三十里，长百有余里”。这都是典型的南北条带状降雹，其形成“降雹，受地形的影响，雹暴中的近地面下沉气流总是向低处流，逢山口夺路而出，沿山脉择河谷而行”[①]。陕西行省的巩昌雹区，左侧是祁连山，右侧是渭水谷地；奉元至延安雹区，处于洛水流域河谷、屈野川和无定河流域河谷；兴

① 张养才等编著：《中国农业气象灾害概论》，453页。

和、大同、冀宁、晋宁雹区，汾水等河流自北而南流过；大都、真定、彰德、汴梁、河南等路，永定河、滹沱河、漳卫河贯穿南北；辽阳行省的大宁、开元雹区，处于辽河流域各支流的河谷，左侧是大兴安岭。在这些地区，冰雹的沿山脉、择河谷而行的特点十分明显。

3. 跳跃状，在总的条带状中，间歇发作，似乎选择性地发生：如元贞二年(1296)六月隆兴威宁路(即兴和路威宁县，今河北省张北附近)，太原交城、离石、寿阳等县雨雹；天历三年(1330)七月，顺州(今北京顺义)、东安州(今河北安次)及平棘(属真定路，今河北赵县)、肥乡(属广平路，今河北肥乡)、曲阳、行唐(属保定路，今均为县)等县风雹害稼，本次雹灾虽仍呈南北条带状发生，但已是间歇发作了。从广平路肥乡降雹，越过顺德北上，至真定南境的平棘降雹，再越真定大部，于保定的南境曲阳、行唐降雹，最后一跃到北京的东安州和顺州结束，是典型的跳跃状降雹。

上述冰雹的地带形状，说明大多数降雹有自己的运行路径。

(三)雹灾时间

在时间上，文献记载多有缺失，根据表 3-2 和表 3-3，陕西、河南二行省就有许多的缺失，使我们无法分析降雹的年际变化。降雹的季节变化，随纬度不同而有所不同。河南行省的 4 个多雹灾路府，7 次雹灾发生在元代授时历的四月和五月，即今历的 5～6 月，占总数的 53%，为春末夏初多雹。陕西行省的 15 年 18 个月的降雹，发生于授时历的五月至七月，即今西历的 6～8 月，占总降雹月的 70%，为夏季多雹。中书省，在粗略统计的 66 个降雹月中，有 60 个月次的降雹发生于授时历的四月至八月(四月，6 次；五月，19 次；六月，10 次；七月，13 次；八月，12 次。)，即西历的 5～9 月，占全年雹月的 90%，属于夏季多雹。辽阳行省的大宁、辽阳、广宁、开元雹区，发生于授时历五月至七月，即西历的 6～8 月，占总降雹月的 70%以上，其余为西历的 9～10 月，为夏季和初秋多雹。就是说，随着纬度变化，降雹带自南向北推移，西历 5～6 月主要分布淮河以北的河南、汴梁、归德、淮安四路；6～8月进入陕西行省和中书省；6～10 月进入辽阳雹区。元代河南6 路，陕西行省和中书省，多为夏季多雹，而今天淮河南北及华北地区，都是春季多雹，这说明元代北方降雹，都比现代迟，这从一个侧面说明元代北方气候比现代寒冷。在一个雹区内，降雹也是由南向北逐渐推移，如奉元至延安雹区，西历5月份白水县(北纬35°)降雹，6月降雹带移至稍北的宜君县(北纬35.5°)，7月降雹带北进至肤施、安塞、神木(北纬36.5°～39°)一带。这说明每个地区降雹，都有其时间规律。

二、雹灾的等级分类及危害

元代北方农作物，以麦类、谷类、豆类和桑枣为主。不同的农作物具有的抗雹能力和复生能力不同。据现代有关研究，禾本科作物生育前期抗灾能力较强，生育后期抗灾能力较弱。例如，小麦抽穗期以前砸断茎穗，只要留有根茬，仍能复生，并可能获得三至五成的产量；扬花期以后，遭雹灾砸断茎穗，只能形成蝇头小穗，无生产意义。谷子幼苗期具有一定的抗雹灾能力，苗高3～7厘米时，遭受同等程度雹灾，叶子幼苗被打碎，但若及时处理，也不致减产；拔节期以后，被冰雹砸成乱麻状，会造成缺苗而导致减产。高粱再生能力很强，只要生长季节不太晚，都能复生。双子叶作物如棉花和大豆，生育中后期抗雹能力强，而苗期抗雹能力弱。①

目前还没有见到对古代雹灾的等级分类研究。因此，我们不妨尝试一下，如果能合理地确定雹灾等级，不仅对雹灾史研究有意义，就是对怎样比较准确地说明古代灾荒对农业生产的影响也是有益的。根据冰雹的大小、元代的灾伤申报检覆制度，我们来对元代雹灾进行等级分类。

至元二十八年(1291)《至元新格》，关于灾伤减免征税，规定：在检覆属实后，“损八分以上者其税全免，损七分以下者，止免所损分数，

① 张养才等编著：《中国农业气象灾害概论》，453页。

收及六分者，税既全征，不须申检”①。这告诉我们几条信息：其一，虽没有明言雹灾，但其检灾住税标准与其他灾种相同；其二，元代按粮食作物的损失和收成情况，将灾伤区别等级为1～10分，申报省部，廉访司再检覆申报是否属实，并根据检覆后的灾伤分数，决定地税的全征、或减征、或全免，而文献也有对应的记载。我们据此判断元代雹灾等级，绘制元代田亩灾伤申检制度及雹灾等级对应表(见表3-1)，这清楚地表示了雹灾的情况：损失5～10分即灾伤5～10分的田亩，地方要申报，上级要检覆，中书省要完全掌握这5级灾伤的情况，才能决定减免税的数量，因此会有完整的文字材料，翰林国史院才能据以修史；而损失即灾伤1～4分收成9～6分的田亩，地税要全征，所以不须申检，故没有文字材料。

表3-1　元代田亩灾伤申检制度及雹灾等级对应表

收成	损失程度(灾伤)	免税或减税	申检灾伤情况	冰雹尺寸描述	灾害描述	雹灾等级
	十分	全免	申检	如盆盂，如马首	无麦禾，杀苗稼，禾麦尽损	三级
一分	九分	全免	申检	同上	同上	三级
二分	八分	全免	申检	同上	同上	三级
三分	七分	免所损分数	申检	如桃李实，如鸡卵大过拳	损稼害稼伤稼	二级
四分	六分	免所损分数	申检	同上	同上	二级
五分	五分	免所损分数	申检	同上	同上	二级
六分	四分	全征	不须申检	无记载	无记载	一级
七分	三分	全征	不须申检	同上	同上	一级
八分	二分	全征	不须申检	同上	同上	一级
九分	一分	全征	不须申检	同上	同上	一级

据此可知《五行志》和各《本纪》记载的雨雹，不包括损失即灾伤1～4分的雨雹，只包括造成农作物5～10分损害的雨雹。即《元史》只记载

① 《元典章》卷二十三《户部九·灾伤》。

部分雨雹，而不是全部雨雹。这样，根据文献对降雹损害性状的描述，结合元代对灾伤及免减全征地税的规定，可以把元代的雹灾分为三级，即灾伤1～4分收9～6分的田亩为一级；灾伤5～7分收5～3分的田亩为二级；灾伤8～10分收2～0分的田亩为三级。下面具体说一说分级的情况。

(一)一级

据《至元新格》“收及六分者(即损四分)税既全征不须申检”的规定，损失即灾伤1～4分的田亩不须申检，既有此规定，那么州县无须把这类降雹上报，中书省就不掌握这类降雹的情况，当时史官就无从记载，明初修《五行志》和各《本纪》时就不会有这类降雹的记载。但没有记载，不等于没有发生这类降雹。事实上，从国家为确保其地税征收的经济目的看，许多实际造成5～6分灾伤的降雹，尽管州县上报，但经过按察司的检覆后，可能又被归于损4分以下，从而不在减免地税之例。文献记载的降雹，都超过豆粒大(即直径0.5厘米)，说明上报时是有标准的，记载时也是有标准的。这样大的冰雹是存在的。损失4分的灾害，最使农民受苦，因为国家的税收不能减免，更不能得到救济，而这类灾害一定很多，农民的艰难可想而知了。

(二)二级

据《至元新格》“损八分以上者其税全免，损七分以下者止免所损分数……须申检”的规定，及表3-1，造成5～7分损失的降雹免所损失的分数，造成8～10分损失的降雹全免地税，故须申检，州县申报，中央检覆，中书省完全掌握这两类降雹的情况，有文字记录。因此，大体说来，经申检，符合国家减免地税规定的降雹，不在灾伤5～7分之例，必在灾伤8～10分之例。

因此，这里所说的二级雹灾是指损失5～7分的降雹。这级雹灾，在《五行志》里又有两种文字表述，一种是“雨雹”“风雹”，另一种是“雨雹损稼”“雨雹害稼”等。对于前一种，各《本纪》和《五行志》对雹灾的记载具有不同特点，各《本纪》中明确记载为“雨雹害稼”“雨雹损稼”及造成死人、民饥等灾害的降雹，在《五行志》中就有2/3的降雹，简单地被记载为“雨雹”“风雹”①，造成这种差异的原因，各地报灾不同，也可能是由于不同的史官、不同的史书体例。这就是说尽管《五行志》对许多降雹仅仅记载为“雨雹”“风雹”，但实际上这类降雹仍是造成5～7分灾伤的降雹。对于后一种，文字表述为“害稼”“损稼”“损禾麦”“损豆麦”“伤禾黍菽(豆)麦桑枣”。这两种文字表述的雹灾，都是造成作物5～7分灾伤的雹灾。其直径都超过3～5厘米，文献记为雨雹如桃李实、如鸡卵、大过拳。总计大约有57路21州1府20县(折合为63路)的农田受雹灾损失在5～7分，其中，中书省48路，陕西行省2路1府11州18县，甘肃行省1州，河南行省6路1州，辽阳行省3路8州2县。就中书省和陕西行省的情况看，在各《本纪》和《五行志》记载的所有二级和三级降雹中，二级雹灾占总数的95%以上。推测其他行省的情况，与此也不会相差太远。这级雹灾中，由于风暴助雹肆虐，往往有很大的破坏力，如至大二年(1309)六月“延安神木县雨雹一百余里，击毙人畜”；至治三年(1323)五月大风雨雹，拔柳林行宫大木三千余棵；后至元三年(1337)“五月辛卯，绛州雨雹，大者二尺余”；至正二十七年(1367)七月冀宁徐沟县大风雨雹，拔木害稼。

(三)三级

“无麦禾”“杀苗稼”“禾尽损”“麦及桑枣皆损”。《至元新格》规定“损八分以上者其税全免”，即灾伤8～10分的田亩，地税全免，州县官必定有虚报冒免的情况，而上级为地税的实际利益，必定从严检覆，所以这类灾伤少，记载自然就很少。这级冰雹形状，文献记为如盆盂、如马首、如斧，大者二尺余。从文献记载看，中书省只有几年：至元二十年(1283)八月“真定元氏县大风雹，禾尽损”；至正二十五年(1365)“五月东昌聊城雨雹，二麦不登”；大德八年(1304)八月，“太原交城、阳曲、管州、岚州、大同怀仁雨雹陨霜杀禾”。至正十一年(1351)四月“彰德雨雹……时麦将熟，顷刻亡失，田畴坚如筑场，无秸粒遗者”。还有些冰雹的持续时间长，如至大四年(1311)闰七月，大同宣宁县雨雹，积五

---

① 各《本纪》与《五行志》记载不同，见表3-5。

寸，苗稼尽殒(《仁宗纪》一)，积五寸，就使“苗稼尽殒”，那么积一二尺的，如延祐三年(1316)五月蓟州雹深一尺，泰定三年(1326)龙庆路雨雹平地深三尺，至正二十年(1360)五月蓟州遵化县雨雹终日，对作物不仅有机械砸伤力，而且能够造成降温，其破坏性更大。陕西行省也不多，即元贞元年(1295)五月“巩昌、金州、会州、西和州大雨雹，无麦禾”；至正二十八年(1368)“六月庆阳府雨雹，平地厚尺余，杀苗稼，毙禽兽”。河南行省，大德十年(1306)四月“郑州(管城县)暴风雨雹，大若鸡卵，麦及桑枣皆损”；至大元年(1308)五月河南府路“管城县大雹，深一尺，无麦禾”；后至元二年(1336)“八月甲戌朔，高邮宝应县大雨雹。是时，淮浙皆旱，唯本县濒河，田禾可刈，悉为雹所害”。总计有2路6州1府4县4路(折合4路)受损在8～10分，其中中书省1路2州4县，陕西行省1路3州1府2县，河南行省1州2县。三级雹灾只占记载的二级、三级雹灾总数的不到5%。

这级雹灾不仅使作物颗粒无收，还由于降雹大、厚，能造成降温，对地上作物和人畜安全有更严重的威胁。冰雹融化后，地面坚硬和伤痕累累，作物的地下部分也受到一定程度的损害，如至正八年(1348)“八月己卯益都临淄县雨雹，大如盂盆，野无青草，赤地如赭”；而至正十一年(1351)四月彰德雨雹，还使“田畴坚如筑场，树木皆如斧所劈，伤行人、毙禽畜甚重”。

上述雹灾等级分类只是相对的，如有时冰雹的直径不大，但降雹持续时间长；有时冰雹直径很大，而对作物的灾伤只是“害稼”。所有这些情况都要综合考虑，并且主要以国家规定的灾伤分数为主。

三、雹灾的报灾、检灾及国家救济措施

元代雹灾主要发生于春季、春末夏初、夏季，这些时候正是农作物的生长发育阶段和收获阶段，加上大雹的砸伤力强，对农民及农作物、树木及牲畜的损害很大。元代对农作物的灾伤，包括水旱蝗雹霜虫，

都比较重视，有申(告)灾、检踏灾伤体例、灾伤地税住催例、水旱灾伤减税等制度。至元九年(1272)规定："各路遇有灾伤，随即申部。"[①]但后来申告，又有时间限制，二十八年(1291)，御史台咨请对"被旱涝等灾伤……申报……秋田不过九月"的规定加以展限，得到允准。[②] 因为江南风土、种植制度与腹里不同，大德元年(1297)，江浙行省对于中书省的规定"各处遇有水旱灾伤田粮，夏田四月，秋田八月，非时灾伤，一月为限，限外申告，并不准理"，又请求展限，也应该获准。[③] 申告期限，不仅在江南各省有所变通，后来就是在腹里，秋田灾伤申告也不受八月或九月的限制了。如《元史》卷三十三《文宗本纪二》云，"至顺元年(1330)正月，大名路及江浙诸路俱以去年旱告，永平路以去年八月雹灾告"，说明腹里申灾也不受秋田八月之制的限制了。这也再次说明了其雹灾损失一定符合国家减免地税之规定，否则就没有必要在事隔四个月后申报，各《本纪》和《五行志》记载的正是这类雹灾。而许多达不到国家规定减免地税的降雹即损失 1～4 分的降雹，是没有向中书省申报的。

地方申告灾情后，州县应随即检覆，即各路申告后，按察司官要踏覆以检验报灾是否属实，并据以决定减免税分数。至元九年(1272)规定："许准验踏是实，验原灾伤地，体覆相同，比及造册完备，拟合办实损田禾顷亩、分数，将实该税石，权且住催。"[④]所谓实损田禾顷亩分数，就是受灾面积和占十成中的几成，如《至元新格》规定的"损八分以上者其税全免，损七分以下者，止免所损分数，收及六分者，税既全征，不须申检。虽及合免者分数，而时可改种者，但存堪信显迹，宜改种，勿失其时"[⑤]，可参考 3-1。这规定依灾伤分数决定减免税的分数，又要求检覆不要延误改种时机。但是按察司的踏覆往往滞后，至元十九年(1282)御史台弹劾"近年以来按察司官不为随即检踏，宜待因轮巡按堪，已是过时，又是番耕改种，以致合累积免差税数多，上司为无验伤

---

① 《元典章》卷二十三《户部九·灾伤·灾伤地税住例》。

② 《元典章》卷二十三《户部九·灾伤·水旱灾伤减税粮事》。

③ 《元典章》卷二十三《户部九·灾伤·江南申灾限次》。

④ 《元典章》卷二十三《户部九·灾伤·灾伤地税住例》。

⑤ 《元典章》卷二十三《户部九·灾伤·水旱灾伤随时检覆》。

明文，只作大数，一体追征，逼迫人民”[①]。大德八年(1304)江浙行省指出有“检踏体覆不实，违期不报，过时不检及将不纳税地并不曾被灾，捏合虚申”[②]。这样的虚报灾伤田粮事，时有发生。[③]

大体上说，上文的二级雹灾，一般都是按照规定而减免了所损分数的田亩。总计，元代北方四省(中书省，及陕西、河南、辽阳)，大约实有57路21州20县(折合63路)的农田受二级雹灾，即灾伤在5～7分，因而被减免了所损分数税粮的；三级雹灾2路6州1府4县(折合4路)，即受损在8～10分而被全免税粮的。以上只是根据受损分数和雹灾统计数字而推算的应该减或免税的。这与其他灾种相比，所受到的减免要少得多。另外，《元史》实际有关减免的事例也特别少：至元十一年(1274)十二月海州赣余榆县雨雹伤稼，免今年田租；至元二十六年(1289)两淮屯田雨雹害稼，免其田租；至元二十七年(1290)四月灵寿元氏二县大雨雹，免其租；棣州、厌次、济阳大风雹，伤禾黍菽麦桑枣，免其租；至元二十九年(1292)闰六月，辽阳、沈州、广宁、开元等路雹害稼，免今年田租七万七千九百八十八石；大德十年(1306)四月“郑州暴风雨雹，大若鸡卵，麦及桑枣皆损，蠲今年田租”[④]；至治二年(1322)四月泾州雨雹，免被灾者租，赈济银；大德八年(1304)八月，太原之交城、阳曲、管州、岚州、大同之怀仁雨雹陨霜杀禾，发粟赈之；泰定元年(1324)十二月延安路雹灾，赈粮一月；至顺三年(1332)“德宁路去年旱，复值霜雹，民饥，赈以粟三千石”[⑤]；元统元年(1333)，塞北东凉亭雹，民饥，诏上都留守发仓廪赈之[⑥]；元统三年(1335)七月，西和州、徽州雨雹，民饥，发米赈贷之。可见，依据现在接触到的文献，元代对雹灾赈济不多。

---

① 《元典章》卷二十三《户部九・灾伤・检踏灾伤体例》。

② 《元典章》卷二十三《户部九・灾伤・赈济文册》。

③ 《元典章》卷五十四《刑部十六・虚妄・虚报灾伤田粮官吏断罪》。

④ 《元史》卷二十一《成宗本纪四》。

⑤ 《元史》卷三十六《文宗本纪五》。

⑥ 《元史》卷三十八《顺帝本纪一》。

四、结　论

本章讨论了元代北方地区雹灾的时空分布特点及国家减灾措施，以期对元代北方的冰雹气候条件之于农业生产的影响和国家之于自然灾害的反应，做出比较准确的认识。

本章主要结论为：

第一，元代北方冰雹气候对农业生产的影响因地区而异。陕西行省的金州巩昌、平凉庆阳、奉元至延安，中书省和河南行省的兴和、大同、冀宁、晋宁，大都、真定、彰德及河南汴梁诸路，中书省的永平及辽阳行省的大宁、广宁、开元、辽阳诸路，等等，都是雹灾多发地区。上述降雹区大多数为南北条带状，这主要是受山脉、河流走向的影响，沿山脉择河谷而行。

第二，在时间变化上，元代冰雹降雹的季节变化，随纬度不同而有所不同。河南行省沿黄区的雹灾多为春末夏初多雹。陕西行省、中书省多为夏季多雹。辽阳行省多为夏季初秋多雹。而今天淮河南北及华北地区都是春季多雹，即元代北方降雹都比现代迟，从一个侧面说明元代北方气候比现在寒冷。

第三，根据元代灾伤田亩的申报、检踏及住税制度，可知《元史》只记载部分雨雹，而不是全部雨雹。即各《本纪》和《五行志》记载的雨雹，只是造成农作物 5～10 分损害的雨雹，不包括损失即灾伤 1～4 分的雨雹，大多数降雹都没有记载在史书上。

第四，根据冰雹的大小、文献描述、灾伤申报检覆制度，我们把元代雹灾分为三级：一级即灾伤 1～4 分的雨雹，没有记载于原始文献里，更不可能出现在《元史》里，但这不等于没有发生；二级，即造成作物 5～7 分灾伤的雨雹，文献记为雨雹或雨雹害稼损稼伤稼等，北方四省大约有 63 路农田受二级雹灾；三级即造成作物 8～10 分损伤的雨雹，文献记为“禾尽损”“无麦禾”“麦豆不登”等，北方四省大约有 4 路农田受三级雹灾。一级雹灾均不在申报、检覆、减免税之例。

第五，国家对灾伤补救措施，主要是减免受二级雹灾的 63 路田亩的受损部分的税粮，全免全损的 4 路税粮。文献记载的灾伤减免事例不多，救济就更少了。

表 3-2　陕西行省雹灾年表

元代纪年(公元)	地　区	降雹状况	灾害和救济措施
中统三年至至元十九年(1262—1282)或缺于记载，或没有，待考			
至元二十年(1283)五月	安西路	风雷雨雹	
元贞元年(1295)五月	巩昌、金州、会州、西和州	雨　雹	无麦禾
至大二年(1309)六月	延安神木县	大雹一百余里	击死人畜
延祐元年(1314)六月	肤施县	大风雹	损稼并伤
延祐五年(1318)四月	凤翔府	雹	伤麦禾
延祐六年(1319)七月	巩昌陇西县	雹	害　稼
至治二年(1322)四月	泾州泾川县	雨　雹	免被灾者租
泰定元年(1324)六月	定西州	雨　雹	
泰定元年(1324)十二月	延安路	雹　灾	赈粮一月
泰定二年(1325)四月	奉元白水县	雨　雹	
泰定二年(1325)五月	临洮路可当县，临洮府狄道县	雨　雹	
泰定二年(1325)六月	兴州、富州、静宁州及巩昌、成纪、通渭、白水、肤施、安塞等县	雨　雹	
泰定二年(1325)八月	巩昌府静乐县、延安路安塞县		
泰定三年(1326)六月	巩昌路、乾州永寿县	大雨雹	
致和元年(1328)四月	灵州、濬州、泾州	大　雹	伤麦禾
后至元元年(1335)七月	西和州、徽州	雨　雹	民饥，发米赈贷之
至正十七年(1357)八月	庆阳府	大　雹	
至正二十三年(1363)五月	富州宜君县	雨雹，大如鸡子	损豆麦

续表

元代纪年(公元)	地　区	降雹状况	灾害和救济措施
至正二十八年(1368)六月	庆阳府	雨雹，大如盂，小者如弹丸，平地厚尺余	杀苗稼，毙禽畜
总计：15 年 19 次			

表 3-3　河南行省 10 路府雹灾年表[a]

元代纪年(公元)	河南路	汴梁路	归德府	淮安路	南阳路	襄阳路	德安路	安丰路	高邮府	汝宁路	总计每年雹灾路府县数	约折合路数[b]
中统三年(1262)五月	A										1 路	1
至元二年(1265)八月	A	A									2 路	2
至元十五年(1278)闰十一月				E							1 县	0.08
至元二十年(1283)四月	A										1 路	1
至元二十四年(1287)					A						1 路	1
至元二十五年(1288)三月			E	E							2 县	0.16
至元二十六年(1289)七月				A							两淮屯田	
大德十年(1306)四月		E									1 县	0.08
至大元年(1308)五月		E									1 县	0.08
至大四年(1311)四月					A						1 路	1
皇庆元年(1312)四月	E										1 县	0.08
延祐六年(1319)六月		E									3 县	0.25
元统二年(1334)八月									E		1 县	0.08
后至元二年(1336)									A		1 府	1
至正八年(1348)四月		E									1 县	0.08
总计各路受灾年	4	4	1	3	1				1		6 路 1 府 11 县	7

说明：

a. 雹灾代用符号：1～2 县灾伤用 E 表示，3～7 县灾伤用 D 表示，路属州 1～2 州用 C，路属州 3 州以上灾伤用 B，路及省直隶府州，用 A。

b. 州县折合路府州数标准：《元史・地理志二》中河南省 10 路府领 51 县、26 州，26 州共领 71 县。县和州领县 122，每路府平均领县 12.2，即平均 12.2 县折合 1 路府，2.73 县折合 1 路属州，4.46 路属州折合 1 路府。

表 3-4 中书省 30 路州雹灾年表

元代纪年（公元）	大都路	保定路	真定路	顺德路	彰德路	怀庆路	卫辉路	河间路	永平路	兴和路	上都路	大名路	广平路	大同路	冀宁路	晋宁路	东平路	东昌路	济宁路	益都路	济南路	般阳路	曹州	濮州	高唐州	泰安州	德恩冠	宁海州	总计每年受灾路州府县数	约折合路数[a]
中统二年(1261)四月																													雨　雹	
中统三年(1262)五月	A		A													A													3 路	3
中统四年(1263)七月	E							E		E	B																		3 州 3 县	0.84
至元二年(1265)八月					A							A			A						A	C							4 路 2 州	4.38
至元四年(1267)三月			D																						E				1 府 1 县	0.28
至元五年(1268)六月			C																										3 县	0.27
至元六年(1269)七月														E															1 县	0.09
至元七年(1270)五月						E																							1 县	0.09
至元十六年(1279)	《纪》云：保定等二十余路水旱风雹害稼																													
至元二十年(1283)八月			E																										1 县	0.09
至元二十二年(1285)七月																											A		1 州	0.19
至元二十四年(1287)九月						A			A	A				A															4 路	4
至元二十五年 12(1288)			E							E					E														3 县	0.27
至元二十六年夏(1289)		A												A		A													3 路	3

续表

元代纪年（公元）	大都路	保定路	真定路	顺德路	彰德路	怀庆路	卫辉路	河间路	永平路	兴和路	上都路	大名路	广平路	大同路	冀宁路	晋宁路	东平路	东昌路	济宁路	益都路	济南路	般阳路	曹州	濮州	高唐州	泰安州	德恩冠	宁海州	总计每年受灾路州府县数	约折合路数[a]
至元二十七年(1290)四、六月			E																		D								4县	0.36
至元三十一年（1294）四月	E		E																	E	E						E		7县	0.63
元贞元年(1295)七月										A																			1路	1
元贞二年(1296)五至八月				E		E									D	E													6县	0.54
大德元年(1297)六月															E														1县	0.09
大德二年（1298）二、八月	C				E																								1州2县	0.37
大德三年(1299)八月									A	C	A			A															3路1府	3.19
大德四年(1300)五月									A	A																			2路	2
大德八年（1304）五、八月										E	E			E	D														9县	0.81
大德九年(1305)六月										E	E			A	A	A													3路2县	3.18
大德十年(1306)七月											E																		1县	0.09
至大元年(1308)四月																				E	E	E							3县	0.27
至大二年(1309)三月														E	E								E						6县	0.54

续表

元代纪年（公元）	大都路	保定路	真定路	顺德路	彰德路	怀庆路	卫辉路	河间路	永平路	兴和路	上都路	大名路	广平路	大同路	冀宁路	晋宁路	东平路	东昌路	济宁路	益都路	济南路	般阳路	曹州	濮州	高唐州	泰安州	德恩冠	宁海州	总计每年受灾路州府县数	约折合路数[a]
至大三年(1310)四月			E											E		E	E												4县	0.36
至大四年(1311)闰七月														E															1县	0.09
皇庆元年(1312)四月					E							C																	1州1县	0.28
皇庆二年(1313)七月								E						E	C														1州2县	0.37
延祐元年(1314)五月										E				E															2县	0.18
延祐二年(1315)五月										E				A															1路1县	1.09
延祐三年(1316)五月	C																												1州	0.19
延祐六年(1319)六月														A															1路	1
延祐七年(1320)八月														A															1路	1
至治元年(1321)六、七月			A	A					A					C															3路1州	3.19
至治三年(1323)五月	E																												柳林行宫	
泰定元年(1324)五至八月	C										C			E	E														1州1府2县	0.56
泰定二年(1325)七月	C																												1州	0.19
泰定三年(1326)七、八月	E C		E						A																				1路1州4县	1.55

续表

元代纪年（公元）	大都路	保定路	真定路	顺德路	彰德路	怀庆路	卫辉路	河间路	永平路	兴和路	上都路	大名路	广平路	大同路	冀宁路	晋宁路	东平路	东昌路	济宁路	益都路	济南路	般阳路	曹州	濮州	高唐州	泰安州	德恩冠	宁海州	总计每年受灾路州府县数	约折合路数[a]
泰定四年（1327）六、七月			C		E									C	E														2州1府2县	0.75
致和元年（1328）五、六月			E		E				A				E		E														1路4县	1.36
天历二年（1329）八月									A						E														1路1县	1.09
天历三年（1330）七、八月	C	E	E						A				E																1路2州5县	1.83
至顺二年（1331）十二月															E														1县	0.09
元统二年（1334）二月											E																		东凉亭	
后至元四年（1338）四月								E																					八里塘	
至正二年（1342）五月																C	E												1州1县	0.28
至正八年（1348）八月																				E									1县	0.09
至正十年（1350）五月															E														1县	0.09
至正十一年（1351）四、五月					A										E														1路1县	1.09
至正十三年（1353）四月																				E									1县	0.09
至正十四年（1354）六月	C																												1州	0.19

续表

元代纪年（公元）	大都路	保定路	真定路	顺德路	彰德路	怀庆路	卫辉路	河间路	永平路	兴和路	上都路	大名路	广平路	大同路	冀宁路	晋宁路	东平路	东昌路	济宁路	益都路	济南路	般阳路	曹州	濮州	高唐州	泰安州	德恩冠	宁海州	总计每年受灾路州府县数	约折合路数[a]
至正十七年(1357)四月																					A								1路	1
至正十九年(1359)四、五月	C																			E									1州2县	0.37
至正二十年(1360)五月	E																												1县	0.09
至正二十一年(1361)五月																	A												1路	1
至正二十三年(1363)七月	A															E													1路1县	1.09
至正二十五年(1365)五月																		E											1县	0.09
至正二十六年(1366)六月															E														1县	0.09
至正二十七年(1367)五、七月															E					A									1路1县	1.09
各路雹灾年	14	2	13	2	6	3	0	3	7	10	7	2	2	17	17	8	3	1	1	6	5	2	1	1	1	1	2	0	37路18州4府108县	50

说明：

州县折合路州数标准：《元史·地理志一》中书省30路(直隶州)领140县、90州，州领192县。每路(直隶州)平均领县11.1，即平均11.1县折合1路(直隶州)，2.13县折合1路属州，5.21路属州折合1路(直隶州)。本表中的府折合路数等同于州。

第四章　元代北方蝗灾群发性、韵律性及救济预防措施

一、范围、概况、文献和方法

蝗灾是农业灾害之一，在今天仍会大面积发生。本章主要研究时段，从窝阔台汗即元太宗元年(1229)，到元顺帝至正二十八年(1368)，共140年，但探讨蝗灾韵律时，时段有所扩大；地理范围，包括中书省的30路和直隶州，河南行省的10路府，陕西、辽阳、察哈台后王封地的别失八里等地区，相当于今天新疆、陕西、宁夏、河北、山东、山西、河南、辽宁等省，京津二市及湖北汉水流域，江苏和安徽的淮河流域部分地区，即北纬32°～40°，东经89°～123°。

元代北方蝗灾的群发性和韵律性，前人和今人基本没有接触过这个问题。崇祯三年(1630)，徐光启《除蝗疏》提到元代蝗灾地区和除蝗法；1936年陈家祥《中国历代蝗患之记载》包括元代蝗灾史料(《民国二十四年浙江省昆虫局年刊》)。1965年生物学家马世骏说到一般发生地蝗灾“9～11年一遇”的周期性[①]，1993年满志敏教授引用此说，认为：“从蝗灾形成机理分析，可以推测蝗灾具有一定时间间隔的爆发特点”。但是在对1500—1900年黄淮海平原受灾50县以上的大蝗灾研究后，结论

① 马世骏等：《中国东亚飞蝗蝗区的研究》，20页，北京，科学出版社，1965。

是："从时间分布上看，黄淮海平原上蝗灾大爆发事件相隔 18～166 年，没有表现出明显的周期性特征……可以推测这种无明显周期性的蝗灾大爆发时间特征，在历史上其他时期内，也是存在的。因为在早期的文献记载中，也可发现这种蝗灾相对集中的例子……但也没有发现这种蝗灾的爆发有明显的周期性"[①]，肯定了历史时期蝗灾的无韵律性。1997 年于德源指出 13 世纪 90 年代至 14 世纪 30 年代大都路蝗灾比较频繁。[②]总之，元代北方蝗灾及其群发性和韵律性是个新课题，没有可以借鉴的直接成果。但由于本项研究涉及历史地理、灾害、生物、天文物理、气候等领域，而作者不可能是所有领域的专家，因此本书吸收了有关领域的研究成果。

文献的不足或缺失，是许多研究古代气候和灾荒的学者十分担心的问题。著名气候学家竺可桢说，历史气候记录"凡是首都所在地的区域，总特别被重视……从这类记录中来断定，从东汉到明清一千八百年的气候变迁，是很有问题的。但若加以适当的处理，仍可作为很有价值的资料"[③]。文献的这一特点，恰恰能够充分满足研究首都地区历史自然灾荒的需要，尤其是元代中书省和河南行省管辖的地区范围广大，记载越详尽，越有利于研究北方蝗灾问题。蝗灾记载的次数(包括年次和受灾的路府州县数量)越多，表示蝗灾的强度、频率、范围越大。换言之，可以将记载的蝗灾发生年数和受灾的路府州县五卫屯田数(折合为路)，作为蝗灾强度、频率和范围的量度单位。蝗灾是较严重的农业灾害，元朝十分重视预防蝗虫、灭蝗及救济，因此我们应该相信每条蝗灾记载的真实性。即数十个路府州县发生蝗灾，不会被记作几个州县；无蝗灾的年份，不会被记作有蝗灾。反之亦然。受灾路府州县数的记载多，表明无蝗灾的地区少。但要承认，文献记载的笼统模糊，也会给研究造成一定困难，这里略举一二例。文献中的蝗灾记载，有时以历史地理单位代

---

① 满志敏教授的研究，见邹逸麟主编：《黄淮海平原历史地理》第三章《黄淮海平原历史灾害》，91～94、41～42 页，合肥，安徽教育出版社，1993。

② 尹钧科、于德源、吴文涛：《北京历史自然灾害》，65 页。

③ 竺可桢：《竺可桢科普创作选集》，35 页。

替行政单位路府州县，因此，把历史地理单位转换成行政单位时，难免产生误差。有时文献会以既精确又笼统的语言记载蝗灾，如“至元十六年四月大都十六路蝗”，“至元二十七年河北十七郡蝗”，对于发生蝗灾的时间和发生蝗灾的总路数来说，这两条记载是精确的；而对于蝗灾的空间分布来说，这两条记载比较笼统。我们不能绝对准确地把16路和17郡坐实，只能接近真实。有时文献中的蝗灾记载，用的是模糊性词语，如“至元二十九年六月东昌、济南、般阳、归德等郡蝗”。在古汉语中，“等”既表示列举未完，又表示列举后煞尾，究竟是哪种意义，颇费斟酌，而文献中这样的记载比较多，为了研究的方便，作者规定“等”是列举后煞尾。

本章主要利用太阳黑子活动周期理论，探讨元代蝗灾韵律性的成因；在统计数字上，借鉴古气候学家竺可桢等研究历史气候时经常使用的绝对值方法，把《五行志》和各《本纪》、《列传》及元人文集中记载的蝗灾事件，包括年代、月份、路(府、直隶州)、州、县数，直接用来作为衡量这一时段蝗灾状况的量度，以探讨蝗灾的时空分布规律。凡文献记载有某年某月某地(路府州县)蝗灾的，统计为一年和一地(路府州县)。以州和县为单位记载的蝗灾折合为路。编成1264—1362年河南行省10路府蝗灾积年图(见图4-1)和1238—1362年中书省30路州蝗灾积年图(见图4-2)。中书省有53年发生蝗灾，受灾路州达340；河南行省35年蝗灾，受灾路府达61，二省合计受灾401路，即40路府州平均约受灾达4年次，这比三百多年前徐光启的统计要精确些。《除蝗疏》云：“《元史》：百年之间，载灾伤路郡州县几及四百。而西至秦晋，称平阳、解州、华州各二，称陇、陕、河中，称绛、耀、同、陕、凤翔、岐山、武功、灵宝者各一。大江以南，称江浙、龙兴、南康、镇江、丹徒各一，合之二十有二，于四百为二十之一耳。”[①]他的统计包括全国范围，受灾路府州数量偏小，不符合实际；又用不同政区单位统计蝗灾地区，是不合适的；而且所举几处蝗灾次数也不符合《元史·五行志一》的记载，如以陕

① 《徐光启集》卷五《屯田疏稿·除蝗第三》。

西省凤翔府岐山蝗灾而论，就有三次，具体地点是岐山，而不是整个凤翔府，把凤翔和岐山各做一次统计，也是不准确的。

二、蝗灾的空间分布及其群发性

元代北方蝗灾，在中书省及陕西、河南、辽阳各行省，察合台后王封地都有发生，但是蝗灾的路省分布不均衡。至元十九年(1282)别失八里部东三百余里蝗害麦，其地在今乌鲁木齐东北，这是《元史・五行志一》有关察合台后王封地仅有的一次蝗灾记载，而且是亚洲飞蝗。其他各省的蝗虫都是东亚飞蝗。辽阳行省蝗灾很少，《五行志一》和各《本纪》记载过辽阳行省发生的四次蝗灾：大德二年(1298)六月辽东道、大宁路金源县蝗，大德六年(1302)大宁路蝗，天历二年(1329)四月大宁路兴中州蝗，七月大宁路辽阳等郡属县蝗。陕西行省蝗灾也不多，《五行志》和各《本纪》记载陕西有八次蝗灾，即大德三年(1299)十月陇、陕蝗；致和元年(1328)、至正二十年(1360)和至正二十五年(1365)凤翔府岐山蝗灾，致和元年四月岐山蝗灾不仅造成本县麦无苗，而且在六月扩散到邻县武功；至大二年(1309)七月奉元路耀、同、华等州蝗；泰定四年(1327)奉元路蝗灾，至顺元年(1330)六月和次年(1331)七月，陕西奉元路的华州、蒲城和白水二县分别发生蝗灾，这三次蝗灾是从中书省的怀庆路，及河南行省汴梁路和河南府路的大片州县传播而来的。

从文献记载看，河南行省 10 路府发生的蝗灾，无论在发生的年份上，还是在受灾的路府数量上，都比陕西行省多。表 4-3 显示，河南行省 10 路府近百年中，有 61 路府发生蝗灾，每路府平均遭受蝗灾 6 年(次)。图4-1提供了 1264—1362 年河南行省 10 路府蝗灾积年图。受蝗灾最多的是汴梁路，17 年发生蝗灾。其次是归德府，14 年发生蝗灾。再其次是：淮安路 11 年，河南府路 10 年，南阳路 7 年。较少和最少的，安丰和汝宁二路各发生 5 年，高邮、襄阳和德安三路府分别为 3 年、2 年和 1 年发生蝗灾。如图4-3所示，蝗灾覆盖的路府比较广，最多

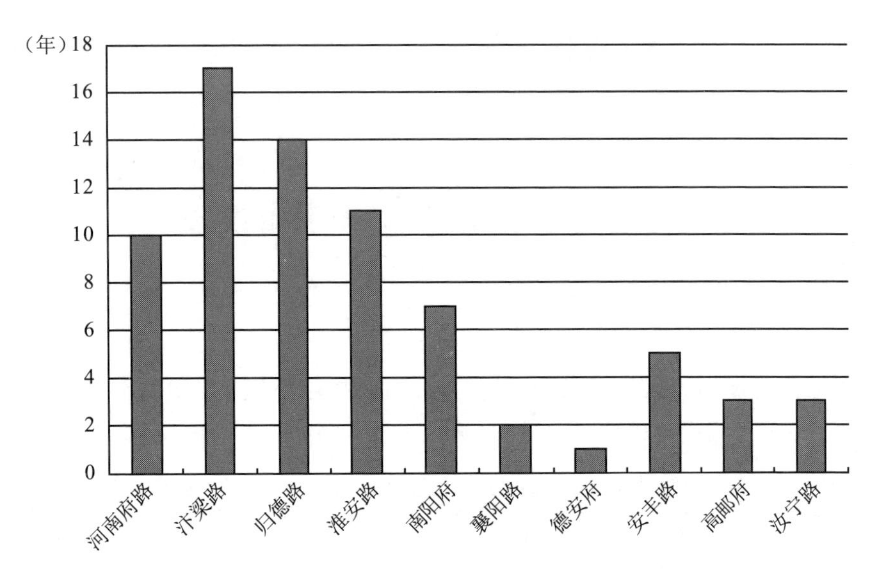

图 4-1　1264—1362 年河南行省 10 路府蝗灾积年

的是至元元年(1264)有 9 路受灾，其他如至元七年(1270)，大德五年(1301)，至大三年(1310)，泰定三年(1326)，天历三年(1330)，蝗灾覆盖的路府分别是 5 路，6 路，5 路，5 路，4 路。

中书省 30 路州受蝗灾的年数远远超过河南行省。表 4-4 显示，中书省 30 路州 125 年中，340 路发生蝗灾，每路州平均发生 11.3 年(次)蝗灾。图4-2是 1238—1362 年中书省 30 路州蝗灾积年图，遭受蝗灾最严重的是真定路，有 27 年蝗灾史，其次是大都、卫辉、河间、东平、济南等路，均有 20～25 年的蝗灾记录，保定、顺德、彰德、怀庆、大

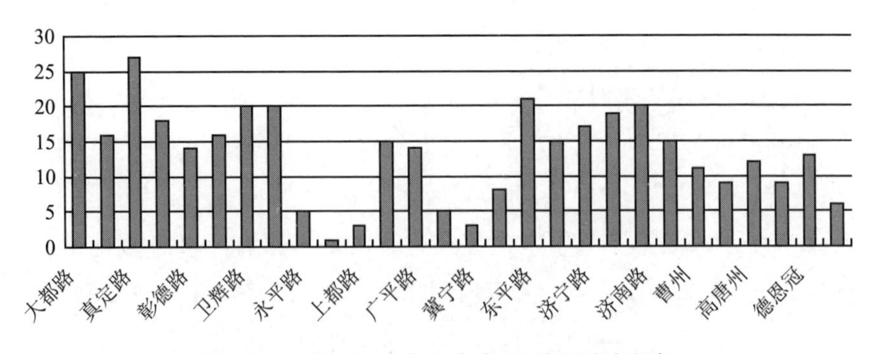

图 4-2　1238—1362 年中书省 30 路州蝗灾积年

名、广平、东昌、济宁、益都、般阳等路和曹、高唐等州，也有11～18年的蝗灾记载。这说明中书省30路州蝗灾频率和灾害程度，均超过河南行省；遭受蝗灾最严重的路州，均在今冀鲁京津等地，晋蒙很少，表现出中书省内明显的地区差异。至元元年(1264)蝗灾覆盖区域较大，“至元元年，北自幽燕，南抵淮汉，左太行，右东海，皆蝗”①；其次如至元十六年(1279)四月大都十六路蝗，二十七年(1290)四月河北十七郡蝗，等等。总之，从蝗灾在省级单位的分布看，中书省最多，其次是河南行省，陕西行省较少，辽阳行省最少，西北的别失八里的蝗灾记载只有一次。这是元代北方蝗灾的在省及行省之间分布的基本情况。

自然灾害常在某些地区相对集中的特点，称为自然灾害的群发性。② 大蝗灾也有群发性特点，一旦发生，受害地区绝不限于蝗灾的发生基地。马世骏等把现代中国东亚飞蝗蝗区分为三类，即发生基地，一般发生地(又称适生区)和临时发生地(又称扩散区)③；又根据蝗区的形态结构和形成原因，确定东亚蝗区的四个类型，即沿海蝗区、滨湖蝗区、河泛蝗区、内涝蝗区。东亚飞蝗的发生基地主要在沿海与湖滨，但一般发生地及扩散区，则以内涝区最大，有些内涝区甚至无发生基地。现代的蝗区研究为研究古代蝗灾的群发性提供了方法。

元代北方蝗区主要集中在六个地区：

1. 环渤海区，包括永平、大都、河间、济南、般阳、益都诸路的近渤海地区，众多河流入海或泛滥，减轻了土壤含盐量，轻盐土地区生长着蝗虫喜食的虾须草、盐蒿等植物，上述六路分别有5年、25年、20年、22年、15年和18年的蝗灾史。大都路的蓟、郭等州，益津、武清，河间路的靖海、南皮，济南路的滨、棣等州，益都路的淄、莱等州，博兴、临淄等县，都是蝗灾多发地区。特别是滨、棣、淄、博、莱往往单独发生蝗灾，是蝗灾发生基地。

---

① 《紫山大全集》卷四《捕蝗行并序》。

② 中国灾害防御协会、国家地震局震害防御司：《中国减灾重大问题研究》，46～49页，北京，地震出版社，1992。

③ 马世骏等：《中国东亚飞蝗蝗区的研究》，10页。

2. 环黄海区，包括中书省益都路胶、密、莒等州，河南行省淮安路涟、海、安东州，归德府徐、宿、邳等州，及高邮府盐城县，都是蝗灾发生基地。胶州，三次蝗灾，两次单独发生，一次与潍州昌邑县(渤海湾南岸)相连发生。密、莒等州，至元二年(1265)单独发生，至正十八年(1358)与附近地区相连发生。淮安路，大德三年(1299)和至大元年(1308)，两次单独发生蝗灾。徐、宿、邳等州，至元二年(1265)十二月和大德元年(1297)六月，两次单独发生蝗灾；至元十七年(1280)，与临近地区益都路沂州(黄海西岸)相连发生蝗灾。这些地区都是蝗灾发生基地，除了有适合蝗虫生长的气温植被等因素外，还有沿海荒地，姚演曾在涟海州进行屯田，说明这里有大片荒地。

3. 永定、滹沱河泛区及附近内涝区，包括保定、真定路，大都路毗邻保定路的地区，河间路的内地，冀宁路的忻州等地。图 4-2 显示，保定、真定、河间分别有 16 年、27 年和 20 年的蝗灾记载。真定单独发生蝗灾 8 年，河间、真定、保定、大都，同时发生蝗灾的有 8 年，凡是几路相连发生的，都是大发生时期。冀宁路 3 次蝗灾无一单独发生，均由其他地区扩散而来的。河流的滩地及白洋淀、五官淀、宁晋泊等周围，具有蝗虫生长的最适宜环境。徐光启认为“蝗生之缘必于大泽之旁”，万历庚戌年(万历三十年，1610)蝗灾时，“任邱之人，言蝗起于赵堡口；或言来从苇地，苇之所生，亦水涯”[①]。任邱，元时属河间路，地处白洋淀、五官淀西南，所言蝗灾起于水滨，当有一般意义。

4. 漳卫河河泛区及内涝区，包括顺德、广平、彰德、大名、怀庆、卫辉、濮七路州，晋宁路的潞州等。七路州分别有 9～20 年的蝗灾记载。其中，顺德、彰德各单独发生 3 年；大名和广平各单独发生 3 年和 4 年，主要是在二年内前后相继发生。这说明，顺德、彰德、大名、广平四路存在着蝗虫发生基地。彰德、怀庆、卫辉同时发生的有 8 年，大名、广平与上述四路同时发生的有 9 年，都是在蝗灾大发生期。蝗虫猖獗的至正十八年，“顺德九县民食蝗，广平人相食”。濮州单独发生一

① 《徐光启集》卷五《屯田疏稿·除蝗第三》。

次，其余都是与周围地区相连发生，说明其蝗虫多由其他地区扩散而来。

5. 黄河河道区，包括河南行省的河南府路、汴梁路，归德府的西部，中书省晋宁路的解州，陕西行省奉元路的同、华州。河南、汴梁、归德分别有 10 年，17 年和 14 年的蝗灾记载，汴梁单独发生的有 3 年，三路同时发生的有 4 年，三路多数蝗灾都与怀庆、卫辉同时发生，有时由河北扩散而来，如至正十九年(1359)八月“蝗自河北飞渡汴梁，食田禾一空”[①]，并向东扩散到淮安路，向西扩散到陕西奉元路。有时蝗灾自东向西扩散，如后至元三年(1337)七月，武陟县禾将熟，有蝗自东来[②]。

6. 运河河道区，包括济宁、东平、东昌、高唐、德、恩等路州，及益都路的滕州等地。济宁、东平、东昌、高唐分别发生 12～21 年的蝗灾，东平和东昌都单独发生过蝗灾，说明这里是蝗虫一般发生地。运河河道，自南而北，历经济宁、东平、东昌、高唐等，有蝗虫最适宜生长的环境。微山湖在至元十七年后(1280)以后被称为飞蝗发生的大薮。山阳湖在明朝是邹滕蝗灾大发生的源地[③]，由此推测，元代济宁路蝗灾与山阳湖有关。济州河和会通河的开通，是在至元二十年(1283)和二十六年(1289)，在济宁、东平、东昌间，汇集汶水和泗水，所以，在非蝗灾大发生时，这三路仍有蝗灾记载。

蝗灾在空间上的群发性，有多方面因素。徐光启说：“蝗生之地。臣谨按蝗之所生，必于大泽之涯：……必也骤盈骤涸之处，如幽涿以南，长淮以北，青兖以西，梁宋以东之地，湖巢广衍，旱溢无常，谓之涸泽，蝗则生之。历稽前代及耳目所睹记，大都如此。如他方被灾，皆所延及与传生者。”[④]所说幽涿以南等，相当于《元史》记载的北方大蝗灾分布地区。所说蝗生大泽之涯，包含着蝗虫生长要有适宜的水、干湿度

① 《元史》卷四十五《顺帝本纪八》。

② 《元史》卷三十九《顺帝本纪二》。

③ 《徐光启集》卷五《屯田疏稿·除蝗第三》。

④ 同上。

及植被等条件的意思。马世骏等《中国东亚飞蝗蝗区研究》研究了气候、地形、植被、土壤等与蝗虫地理分布的关系，这项研究可用以解释元代北方蝗灾群发性的成因，此不赘言。

三、蝗灾的时间分布及大蝗灾的韵律性

蝗灾频率，中书省和河南行省不均衡。表4-1显示，河南行省的10路府在1264—1362年的近百年中，总共有35年发生蝗灾，平均2.8年一次。有的年份能够成灾，甚至形成大灾，有的年份不成灾。如规定中书省和河南行省，凡是20%路府受灾的年份为基本成灾年，则中书省6路受蝗灾为基本成灾年，河南行省2路受蝗灾为基本成灾年。据此制订图4-3：河南行省10路府基本成灾年蝗灾面积。河南行省基本成灾年有11个，至元元年(1264)蝗灾最严重，90%的路府受灾；其次是大德五年(1301)，60%的路府受灾；再其次是至元七年(1270)、至大三年(1310)、泰定三年(1326)，均有50%的路府受灾，天历三年(1330)40%的路府受灾。

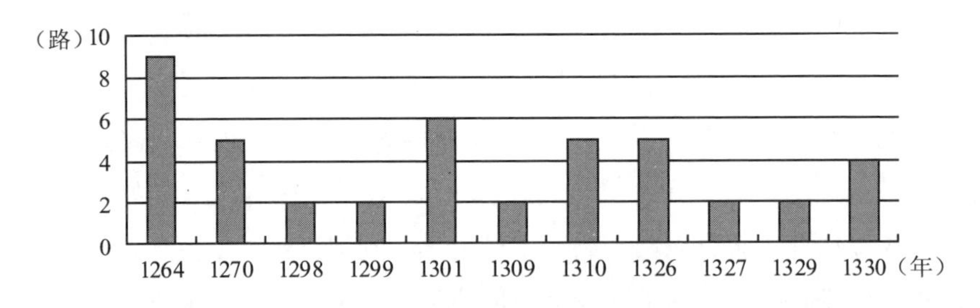

图4-3　1264—1362河南行省10路府基本成灾年蝗灾面积

中书省蝗灾频率比河南行省大得多。表4-2所示，中书省30路州在1238—1362年之间的125年中，发生蝗灾53年，平均2.3年一次，频率比河南行省大。图4-4是1238—1362年中书省30路州基本成灾年蝗灾面积。中书省的基本成灾年有21个，比河南行省多。受灾面积在20路以上，占总路州数量66%以上的蝗灾年，是窝阔台汗戊戌年

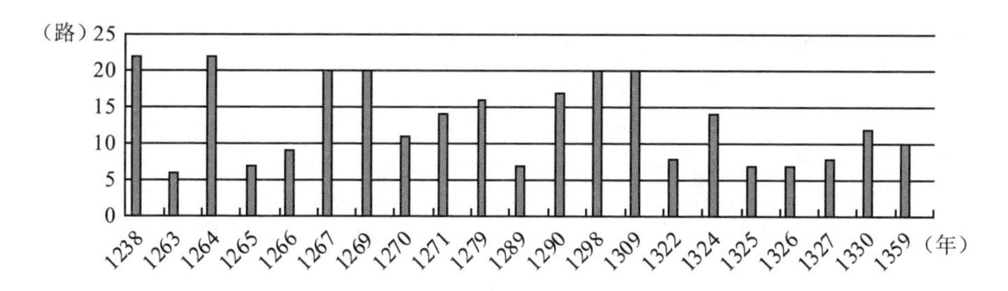

图 4-4　1238—1362 中书省 30 路州基本成灾年蝗灾面积

(1238)、至元元年(1264)、至元四年(1267)、至元六年(1269)、大德二年(1298)和至大二年(1309)。受灾路在 14～17 路，占总路数 46%～56%以上的蝗灾年，是至元八年(1271)、至元十六年(1279)、至元二十七年(1290)和泰定元年(1324)。

连续记载蝗灾最长的时段，一是从中统三年到至元八年(1262—1271)的 10 年，其中有 5 年蝗灾覆盖 15 路以上，可以称为中统-至元特大蝗灾；二是从延祐七年到至顺二年(1320—1331)的 12 年，其中有 4 年蝗灾覆盖 10 路以上，可以称为延祐-至顺特大蝗灾。没有蝗灾记载的最长时段，一是从窝阔台汗十一年(乙亥年)到中统二年(1239—1261)的 22 年，二是从后至元五年到至正十三年(1339—1353)的 15 年。大蝗灾在某些时段相对集中，某些时段根本没有蝗灾，见表 4-4。

自然灾害常在某些时段相对集中出现，某些时段根本没有；这种特点，称为自然灾害的韵律性。[①] 气候变迁和重大自然灾害的出现，具有一定的韵律性，这已成为许多灾害和古气候学者的共识。气候变迁，不仅有千年尺度上的跃变，而且大量存在百年及十年尺度上的跃变。[②] 大蝗灾有无韵律性，学者们有不同认识，生物学家马世骏认为一般发生地蝗灾有“9～11年一遇”的周期，满志敏教授认为历史时期黄淮海平原蝗灾大爆发事件“没有表现出明显的周期性特征”[③]。但是本书作者认为，

① 中国灾害防御协会、国家地震局震害防御司：《中国减灾重大问题研究》，46～49 页。

② 李克让主编：《中国气候变化及其影响》，236 页。

③ 满志敏教授的研究，见邹逸麟主编：《黄淮海平原历史地理》第三章《黄淮海平原历史灾害》，91～94 页，合肥，安徽教育出版社，1993。

元代北方蝗灾表现出明显的韵律性。

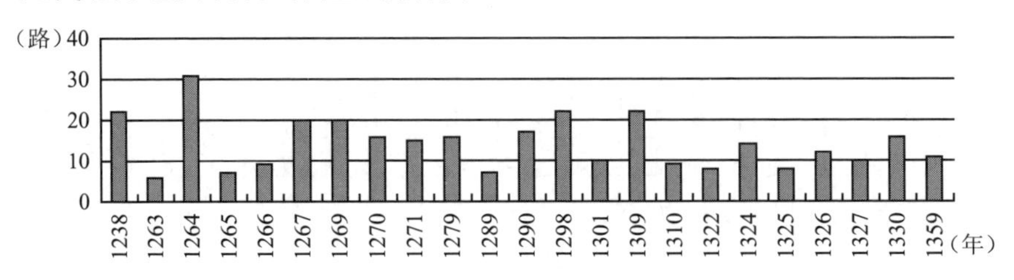

图 4-5　1238—1362 年中书省、河南行省 40 路州府 6 路以上蝗灾年及受灾面积

1238—1362 年间大蝗灾有 11 年左右和 60 年左右的周期性。图 4-5 是对中书省、河南行省 40 路府州大蝗灾年(6 路受灾，平均 50～60 县，占总路府州的 15%)及受灾路数量的统计，横坐标为公元纪年，纵坐标为受灾路府直隶州总量。大蝗灾年，在有些年份特别集中。从公元年的尾数看，9 为尾数的大蝗灾年有 5 次：1269 年、1279 年、1289 年、1309 年、1359 年；0 为尾数的蝗灾年有 4 次：1270 年、1290 年、1310 年、1330 年；以 8、7、6、5、4 为尾数的年份，各出现 2 次。从时间间隔看，从 1269 年、1270 年到 1279 年，从 1279 年到 1289 年、1290 年，从 1289 年、1290 年到 1298 年，从 1298 年到 1309 年、1310 年，都相距 11 年左右。从 1263 年、1264 年、1265 年、1266 年、1267 年到 1322 年、1324 年、1325 年、1326 年、1327 年，相距 60 年左右。11 年左右周期与现代生物调查的结论一致，1965 年马世骏指出，一般发生地蝗灾有“9～11 年一遇”[①]的特点。1238—1263 年相隔 23 年发生两次大蝗灾，但 22 年周期不明显。

大蝗灾的 11 年周期和特大蝗灾 60 年周期，也许可从太阳黑子活动 11 年周期和 61 年周期中找到解释。太阳黑子活动 11 年周期，又称施瓦贝周期。在每个 11 年周期的前 4 年，黑子不断产生，黑子数极大年，称为太阳活动峰年，在随后 7 年左右，黑子活动减弱，越来越少，黑子数极小年，称为太阳活动谷年。一个新周期的开始通常与一个老周期结

① 马世骏等：《中国东亚飞蝗蝗区的研究》，20 页。

束相重叠，有时重叠一年或一年以上。太阳黑子还有22年周期，又称海耳周期。[①]云南天文台丁有济等利用中国太阳黑子活动记录，得出太阳黑子活动年有61年左右周期，1258年和1316年，分别是两个60年周期的峰年。[②]当发现太阳黑子活动周期后，分析各种历史上的气象要素和太阳黑子活动11年周期的关系，成了19世纪后期日地关系研究的主流。[③]经过一个半世纪的研究，许多天气或气候现象，都可以从太阳黑子活动的11年和22年周期联系起来，其中11年周期已受到很大的注意，如Shaw曾指出，任何有11年周期的天气现象都可以与太阳黑子活动联系起来[④]；我国科学工作者也发现了气候和太阳黑子活动11年周期的关系。日地关系的研究为探讨元代大蝗灾韵律性的基本成因，奠定了科学基础。

元代北方大蝗灾与太阳黑子活动11年周期，有什么关系？根据丁有济等人的目视黑子峰年和英国天文家绍夫(D. J. Schove)1948年的太阳活动极值(极大或极小)时刻表[⑤]，制表4-1：元代蝗灾与太阳黑子活动关系对照表，括号中的年代是内插值。从该表可以看出，23个大蝗灾年中，有9年与太阳黑子活动峰年相吻合或接近，如1238年、1289年、1298年、1309年、1322年、1324年、1325年、1326年、1327；有9年与绍夫谷年相吻合或接近，如1267年、1269年、1270年、1271年、1290年、1301年、1310年、1330年、1359年。大蝗灾在太阳黑子活动极值附近所占的比例为78%，这说明大蝗灾与太阳黑子活动的极值有某种联系。

---

① J. R. Herman、R. A. Goldberg著，盛承禹、蒋窈窕、徐振韬译：《太阳·天气·气候》，6～7页，北京，气象出版社，1984。

② 徐振韬、蒋窈窕：《中国古代太阳黑子研究与现代应用》，212～216页，南京，南京大学出版社，1990。

③ 天文气象文集编委会编：《天文气象学术讨论会文集》，3页，北京，气象出版社，1986。

④ J. R. Herman、R. A. Goldberg著，盛承禹、蒋窈窕、徐振韬译：《太阳·天气·气候》，67～68页。

⑤ 徐振韬、蒋窈窕：《中国古代太阳黑子研究与现代应用》，212～216、173～184、216页。

这种联系就是大气环流、温度和降水。蝗虫生长的因素有地形、土壤、植被、天敌、人类活动等，还有气候因素如风或气流、温度和降水等，而太阳活动能够影响大气环流、温度和降水，从而最终影响昆虫和植物生长。据现代研究，北方 5～9 月的气温适中，5～6 月降水少，利于蝗虫生长。北纬 28°～39°地区，蝗虫一年生二代；南方 5～6 月大水对蝗虫有机械杀伤作用，南方的高温则抑制蝗虫生长。[①] 气候学者发现太阳黑子活动与我国各种时间尺度的大气环流振动存在一定联系，而大气环流又决定我国大范围的温度和降水，我国的气流、温度、降水，与太阳黑子活动 11 年周期存在着相关性。[②] 我国东部属季风气候区，季风环流有明显的季节变化，冬季受蒙古或西伯利亚高压和阿留申低压控制；夏季，印度低压北上东进，阿留申低压退缩，西太平洋副热带高压西进北上，澳大利亚高压盛行。上述大气活动中心的配置，使中国冬季盛行干冷的冬季风，夏季盛行湿热的夏季风，且由于它们的年际、十年际甚至更长时期的变化，导致中国气候的变化。[③] 春秋两季是两种环流形势的交替时间，当气候发生冷暖变化时，冬夏两种环流形势在势力上有所变化，交替的时间亦有所变化。满志敏教授通过对 1162—1224 年杭州风向的研究得出结论：1197 年以前蒙古或西伯利亚高压势力较强，且比较稳定地控制我国，春季减弱北退的时间较晚，秋季加强其南进的时间较早；1197 年以后蒙古高压势力减弱，北退提早，南进推迟；故 1197 年标志着 11 世纪和 12 世纪的寒冷与温暖的转折。[④] 太阳黑子活动与各种时间尺度的大气环流振动存在着一定的联系，1193 年是绍夫峰年，1194 年是目视黑子峰年，1197 年中国东部大气环流的变化，与太阳黑子活动 11 年周期变化密切相关，而太阳黑子活动周期变化直接影响温度和降水。元代存在着不少温暖表征，其主要特点是喜温作物种植

---

① 马世骏等：《中国东亚飞蝗蝗区的研究》，267 页。

② 李克让主编：《中国气候变化及其影响》，304 页。

③ 同上书，314 页。

④ 满志敏教授的研究，见邹逸麟主编：《黄淮海平原历史地理》第三章《黄淮海平原历史灾害》，41～42 页。

界北移。关于冬季温度与蝗灾的关系，满志敏教授的研究很有意义："冬季温度直接影响越冬虫卵的成活率，从而决定次年的虫口密度……蝗灾高峰值均不与寒冷的十年对应，而与温暖和偏向正常的十年相吻合。这说明了我国冬季温度与蝗灾爆发特征是有一定的关系。从蝗灾年与其前一年冬季的温度关系来看，蝗灾的爆发与冬季温度有着很好的对应关系……冬季温度偏高时，越冬虫卵成活率高，次年年内，容易形成蝗灾爆发。"[①]13 世纪我国气候转暖。从表 4-1 看出，元太宗十年(戊戌，1238)诸路旱蝗；定宗贵由汗三年即 1248 年草原"大旱，河水尽涸，野草自焚，牛马十死八九，人不聊生"，是典型的干暖气候，1249 年应该有大蝗灾，但是因"定宗崩后，议所立未决。当是时，已三岁无君。其行事之详，简策失书，无从考也"[②]，即使中原汉地有蝗灾，也不见记载，可以推测应当有大蝗灾；1265 年有暖冬迹象，1266 后和 1267 年就有大蝗灾；1269 年京师冬无雪，1270 年和 1271 蝗灾大发生；1276 年和 1278 年冬无雪，1279 年蝗灾大发生。这些证明元代几个暖冬与次年大蝗灾有较好的正相关，当然这个统计还需要扩大，才能更充分地证明这个结论。降水与太阳活动周期有比较复杂的关系，中纬度地区，太阳黑子活动 11 年周期和年降雨量之间的关系，在太阳黑子活动峰值年附近的雨量比之在谷值年附近少些，如美国最著名的干旱区高平原与中西部，自1800—1976年有 20～22 年重现一次干旱的明显趋势，并且连续 8 次干旱都出现在黑子负极大值后的极小值年份，这不纯粹由于地球原因，"美国干旱的发生和长周期太阳变化性之间存在真实的因果联系，这需要一个物理的解释"[③]。大量的统计表明，我国降水与太阳黑子活动有密切关系。对 1400—1900 年长江黄河流域 23 个站点旱涝指数和太阳黑子数的交叉谱分析表明：旱涝指数的 11 年、22 年和 88 年周期，

---

① 满志敏教授的研究，见邹逸麟主编：《黄淮海平原历史地理》第三章《黄淮海平原历史灾害》，41～42 页。

② 《元史》卷二《定宗本纪》。

③ J. R. Herman、R. A. Goldberg 著，盛承禹、蒋窈窕、徐振韬译：《太阳·天气·气候》，67～68 页。

与太阳黑子活动有较好的相关[1]。明清时期河北省干旱确实反映了太阳黑子活动 11 年周期[2]。以蝗灾、降水、水文、作物生长和丰歉作为确定特大旱、大旱、局地旱的指标时，发现元明清三代河南省平均每隔 12.4 年左右就出现一次大旱，并有 15 年和 50 年周期，而 11 年周期是太阳黑子活动 11 年周期的反映[3]，这暗示了元明清河南地区蝗灾有 12 年和 50 年周期。总之，上述结论，确认了元明清三代北方大旱与太阳黑子活动 11 年周期的相关性。学术界已承认大旱与大蝗灾有良好的统计关系，冬季温度偏暖，年内降水偏少而出现干旱时，就有可能形成连年大范围蝗灾。[4] 因此，可以说，元代北方大蝗灾的 11 年周期，通过与干旱的 11 年周期的对应关系，从而与太阳黑子活动的 11 年周期建立了很好的对应关系。

元代北方蝗灾还有 2 个 60 年周期，即从 1262—1271 年，再到 1320—1331 年连续蝗灾即延祐-至顺特大蝗灾，相差 60 年左右。如上溯 100 年即从金大定三年开始，则还有 2 个近 60 年周期。据《金史·五行志》，从 1163—1164 年中都以南八路连续两年特大蝗灾，到 1215—1218 年河南、陕西连续四年特大蝗灾，两次特大蝗灾相差 52～54 年；从 1215—1218 年，到 1262—1271 年连续蝗灾即中统-至元蝗特大灾，相差 47～53 年。这样从 1163—1368 年的 205 年中，就得到三个长周期，平均间隔 54 年。如果下推至明和清初，则又得到 6 个长周期，即 1372—1375 年(洪武五年至洪武八年)，1434—1442 年(宣德九年至正统七年)，1528—1529 年(嘉靖七年至嘉靖八年)，1615—1617 年(万历四十三年至万历四十五年)，1635—1641 年(崇祯八年至崇祯十四年)，1690—1691 年(康熙二十九至康熙三十年)，平均间隔 63.4 年。这样在

① 李克让主编：《中国气候变化及其影响》，217、236、304、314、303 页。

② 唐锡仁、薄树人：《河北省明清时期干旱情况的分析》，载《地理学报》，第 28 卷第 1 期，1962。

③ 萧廷奎等：《河南省历史时期干旱的分析》，载《地理学报》，第 30 卷第 3 期，1964。

④ 满志敏教授的研究，见邹逸麟主编：《黄淮海平原历史地理》第三章《黄淮海平原历史灾害》，41～42 页。

1163—1691 年之后的 528 年中，有 9 个大蝗灾时期，平均间隔 59 年。这或许可以从太阳黑子活动 61 周期中找到解释。目前在天文学上，从 2 世纪到 1912 年的太阳黑子活动 61 年周期已经得到确认，平均时间长度为 61 年，1196 年、1258 年、1316 年、1374 年、1437 年、1500 年、1564 年、1624 年、1677 年分别是 60 年周期的峰年①。特大蝗灾，在 61 周年峰值附近所占比例为 50%，这说明特大蝗灾的 60 年左右周期，与太阳黑子活动 61 年周期的正相关达到 50%。

表 4-1　元代蝗灾与太阳黑子活动关系对照表

目视黑子峰年	太阳黑子活动周期时间	周期长度	绍夫峰年（极大年）	绍夫谷年（极小年）	最高年强度	气候现象（《元史·五行志》及其他）	大蝗灾年
1238	1233—1244	11	1239	1233	M	1238 年秋诸路旱蝗	1238
（1248）	1244—1256	12	1249	1244	WM	1248 年大旱，河水尽涸，野草自焚，马牛十死八九，人不聊生	
1259	1256—1269	13	1259	1256	M	1265 年二月归德府徐宿邳蝗灾，属暖冬迹象 1269 年京师冬无雪	1263 1264 1265 1266 1267 1269
1276	1269—1282	13	1276	1269	M	1276 年和 1278 年冬无雪	1270 1271 1279
（1287）	1282—1291	9	1288	1282	M	1290 年“正月二十五日，钱塘博陆村大雪，雪下如顷”（《癸辛杂识续集》“雷雪”条）；“秋暑甚”（《水云村稿》卷一《养生赋》）	1289 1290
1297	1291—1301	10	1296	1291	W		1298

① 徐振韬、蒋窈窕：《中国古代太阳黑子研究与现代应用》，173～184 页。

续表

目视黑子峰年	太阳黑子活动周期时间	周期长度	绍夫峰年（极大年）	绍夫谷年（极小年）	最高年强度	气候现象（《元史·五行志》及其他）	大蝗灾年
1309	1301—1311	10	1308	1301	M		1301 1309 1310
1320	1311—1319	8	1316	1311	M	1312年大都檀蓟等州冬无雪，至春草木枯焦	
(1332)	1319—1332	13	1324	1319	M		1322 1324 1325 1326 1327 1330
1344	1332—1346	14	1337	1332	W		
1354	1346—1358	12	1353	1346	WM	1346年秋，1351年春彰德雨雪大寒，1351年河南密县3月大雨雪三尺	
1364	1358—1368	10	1362	1358	SS	1367年彰德3月寒甚于冬民多冻死，太原秋雨雪	1359

四、蝗灾的国家救济预防措施

蝗灾给元朝农业及赋税带来一定的威胁，如窝阔台汗即元太宗十年(戊戌，1238)陈时可、高庆民等言诸路旱蝗，诏免今年田租，仍停旧未输纳者，俟丰岁议之。[①] 其时蒙古国只占有北方，赋税来源全在于此，蝗灾使两年田租无收，赋税损失不轻。

国家有报灾、验灾、减税、赈济等政策，按损失程度减免地税，损

① 《元史》卷二《太宗本纪》。

八分以上全免，损七分者免所损，六分者全征。[1] 灾免差税和赈济米粟两大类，《元史·食货志二》明确记载以蝗灾而免者有：至元七年南京、河南旱蝗，减差徭十分之六；大德三年，以旱蝗，除扬州、淮安两路税粮；旱蝗往往相继发生，以旱免差税者必不在少数，其中必有以蝗而免者。以年饥而赈贷米粟中，必有以蝗而饥而赈者。

元朝人们已经知道用多种方法预防和治理蝗灾，如秋耕熟地、春天烧荒、人工扑打、以秃鹫捕食、溲种、推广种植抗蝗灾作物等。至元七年(1270)《农桑之制》十四条规定，“每年十月，令州县正官一员，巡视境内，有虫蝗遗子之地，多方设法除之”[2]，包括秋耕熟地，春烧荒坡大野，无草荒地捕除蝗子，盐草地内有蝗子，则申部定夺，广种豌豆，以腊月雪水煮马骨浸种[3]。以后在武宗至大三年(1310)和仁宗皇庆二年(1313)都重申秋耕，“复申秋耕之令，惟大都等路许耕其半。盖秋耕之利，掩阳气于地中，蝗蝻遗种皆为日所曝死，次年所种，必盛于常禾”[4]。现代实验证明深耕可防止飞蝗产卵，并使土中原有蝗卵失水或为天敌所食，是消灭内涝蝗区的有效措施。[5] 大德三年(1299)“扬州淮安管着地面里生了蝗虫呵，止打得其间五千有余”，禁止打捕秃鹫，使之捕捉蝗虫。[6] 大德十一年(1307)正月皇帝和中书省都重申有蝗虫遗子地，本路正官一员，州县正官一员，专一巡视本管地面，秋耕熟地、春天烧荒。[7] 官修《农桑辑要》提出溲种法使“禾稼不尽蝗”[8]。王桢认为宜推广种植抗蝗灾作物：“蝗之所至，凡草木叶靡有遗者，独不食芋桑与水中菱芡，宜广种此。”[9]秘书监藏书中，宋董煟《救荒活民书》29部，而

---

① 《元典章》卷二十三《户部九·灾伤·水旱灾伤随时检覆》。

② 《元史》卷九十三《食货志二》。

③ 《元典章》卷二十三《户部九·灾伤》。

④ 《元史》卷九十三《食货志二》。

⑤ 同上。

⑥ 《元典章》卷三十八《兵部五·打捕》。

⑦ 《元典章新集·农桑·虫蝗生发申报》。

⑧ 《农桑辑要》卷二《播种》。

⑨ 《农书》卷十《备荒论》。

《孝经》《春秋》《汉书》《通鉴》和《通志》各书，都只有 1 部。[①] 救荒书占 82%，经史类图书占 18%，可见元朝重视救荒类文献。农书和救荒书对预防消灭蝗灾都有指导作用。

政府多次派遣官员到各地组织人力督办捕蝗。从中统到顺帝后至元二年，国家一直派官督促灭蝗，他们对灭蝗很负责任，并且有灵活性。王磐于中统三、四年之间，“出为真定、顺德等路宣慰使……未几，蝗起真定，朝廷遣使者督捕，役夫四万人”[②]。胡祗遹在至元元年(1263)蝗灾大发生时奉命到济南捕蝗：“至元元年，北自幽燕，南抵淮汉，左太行，右东海，皆蝗，朝廷遣使四处捕蝗，仆奉命来济南，前后凡百日而绝。”[③]约至元二年，陈佑“改南京路治中。适东方大蝗，徐、邳尤甚，责捕至急。佑部民数万人至其地，谓左右曰：‘捕蝗虑其伤稼也，今蝗虽盛，而谷已熟，不如令早刈之，庶力省而有得’……即谕之使散去，两州之民皆赖焉”[④]。括户口也要服从捕蝗，“至元七年五月，尚书省奏括天下户口，既而御史台言，所在捕蝗，百姓劳扰，括户事宜少缓，遂止”[⑤]。至大二年(1309)六月，选官督捕蝗[⑥]，后至元二年七月“黄州蝗，督民捕之，人日五斗”[⑦]。

至元六年，北自幽燕，南抵淮汉，左太行，右东海，皆蝗。朝廷遣使四出掩捕。

至元元年(1263)，胡祗遹奉命到济南，蝗前后百余日而绝。胡祗遹在济南督捕蝗时作《捕蝗行》，详细描述了农民捕蝗的艰辛：

> 老农蹙额相告语，不惮捕蝗受辛苦。
> 但恐妖虫入田中，绿云秋禾一扫空。

① 《秘书监志》卷五。
② 《元史》卷一六〇《王磐传》。
③ 《秘书监志》卷五。
④ 《元史》卷一六八《陈佑传》。
⑤ 《元史》卷二〇五《阿合马传》。
⑥ 《元史》卷二十三《武宗本纪二》。
⑦ 《元史》卷三十九《顺帝本纪二》。

敢言数口悬饥肠，无秋何以实官仓。
奚待里胥来督迫，长壕百里半夜掘。
村村沟堑互相接，重围曲陷仍横截。
女看席障男荷锸，如强敌贼须尽杀。
鼓声摧扑声不绝，喝死弃容时暂歇。
枯肠无水烟生舌，赤日烧空火云裂。
汗土成泥尘满睫。上下杵声如捣帛。
一母百子何滋繁，聚如群蚁行惊湍。
嘉谷一叶忽中毒，芃芃枝干皆枯干。
……
田家一饱岂易求，今冬斗粟直三钱。
力回凶岁成丰年，公私仓廪两充盈，
大车小车输边兵①。

这不只反映了农民捕蝗的辛苦，也反映了国家发挥组织灭蝗的作用。胡祇遹还有《后捕蝗行》，描述蝗虫的繁殖及农民如何捕蝗：

飞蝗扑绝子复生，脱卵出土顽且灵。
有如臣贼捉群朋，群止即止行则行。
过坎涉水不少停，若奔期会趋远程。
开林越山忘险平，倍道夜走寂无声。
累累禾穗近秋成，利吻一过留枯茎。
生机杀机谁控衡，强粱捕取理亦明。
深堑百里中有坑，投躯一落不可升，
亿万锸杵敌汝勍，肝脑涂地如丘陵。
行人两月增臭腥。咄哉妖虫竟何能？
火云赤日劳群氓。②

① 《紫山大全集》卷四《捕蝗行》。
② 《紫山大全集》卷四《后捕蝗行》。

诗歌描述了蝗虫生子的繁盛，蝗虫对庄稼的损害，政府对捕蝗的重视。

因此，尽管元世祖至元到成宗大德年间都发生几次大蝗灾，但没有动摇国家的统治。顺帝至正十八、至正十九年的蝗灾范围，小于至元大德年间蝗灾，但破坏很大。“顺德九县民食蝗，广平人相食”，晋冀鲁豫交界的广大地区蝗虫连片成灾，河南汴梁路的州县，“皆蝗，食禾稼草木俱尽，所至蔽日，障人马不能行，填坑堑皆盈。饥民捕蝗以为食，或曝乾而食之。又罄，则人相食”，并且扩散到淮安，“淮安清河县飞蝗蔽天，自西北来，凡经七日，禾稼俱尽”①。蝗灾对元朝灭亡无疑起了加速作用。

五、结　论

元代北方蝗灾问题是个新课题，没有可以利用的直接成果。在利用历史文献基础上，本章借鉴并利用多学科的理论方法和成果，完成了对元代北方蝗灾的空间、时间分布及其群发性与韵律性的探讨。具体说，本章在以下几方面有所创新和突破：

在研究方法上，借鉴气候学的绝对值方法、现代生物学中蝗虫的地理区划、历史地理学中的12世纪和13世纪冷暖变迁和干旱周期研究成果、天文物理学的太阳黑子活动11年和61年周期理论等多学科知识及理论方法，使这项研究具有一定的科学基础。

在定量与定性方面，本章偏重于数量统计和定量分析。具体统计了元代中书省、河南行省及北方其他各行省的蝗灾年和受灾路府数量，绘制了一系列图表。对于从定量方面研究历史事件的时空特点，有积极意义。

在蝗灾省际分布方面，确立了蝗灾区，主要在今天河北、山东、河南，即环黄海渤海区、运河河道区、黄河河道区及永定河、滹沱河、漳

① 《元史》卷五十一《五行志二》。

卫河等地区。

在蝗灾时间分布上，有学者认为历史时期蝗灾无明显的周期性，但本章研究认为，元代北方大蝗灾表现出 11 年周期，特大蝗灾表现出 60 年周期的韵律性特点，并且在上溯与下推后，更长时段内的 60 年周期也得到一定的验证，而这又可从太阳黑子活动 11 年和 61 年周期理论方面做出解释。当然，特大蝗灾的 60 年周期在 1229—1368 年表现最明显，而对其他时期则应慎言。

以上是本章对元代北方蝗灾及其规律性的认识，但有些问题仍需继续探讨。78％的大蝗灾年在太阳活动极值年附近，极大年与大蝗灾年的正相关可以得到解释，而怎样解释极小年与大蝗灾的关系？蝗灾的 60 年周期与太阳活动的 61 年周期的相关性，现在只有 50％的对应关系，又怎样理解另外的 50％？随着天文物理学中太阳黑子活动周期以及与气候变迁关系的研究，相信这个问题在将来有可能获得更重大的突破，而本章只是进行初步的探讨。

此外，仍有些问题让人颇为困惑，这就是元代北方大蝗灾与干支纪年的关系问题。中统-至元特大蝗灾(1262—1271)，其干支纪年依次是壬戌、癸亥、甲子、乙丑、丙寅、丁卯、戊辰、己巳、庚午、辛未，从甲子起，是一个干支年的开始；延祐-至顺特大蝗灾(1320—1331)的干支年与前一次特大蝗灾的干支基本相同，为庚申、辛酉、壬戌、癸亥、甲子、乙丑、丙寅、丁卯、戊辰、己巳、庚午、辛未，从甲子起，又是另一个干支年的开始。大蝗灾主要集中在以己开头的蝗灾年，如己巳(1269)、己卯(1279)、己丑(1289)、己亥(1299)、己酉(1309)、己亥(1359)等。其次集中于以庚开头的年份，如庚午(1270)、庚辰(1280)、庚寅(1290)、庚子(1300)、庚戌(1310)、庚申(1320)、庚午(1330)等。是偶然的巧合？还是有一定的道理？尚需进一步思考。

表 4-2 1264—1362 年河南行省 10 路府蝗灾年及受灾路府数量表

元代纪年(公元)	河南府路	汴梁路	归德府	淮安路	南阳府	襄阳路	德安府	安丰路	高邮府	汝宁府	总计每年受灾路府州县数	约折合路数[b]
至元元年(1264)	A[a]	A	A	A	A	A	A	A		A	9	9
至元二年(1265)			B								3 州	0.66
至元七年(1270)[c]	A	A	B		B					C	2 路 14 州	5.13
至元八年(1271)			A								1 路	1
至元十七年(1280)			C	C							4 州	0.88
至元二十五年(1288)		A									1 路	1
至元二十九年(1292)			A								1 路	1
元贞元年(1295)		DC									2 州 3 县	0.68
元贞二年(1296)			A								1 府	1
大德元年(1297)			C								2 州	0.44
大德二年(1298)[d]				A				A			2 路	2
大德三年(1299)	C			A							1 路 1 州	2.22
大德四年(1300)			C					C			2 州芍陂	0.5
大德五年(1301)	A	C	A		CE	A		A	A	A	5 路 5 州 1 县	6.18
大德六年(1302)				A				E			1 路 1 县	1.08
大德九年(1305)				CE							2 州 1 县	0.52
大德十年(1306)	A										1 路	1
至大元年(1308)				A							1 路	1
至大二年(1309)		A							A		2 路	2
至大三年(1310)	A	A	A		A					A	5 路	5
至治元年(1321)		AE		E							1 路 3 县	1.24
至治二年(1322)		E									1 县	0.08
泰定二年(1325)			A								1 府	1
泰定三年(1326)		A		A	A				A	A	5 路	5
泰定四年(1327)	A				A						2 路	2
致和元年(1328)										E	1 州	0.22

续表

元代纪年(公元)	河南府路	汴梁路	归德府	淮安路	南阳府	襄阳路	德安府	安丰路	高邮府	汝宁府	总计每年受灾路府州县数	约折合路数[b]
天历二年(1329)		A		A							2路	2
天历三年(1330)	A	A			A						3路10以上县	4
至顺二年(1331)	D										3个县	0.24
后至元三年(1337)		E									1县	0.08
至正四年(1344)			CE								1州1县	0.3
至正十八年(1358)		E	E								2县	0.16
至正十九年(1359)		A		E							16县	1.3
至正二十一年(1361)	E	E									3县	0.24
至正二十二年(1362)		CD									1州和5县	0.63
总计每路受灾年	10	17	14	11	7	2	1	5	3	5	总计受灾路：61路	

说明：

本表据《元史・五行志》。

a. 蝗灾代用符号：1～2县发生蝗灾用E表示，3～7县发生蝗灾用D表示，路属州1～2州用C，路属州3州以上发生蝗灾用B，路及省直隶府州，用A。

b. 州县折合路府州数标准：《元史・地理志二》中河南省10路府领51县、26州，26州共领71县。县和州领县122，每路府平均领县12.2个，即平均12.2县折合1路府；2.73县折合1路属州，4.46路属州折合1路府。

c. 《元史・地理志二》载：汴梁路，"旧领归德府，延、许、裕、唐、陈、亳、邓、汝、颍、徐、邳、嵩、宿、申、郑、钧、睢、蔡、息、卢氏行襄樊二十州。至元八年，令归德自为一府，割亳、徐、邳、宿四州隶之；升申州为南阳府，割裕、唐、汝、邓、嵩、卢氏行襄樊隶之；九年，废延州，以所领延津、阳武二县属南京路，统蔡、息、郑、钧、许、陈、睢、颍八州，开封、祥符倚郭……二十五年，改南京路为汴梁路……三十年，升蔡州为直属汝宁府，属行省，割息、颍二州以隶焉"。所以，至元七年南京路蝗，反映在本表中，就不仅有汴梁路(南京路7州)，而且还有归德府4州、南阳7州、汝宁3州等。

d. 大德二年蝗灾范围，《元史・五行志一》"大德二年四月"条及《元史・成宗本纪二》大德二年四月和六月，都有记载，说法不一，不知何者为是。但三处都说到两淮，《元史・地理志二》河南行省淮西江北道肃政廉访司下有庐州路、安丰路、安庆路；淮东道宣慰司、江北淮东道肃政廉访司下有淮安路、高邮府、扬州路。如此，元代的两淮是指淮东和淮西，应该包括上述的五路一府，但本书统计河南蝗灾，限定范围为淮汉流域，即安丰路和淮安路。

表 4-3　1238—1362 年中书省 30 路州蝗灾年及受灾路州数量表

元代纪年（公元）	大都路	保定路	真定路	顺德路	彰德路	怀庆路	卫辉路	河间路	永平路	兴和路	上都路	大名路	广平路	大同路	冀宁路	晋宁路	东平路	东昌路	济宁路	益都路	济南路	般阳路	曹州	濮州	高唐州	泰安州	德恩冠	宁海州	总计路州县数	约折合路数[d]
太宗十年(1238)[a]	A	A	A	A	A		A			A	A	A	A	A	A	A	A	A	A		A		A	A	A	A	A		22 路	22
中统三年(1262)	A	A		A																									3 路	3
中统四年(1263)	A		A					A									A			A	C								6 路 2 州	6.38
至元元年(1264)	A	A	A	A	A	A	A	A				A	A				A	A	A	A	A	A	A	A	A	A	A	A	22 路	22
至元二年(1265)			A	A				A						A			A			A									7 路	7
至元三年(1266)	A	A	A			A		A	A				C				A			A	C A								9 路 2 州	9.38
至元四年(1267)			A	A	A	A	A	A				A		A			A	A	A	A	A	A	A	A	A	A	A	A	20 路	20
至至元五年(1268)																	A												1 路	1
至元六年(1269)[b]			A	A	A	A	A	A				A	A				A	A	A	A	A	A	A	A	A	A	A	A	20 路	20
至元七年(1270)																		A	A	A	A	C	A	A	A	A	A	A	11 路	11
至元八年(1271)	A	A	A	A	A	A	A	A			A	A				A				A	A	A							14 路	14
至元十年(1273)[c]	A	A	A	A	A	A	A	A			A	A				A				A	A	A							诸路虫螨灾五分	
至元十六年(1279)	A	A	A	A	A	A	A	A	A		A	A	A				A		A	A	A								16 路	16
至元十七年(1280)			A												C														1 路 1 州	1.19
至元二十二年(1285)	A	A						A											A	A									5 路	5

续表

元代纪年（公元）	大都路	保定路	真定路	顺德路	彰德路	怀庆路	卫辉路	河间路	永平路	兴和路	上都路	大名路	广平路	大同路	冀宁路	晋宁路	东平路	东昌路	济宁路	益都路	济南路	般阳路	曹州	濮州	高唐州	泰安州	德恩冠	宁海州	总计路州县数	约折合路数[d]
至元二十五年(1288)			A																										1路	1
至元二十六年(1289)			A			A							A				A	A	A	A									7路	7
至元二十七年(1290)			A	A	A	A	A	A				A					A	A	A				A	A	A	A	A		17路	17
至元二十九年(1292)																		A			A	A							3路	3
至元三十年(1293)	E		A													A						C							2路 1州 1县	2.28
至元三十一年(1294)	C																												1州	0.19
元贞二年(1296)			A		A							D A				A	E		E								E		4路 7县	4.63
大德二年(1298)			A	A	A	A	A	A				A	A				A	A	A	A	A	A	A	A	A	A	A	A	20路	20
大德四年(1300)				A														A	A										3路	3
大德五年(1301)			A	A		A	C						A																4路 1州	4.19
大德六年(1302)	A		A					A				A																	4	4
大德七年(1303)																	A			A	A								3	3
大德八年(1304)	E																			E					E				3县	0.27
大德九年(1305)	C							C A																					1路 3州 2县	1.75
大德十年(1306)	A	A	A					A																					4路	4
大德十一年(1307)		A	A	A				A																			A		5路	5

续表

元代纪年（公元）	大都路	保定路	真定路	顺德路	彰德路	怀庆路	卫辉路	河间路	永平路	兴和路	上都路	大名路	广平路	大同路	冀宁路	晋宁路	东平路	东昌路	济宁路	益都路	济南路	般阳路	曹州	濮州	高唐州	泰安州	德恩冠	宁海州	总计路州县数	约折合路数[d]
至大元年(1308)		A	A													A													3路	3
至大二年(1309)	C	A	A	A	A	A	A	A				A	A			C	A	A	A	A	A	A	A	A	A	A			19路 4州 6县	20.3
至大三年(1310)			E	A	A	A	C	E				E	E				E	E			E				A		D		5路 2州 14县	6.64
皇庆元年(1312)					E																								1县	0.09
延祐七年(1320)	A																			A									1路及卫屯	1.5
至治元年(1321)	C						A A																					A	2路 1州	2.19
至治二年(1322)	A	A		A				A											A	A				A					7路	7
至治三年(1323)		E	A																										1路 1县	1.09
泰定元年(1324)	A	A	A	A	A		A	A				A	A				A	A	A	A		A							14路	14
泰定二年(1325)					A			A										E A			E A	E	A	A			A		7路 1县	7.09
泰定三年(1326)	A	C D	C	A		C A			A			A	A				E												6路 3州 4县	6.93
泰定四年(1327)	E A	A				A	A	A											A	D	A						A A		8路 3县	8.27
致和元年(1328)	C								E																				1州 1县	0.28
天历二年(1329)			A			E			A											E									2路 3州	2.57

续表

元代纪年（公元）	大都路	保定路	真定路	顺德路	彰德路	怀庆路	卫辉路	河间路	永平路	兴和路	上都路	大名路	广平路	大同路	冀宁路	晋宁路	东平路	东昌路	济宁路	益都路	济南路	般阳路	曹州	濮州	高唐州	泰安州	德恩冠	宁海州	总计路州县数	约折合路数[d]
天历三年(1330)	B A	A				A	C A	A				A	A			A C	A		A A	C A	A A	A A		A	A		A A		11路 5州	11.95
至顺二年(1331)								E								E C													1府 2县	0.34
后至元三年(1337)						A																							1路	1
后至元五年(1339)																				E									1县	0.09
至正十七年(1357)																		E											1县	0.09
至正十八年(1358)	C A			A									A							D									3路 4县	3.36
至正十九年(1359)	C		A		A	A	A	E						A	A	B	D	A		D									7路 6州 21县	10.03
至正二十年(1360)																				E									2县	0.18
至正二十一年(1361)							A																						1路	1
至正二十二年(1362)							A																						1路	1
总计每路蝗灾年	27	18	27	18	14	18	18	23	5	1	3	15	13	4	5	6	21	16	17	25	17	12	10	11	12	9	13	6	总计受灾路：340	

说明：

a. 《元史》卷二《太宗本纪》载，太宗十年八月，“陈时可、高庆民等言诸路旱蝗，诏免今年田租，仍停旧未输纳者，俟丰岁议之”。按太宗二年(1230)十月始置十路征收课税使，十路为燕京、宣德、西京、太原、平阳、真定、东平、北京、平州、济南。陈时可使燕京，高廷英使平阳。《地理志一》云兴和路在金朝属西京，那么西京路蝗，西京当包括兴和路。元初真定路总管府领中山府，赵、邢、洺、磁、濬滑、相、卫、祈、威、完十一州。后来从真定路割九州分隶于广平、大名、保定、顺德、彰德、卫辉等。太宗十年的真定路蝗，应该包括广平、大名、保定、顺德、彰德、卫辉等。《地理志一》云东昌路、济宁路元太宗七年属东平府，单州元初属济州，曹州、濮州、高唐州、泰安州、德州等，元初隶东平府，因此太宗十年东平路蝗，其地理范围包括东昌、济宁、曹州、濮州、泰安州、高唐州、德州等路州。所以表中，太宗十年诸路旱蝗的蝗灾分布地区，要比太宗二年的 10 路范围更广。

b.《紫山大全集》卷四《捕蝗行并序》载："至元元年，北自幽燕，南抵淮汉，左太行，右东海，皆蝗，朝廷遣使四处捕蝗，仆奉命来济南，前后凡百日而绝"。

c.《元史》卷八《世祖本纪五》"是岁，诸路虫螟灾五分"，确定中书省南部十路。

d. 州县折合路州数标准：《元史・地理志一》中书省 30 路(直隶州)领 140 县、90 州，州领 192 县。每路(直隶州)平均领县 11.1，即平均 11.1 县折合 1 路(直隶州)，2.13 县折合 1 路属州，5.21 路属州折合 1 路(直隶州)。同年二次蝗灾，只记严重的一次。

表 4-4　1238—1362 年中书省 30 路州蝗灾年次月次及其与旱灾关系表

	大都路	保定路	真定路	顺德路	彰德路	怀庆路	卫辉路	河间路	永平路	兴和路	上都路	大名路	广平路	大同路	冀宁路	晋宁路	东平路	东昌路	济宁路	益都路	济南路	般阳路	曹州	濮州	高唐州	泰安州	德恩冠	宁海州
各路蝗灾年次	27	18	27	18	14	18	18	23	5	1	3	15	13	4	5	6	21	16	17	25	17	12	10	11	11	9	13	6
各路蝗灾月次	41	19	30	21	15	21	22	28	5	1	3	17	17	4	5	6	22	17	20	31	20	16	12	13	13	11	15	7
与旱灾同年发生的蝗灾年次	9	3	9	4	0	1	2	5	2	0	0	2	2	1	1	1	3	1	1	4	0	1	0	0	0	0	0	0
单独发生蝗灾的年次	18	15	18	14	14	17	16	18	3	1	3	13	11	3	4	5	18	15	16	21	17	11	10	11	11	9	13	6

表 4-5　1238—1362 年中书省 30 路州蝗灾月、季统计表

	大都路	保定路	真定路	顺德路	彰德路	怀庆路	卫辉路	河间路	永平路	兴和路	上都路	大名路	广平路	大同路	冀宁路	晋宁路	东平路	东昌路	济宁路	益都路	济南路	般阳路	曹州	濮州	高唐州	泰安州	德恩冠	宁海州	总计	各季所占全年百分比
1～3 月	3			1																2		1							7	1.5
4～6 月	20	11	13	13	9	9	10	16	2		2	11	9		1	2	14	10	11	16	10	8	8	6	9	7	8	3	238	52.3
7～9 月	12	5	13	4	3	8	8	8	2			4	6	1	1	2	3	3	6	7	6	5	2	4	2	2	5	2	124	27.2
10～12 月	2	1					1												1	2	1							1	9	1.9
月、季不明	6	2	4	3	3	4	3	4	1	1	1	2	2	3	3	2	5	4	3	4	3	2	2	3	2	2	2	1	77	16.9
总　计	43	19	30	21	15	21	22	28	5	1	3	17	17	4	5	6	22	17	21	31	20	16	12	13	13	11	15	7	455	

表 4-6　1159—1226 年太阳黑子活动与水旱灾害表

目视黑子峰年	太阳黑子活动周期时间	周期长度	绍夫峰年（极大年）	绍夫谷年（极小年）	最高年强度	大中范围水旱灾年	大蝗灾年
1159	1155—1167	12	1160	1155	MW		1157 1163 1164
1171	1167—1180	13	1173	1167	MS	1176 年北方十路旱	1176
1185	1180—1190	10	1185	1180	MS		1182
1194	1190—1199	9	1193	1190	M		
1202	1199—1212	13	1202	1199	SS		1208
1214	1212—1224	12	1219	1212	M		1216 1218
1226	1224—1233	9	1228	1224	M		1226
1372			1372				
1382			1382				
1392			1391				
1402			1402				

说明：

《金史·五行志》载：海陵王正隆二年丁丑(1157)六月蝗飞入京师。秋，中都、山东、河东蝗。

金世宗大定三年癸未(1163)三月，中都以南八路蝗。

金世宗大定四年甲申(1164)八月，中都南八路蝗飞入京师。

十六年丙申(1176)，中都、河北、山东、陕西、河东、辽东等 10 路旱蝗。

二十二年壬寅(1182)，庆都蝗喙生，散漫十余里，一夕大风，蝗皆不见。

金章宗泰和八年戊辰(1208)河南路蝗。

宣宗贞祐三年乙亥(1215)河南大蝗；四年丙子(1216)河南陕西大蝗；宣宗兴定元年丁丑(1217)宫中有蝗；二年戊寅(1218)河南诸郡蝗。哀宗正大三年丙戌(1226)，旱蝗。

表 4-7　1238—1368 年太阳黑子活动与水旱灾害表

目视黑子峰年	太阳黑子活动周期时间	周期长度	绍夫峰年(极大年)	绍夫谷年(极小年)	最高年强度	周数	大中范围水灾年	大中范围旱灾年	大蝗灾年
1238	1233—1244	11	1239	1233	M	单周		1238(近峰 1 年)	1238
1248	1244—1256	12	1249	1244	WM	双周		1248(近峰 1 年)	
1259	1256—1269	13	1259	1256	M	单周	1264(峰谷之间) 1268(近谷年)	1263(近峰 4 年) 1265(近谷 4 年)	1263 1264 1265 1266 1267 1269
1276	1269—1282	13	1276	1269	M	双周	1272(近峰 4 年) 1273(近峰 3 年) 1276(峰年) 1280(近峰 4 年)	1270(近谷年) 1280(近峰 4 年) 1282(谷年)	1270 1271 1279
1287	1282—1291	9	1288	1282	M	单周	1283(近谷年) 1285(峰谷之间) 1287(近峰年) 1288(峰年) 1289(近峰年)	1285(近谷年)	1289 1290
1297	1291—1301	10	1296	1291	W	双周	1296(峰年) 1297(近峰年)	1295(近谷年) 1296(峰年) 1297(近峰年)	1298
1309	1301—1311	10	1308	1301	M	单周	1301(谷年) 1302(近谷年) 1303(近谷年) 1307(近峰年) 1308(峰年)		1301 1309 1310
1320	1311—1319	8	1316	1311	M	双周	1311(谷年) 1319(谷年)		

续表

目视黑子峰年	太阳黑子活动周期时间	周期长度	绍夫峰年(极大年)	绍夫谷年(极小年)	最高年强度	周数	大中范围水灾年	大中范围旱灾年	大蝗灾年
1332	1319—1332	13	1324	1319	M	单周	1321(近谷年) 1322(近峰年) 1323(近峰年) 1324(峰年) 1325(近峰年) 1326(近峰年) 1327(近峰年) 1328(峰谷之间) 1329(近谷年) 1330(近谷年) 1331(近谷年)	1323(近峰年) 1326(近峰年) 1327(近峰年) 1328(峰谷之间) 1329(近谷年)	1322 1324 1325 1326 1327 1330
1344	1332—1346	14	1337	1332	W	双周	1334(近谷年) 1344(近谷年)	1334(近谷年) 1336(近谷年) 1340	
1354	1346—1358	12	1353	1346	WM	单周	1346(谷年)	1347(近谷年)	
1364	1358—1368	10	1362	1358	SS	双周			1359
							谷年4次，近谷年10次，峰年5次，近峰12次，单周24次，双周10次	谷年1次，近谷年7次，峰年1次，近峰年9次，单周10次，双周10次	

第五章　元代华北蝗灾时聚性与重现期及与太阳黑子活动的关系[①]

蝗灾是农业灾害之一，以华北地区最为严重，至今仍有大面积发生的情况。在过去几十年里，我国的蝗灾呈明显减少的趋势，这通常被认为是我国经过数十年的努力而使蝗灾受到了有效控制。[②] 但 2000 年蝗灾在我国北方的再次大规模爆发提醒人们，蝗灾的问题似乎并非如此简单。人们在对此现象进行解释时，较多地注意了蝗虫抗药性的增强，而对蝗灾发生本身存在着时轻时重的自然规律，缺乏足够的重视。

前人的研究表明，蝗灾具有一定时间间隔的爆发特点，现代一般发生地大蝗灾最大间隔为 9～11 年、最小间隔为 4～5 年[③]，历史上的蝗灾的发生时间相对集中，但没有发现有明显的周期性[④]。

根据元代北方蝗灾的历史记载，前一章初步讨论了我国北方蝗灾在空间上的群发性和在时间上的韵律性特点[⑤]，本章在此基础上对元代蝗灾随时间变化的特点及其与太阳黑子活动的关系做进一步的讨论。

根据元代蝗灾的历史记录，分析了 1238—1364 年华北地区蝗灾的变化特点发现，元代蝗灾在各时间尺度上，均呈现出显著的时聚性与

---

① 本章由王培华、方修琦教授合作完成，曾发表于《社会科学战线》，2002(4)，发表时图有删节。

② 张丕远主编：《中国自然灾害》，235 页，北京，学术书刊出版社，1990。

③ 马世骏主编：《中国东亚飞蝗蝗区的研究》，20 页。

④ 邹逸麟主编：《黄淮海平原历史地理》，91～94 页。

⑤ 王培华：《试论元代北方蝗灾群发性韵律性及国家减灾措施》，载《北京师范大学学报(社会科学版)》，1999(1)。

周期性发生的特点。11年左右的大蝗灾发生周期和60年左右的特大蝗灾周期，与太阳黑子的11年周期和61年周期相当，且大蝗灾与重大蝗灾，均发生在从太阳黑子活动极大年到极小年的时段内。上述特点，值得在当前认识华北地区蝗灾的生消变化时，作为参考。

一、资料与方法

本章主要研究时段，从窝阔台汗即元太宗元年(1229)，到元顺帝至正二十八年(1368)，共140年；研究的地理范围，包括中书省的30路和直隶州，河南行省的10路府，相当于今河北、山东、山西、河南、京津二市，及湖北汉水流域，江苏和安徽的淮河流域部分地区，与广义的华北地区基本相当。

有关蝗灾事件记载摘录自《五行志》《本纪》《列传》及元人文集，包括年代、月份、路(府、直隶州)、州、县数等。蝗灾在元代是较严重的农业灾害，元朝十分重视预防蝗虫、灭蝗及救济，因此有较详细的记载。元朝的灾伤申检制度，使文献中蝗灾记载的真实性是可信的，即数十个路府州县发生蝗灾不会被记作几个州县，无蝗灾的年份不会被记作有蝗灾。特别是元代以大都城(今北京)为首都，历史气候记录“凡是首都所在地的区域总特别被重视”(竺可桢)，临近首都的中书省和河南行省，其蝗灾记载也较详尽，有利于华北方蝗灾问题的研究。当然，文献记载的笼统模糊也会给研究造成一定困难。如“至元十六年四月大都十六路蝗”，“至元二十七年河北十七郡蝗”，这两条记载的时间是精确的，但空间的记载则比较笼统，需要根据相关资料去推断。又如“至元二十九年六月东昌、济南、般阳、归德等郡蝗”。在古汉语中，“等”既表示列举未完，又表示列举后煞尾，究竟是哪种意义，颇费斟酌，而文献中这样的记载比较多，本章按列举结尾处理。

根据元代的灾害申检制度，作物损失5～10分的灾害国家要全部或部分免除税粮，作物损失1～4分的灾害国家要全部征收税收，史书所记载的蝗灾实际上是指前者，后者在史书中不会记载。[①]

根据史书记载，凡记有某年某月某地(路府州县)蝗灾的，统计为一年和一地(路府州县)。对照省内平均每路所领的州县数，将以州和县为单位记载的蝗灾折合为路。以记载的蝗灾发生年数和受灾的路府州县数(折合为路)，作为蝗灾强度、频率和范围的量度单位，分别得到1238—1362年中书省30路州蝗灾序列和1238—1362年河南行省10路府蝗灾序列，将两序列合并得到华北40路蝗灾序列。

各年蝗灾的规模有明显差别，规定凡是20%以上路受灾的年份为大蝗灾年，40%以上路受灾的年份为重大蝗灾年。即中书省6路以上受蝗灾为大蝗灾年，12路以上为重大蝗灾年；河南省2路以上受蝗灾为大蝗灾年，4路以上为重大蝗灾年；华北8路以上受蝗灾为大蝗灾年，16路以上为重大蝗灾年。按以上规定，对各类蝗灾进行统计。

二、蝗灾的变化特点

对元代华北地区蝗灾分布的统计结果表明(见表5-1)，1238—1362年的125年中，中书、河南两省共有59年发生蝗灾，平均2.12年发生一次，其中大蝗灾年有20年，且有10年达重大蝗灾年水平；累计受灾路数达423路，平均每路受灾10.58次。在1264—1362年的近百年中，河南行省的10路府总共有35年发生蝗灾，平均2.8年一次，累计受灾路数达61路，平均每路受灾6.1次；大蝗灾年有11个，其中重大蝗灾年有6个，至元元年(1264)蝗灾最严重，90%的路府受灾。在与河南省时段相当的1262—1362年期间，中书省30路州发生蝗灾54年，平均1.84年一次，累计受灾路数为340路，平均每路受灾11.33次；大蝗灾年有22个，其中重大蝗灾年11个；受灾面积在20路以上，即占总

① 王培华：《试论元代北方蝗灾群发性韵律性及国家减灾措施》，载《北京师范大学学报(社会科学版)》，1999(1)。

路州数量2/3以上的蝗灾年有至元元年(1264)、至元四年(1267)、至元六年(1269)、大德二年(1298)和至大二年(1309)。因此，中书省的蝗灾明显较河南行省发生的频率高、范围广、灾情重。

表5-1　元代华北地区蝗灾的分布

地　区	路数	时段(年)	蝗灾年数	发生频率(年/次)	大蝗灾年数	重大蝗灾年数	累计受灾路数	路平均受灾次数
中书省	30	1238 (1262)—1362	55 (54)	2.27 (1.84)	23(22)	12(11)	362 (340)	12.07 (11.33)
河南行省	10	1264—1362	35	2.83	11	6	61	6.1
华北地区	40	1238 (1262)—1362	59 (58)	2.12 (1.74)	20(19)	10(9)	423 (401)	10.58 (10.25)

(一)蝗灾发生的时聚性

自然灾害的时聚性是指灾害在一定时段内集中发生的特点，元代蝗灾的时间分布在各时间尺度上均呈现出显著的时聚性(见图5-1)。

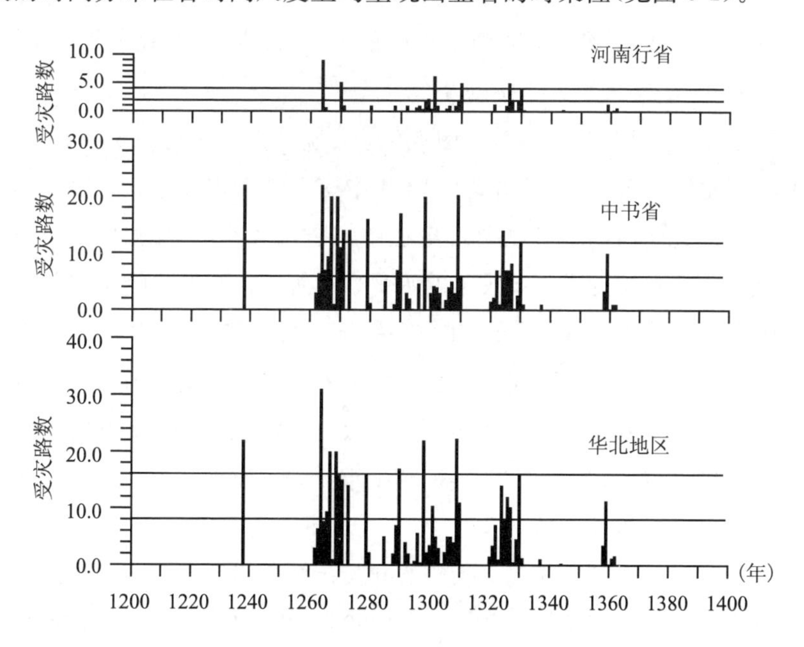

图5-1　华北地区元代蝗灾的变化

华北地区1238—1362年发生的59次蝗灾年中有49年分布在1262—1331年的70年中，期间每10年中有7年发生蝗灾。而在其前的1239—1261年和其后的1332—1356年两个20多年的时段中基本无蝗灾发生。

1262—1331年的蝗灾进一步集中在4个时段。1262—1331年发生的49次蝗灾有48次发生在1262—1273年、1279—1310年和1320—1331年。根据蝗灾发生的规模和空间分布特点，1279—1310年可进一步分为3个时段：1279—1290年蝗灾主要发生在中书省，3次达到大蝗灾年水平，其中有2次达到重大蝗灾水平；1291—1297年两省各发生4次蝗灾但均未到达大蝗灾年的水平；1298—1310年两省均蝗灾频繁，华北地区4次达大蝗灾年水平，其中2次达重大蝗灾年水平。

从整体看，1262—1273年、1279—1290年、1298—1310年和1320—1331年4个时段的48年中共发生蝗灾42次，1262—1271年、1298—1310年及1320—1331年每年都有蝗灾发生；4个时段包括了华北地区1238—1362年59个蝗灾年中的42个，20个大蝗灾年中的18个，以及10个重大蝗灾年中的9个。

在以上4个时段中，有2个时段蝗灾最严重。一是1262—1271年(中统-至元特大蝗灾)，华北地区12年中有7个大蝗灾年，其中4个重大蝗灾年。此阶段的蝗灾主要发生在中书省，12年中出现9个大蝗灾年，其中有5年达到重大蝗灾年的水平，大蝗灾持续发生的年数分别达5年和3年。二是1320—1331年(延祐-至顺特大蝗灾)，中书、河南两省均十分显著，但灾情较前者轻；12年中，中书省有6个大蝗灾年，其中2个重大蝗灾年；河南行省有4个大蝗灾年，其中2个重大蝗灾年；华北地区的大蝗灾年有5年，其中重大蝗灾年为1个。

(二)蝗灾的重现周期

华北地区的大蝗灾年与重大蝗灾年发生的年份有明显的规律性。华北地区的20个大蝗灾年份中，除1263—1267年、1273年和1324—1327年间的8次外，其余的均发生在公元纪年的尾数为0±2年的年份里，而在尾数为9和尾数为0的年份尤其集中，各有4次，尾数为8为

2次，尾数为1和2的各1次(见图5-2)。除1238年和1359年外，尾数为0±2的年份还包括1262—1321年的1269—1271年、1279年、1290年、1298年和1301年、1309年和1310年、1330年，如果把在中书省达到大蝗灾年水平的1322年计算在内，华北地区在1262—1321年每隔10～11年出现1次大蝗灾年，且发生在每个公元纪年尾数为0±2的年份里。上述11年左右的周期与现代发现的大蝗灾“9～11年一遇”的特点相吻合。①

另一个值得注意的现象是，1262—1273年与1320—1331年两个特大蝗灾段的时间间隔为60年左右。公元纪年的尾数不是0±2的8个大蝗灾年份均集中在这两个特大蝗灾段内，时间相差60年左右。在资料所覆盖的时段内，1238年和1298年，1302年和1359年等几个大蝗灾年的时间间隔也是60年左右。

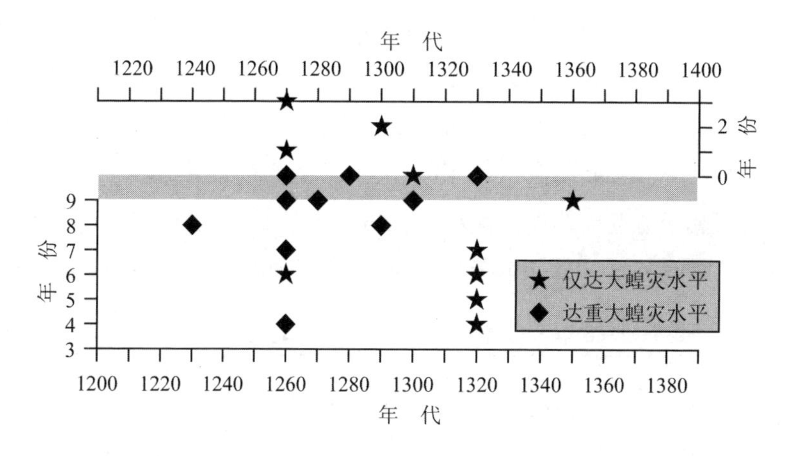

图5-2　大蝗灾年份(公元纪年)的尾数分布特征

(三)蝗灾的重现周期与太阳黑子活动周期的关系

太阳活动最为熟知的是11年左右的太阳黑子活动周期，在每个周期的前几年，黑子不断产生，黑子数极大年，称为太阳活动峰年。随后黑子活动减弱，越来越少，黑子数极小年，称为太阳活动谷年。从黑子

① 马世骏主编：《中国东亚飞蝗蝗区的研究》，20页。

数极小年经极大年再到极小年构成了一个太阳黑子活动周期，一个新周期的开始通常与一个老周期结束相重叠。此外太阳活动还存在多个尺度的周期变化，如 22 年周期、世纪周期等。我国云南天文台丁有济等利用中国太阳黑子记录，得出太阳黑子年有 61 年左右周期的结论。

对照 1238—1368 年大蝗灾发生年份，与英国天文家绍夫(D. J. Schove) 1948 年的太阳黑子活动 11 年周期极值(极大或极小)时刻表发现，太阳黑子活动与大蝗灾的发生年份之间存在一定的对应关系(见表 5-2)。大蝗灾均发生在太阳黑子活动从极大年到极小年期间，或极大年与极小年附近，1238—1368 年的全部大蝗灾年均发生在 11 个从极大年到极小年时段里的 8 个时段中。这 8 个时段按其特点可分为两类，一类(6 个时段)是在该太阳黑子活动周期中从极小年到极大年的时间长度大于从极大年到极小年的时间长度；另一类是从极小年到极大年的时间长度特别短而从极大年到极小年的时间长度特别长，前者不足后者的 1/2，属于此类的 2 个时段正是大蝗灾连续发生的特大蝗灾段，其时间间隔 60 年左右，与太阳黑子活动的 60 年周期相对应，且 1258 年和 1316 年分别是两个 60 年周期的峰年。3 个没有大蝗灾发生时段中有 2 个的特点都是该太阳黑子活动周期中从极小年到极大年的时间长度小于从极大年到极小年的时间长度，另一个无蝗灾时段的太阳黑子活动周期只有 8 年。

表 5-2　1238—1368 年太阳黑子活动周期与华北地区大蝗灾发生年份对照表

太阳黑子活动周期时间	绍夫谷年(极小年)	绍夫峰年(极大年)	极小年到极大年时长(年)	极大年到极小年时长(年)	大蝗灾年份(括号中的年份为中书省或河南行省发生大蝗灾)
1233—1244	1233	1239	6	5	1238
1244—1256	1244	1249	5	7	
1256—1269	(1256)	(1259)	3	10	1263/1264/1265/1266/1267/1269/1270/1271/1273
1269—1282	(1269)	1276	7	6	1279
1282—1291	1282	1288	6	3	1289/1290
1291—1301	1291	1296	5	5	1298/1301

续表

太阳黑子活动周期时间	绍夫谷年(极小年)	绍夫峰年(极大年)	极小年到极大年时长(年)	极大年到极小年时长(年)	大蝗灾年份(括号中的年份为中书省或河南行省发生大蝗灾)
1301—1311	1301	1308	7	3	1309/1310
1311—1319	1311	1316	5	3	
1319—1332	(1319)	(1324)	3	8	1322/1324/1325/1326/1327/1330
1332—1346	(1332)	1337	5	9	
1346—1358	1346	1353	7	5	1359
1358—1368	1358	1362	4		

三、结　论

蝗灾是元代重要的农业自然灾害之一，给元朝农业及赋税带来了一定的威胁，并对元朝的灭亡起到了一定的加速作用。

元代蝗灾的历史记录显示，1238—1364年华北地区的蝗灾主要集中在1262—1331年。其中又集中在1262—1273年、1279—1290年、1298—1310年和1320—1331年4个时段。这4个时段包括了华北地区1238—1362年间59个蝗灾年中的42个，20个大蝗灾年中的18个，以及10个重大蝗灾年中的9个。尤其以1262—1271年(中统-至元特大蝗灾)和1320—1331年(延祐-至顺特大蝗灾)2个时段蝗灾最严重。说明元代蝗灾的时间分布在各时间尺度上均呈现出显著的时聚性特点。

华北地区的大蝗灾每隔10～11年出现1次，且发生在每个公元纪年尾数为0±2的年份里。1262—1273年与1320—1331年两个特大蝗灾段的时间间隔为60年左右。以上表明元代的蝗灾具有周期性发生的特点，其中11年左右的周期与现在发现的大蝗灾“9～11年一遇”的特点相吻合。上述重现期的长度与太阳黑子的11年周期和61年周期相当，且大蝗灾与重大蝗灾均发生在从太阳黑子活动极大年到极小年的时段内，因此两者之间可能存在某种联系。

华北地区历史上就是我国蝗灾最严重的地区，分析华北地区元代蝗灾的历史规律具有重要的现实意义。元代华北地区的蝗灾所显示的时聚性与周期性的特点，以及其与太阳黑子活动的对应关系值得当前认识华北地区蝗灾的生消变化时作为参考。

第六章　元代北方桑树灾害及救济预防措施

元以重农桑而著名，桑树在生长中遇到虫灾、霜冻、风灾等自然灾害，国家既有救灾措施，又重视对桑树灾害的预防及减灾。本章根据《元史·五行志》和各《本纪》的记载，具体统计元代北方桑树虫灾年、霜冻年、风雨、雹灾及其时空分布特点，论述元代北方桑树所受自然灾害的状况，并说明国家在组织、指导桑蚕生产及减灾方面的积极作用。元代桑树灾害主要有虫灾、霜冻、风雨雹等，政府重视组织指导农民预防桑树霜冻、消灭各种虫害，充分发挥其指导生产的社会职能，而这一职能是通过农书的传播、官员的履职而实现的。

一、桑树灾害

(一)桑树虫灾

统计表明，文献明确记载12年发生桑树虫灾，时间主要在每年的2—6月(见表6-1)。虫食桑叶，使养蚕业受到损害。最严重的桑树虫灾年有：至元十七年(1280)真定等七郡虫损桑[①]；至元二十九年(1292)真定之平山、灵寿、获鹿、元氏，河间之沧州、无棣，景之阜城、东光，益都之潍州北海，有虫食桑叶尽，蚕不成[②]；大德五年(1301)真定、顺

① 《元史》卷十一《世祖本纪八》。
② 《元史》卷十七《世祖本纪十四》。

德、彰德、广平、大名等郡，虫食桑，蚕不成[1]；至顺二年三月冠州有虫食桑四万余株。真定、汴梁二路，恩、冠、晋、冀、深、蠡、景、献等八州，俱有虫食桑为灾。[2] 从地区来看，河北、山东是主要的桑树虫灾地区，其中真定路、保定路、河间路、顺德路、彰德路、大名路、广平路、卫辉路、曹州、濮州、高唐州、德州、冠州、东昌路、济宁路、汴梁路、河南府路的各属县，都是经常遭受虫灾之区。从纬度看，主要分布于北纬 30°～40°地区。

(二)桑树霜冻

统计表明，文献明确记载桑树霜冻的年份有 10 年，多数为晚霜冻或春霜冻。从寒冷季节向温暖季节过渡时的霜冻，为晚霜冻或春霜冻。10 年中有 7 年发生于 3 月。霜冻影响桑树生长，轻则“损桑”，10 个霜冻年中只有 1 年为轻霜冻。重则为“杀桑”，有 9 年为重霜冻，蚕无桑叶可食，文献记作“无蚕”“废蚕事”，有精确数字记载的有两次：至元二十一年(1284)“山东陨霜杀桑，蚕尽死，被灾者三万余家”；大德九年(1305)“益都、般阳、河间三郡属县陨霜杀桑。河间清、莫、沧、献四县，霜杀桑二百四十一万七千余本，坏蚕一万二千七百余箔”。10 个霜冻年份为 1280 年、1284 年、1292 年、1304 年、1305 年、1308 年、1313 年、1314 年、1318 年、1363 年，主要集中于 13 世纪和 14 世纪之交。其中 13 世纪后 40 年中有 3 个，14 世纪近 70 年中占了 7 个，特别是 14 世纪前 20 年中占 6 个。这说明 14 世纪前期，比 13 世纪后期，明显寒冷得多。按照每十年的桑树霜冻积年来看，1280—1289 年有 2 个霜冻年，1300—1309 年、1300—1318 年，各有 3 个霜冻年，这说明 13 世纪和 14 世纪之交是比较寒冷的。

桑树霜冻多发于北纬 35°～40°的中纬度地区，即中书省的六路一州：济南、东平、益都、般阳、河间、大名诸路和宁海州。山东及河北

---

① 《元史》卷五十《五行志一》。

② 《元史》卷五十《五行志一》；《元史》卷三十五《文宗本纪四》载：至顺二年三月冠州有虫食桑四十余万株。

是元代北方主要植桑区，也是元代诸王五户丝分拨数量较多的几个路[①]，如桑树虫灾一样，桑树霜冻也最终影响了国家丝料和诸王五户丝的收入。

还有些灾害，没有确切说明是虫灾、霜冻或者是其他灾害，如，至元三年(1266)山东等处蚕灾；至元六年(1269)山东河南等蚕灾。[②] 至元七年(1270)大名东平等路桑蚕皆灾。[③] 至元二十三年(1286)六月广平路蚕灾。[④] 天历二年(1329)四月濮州甄城县蚕灾，五月大名路蚕灾，六月卫辉蚕灾[⑤]；至顺三年(1332)六月晋宁、冀州桑灾[⑥]；元统元年四月大名等路桑麦灾[⑦]。但这些都是桑树所受的灾害。

(三)风雨雹灾

《元史·五行志》记载的桑树遭受风雨雹灾很少。雹灾三条：至元二十七年(1290)六月"棣州厌次、济阳二县大风雹，伤禾黍菽麦桑枣"；至正十三年(1353)四月"益都高苑县雨雹，伤麦禾及桑"；大德四年(1300)郑州暴风雨雹，大若鸡卵，麦及桑枣皆损"。[⑧] 风灾三条：大德四年(1300)郑州风雹损桑；延祐七年(1320)八月"汴梁延津大风，昼晦，桑损者十八九"；至治三年(1323)三月，"卫辉路大风，桑雕蚕死"。淫雨害蚕一条：至元四年(1267)夏，"汴梁兰阳县，许州长葛、偃城、襄城，睢州，归德府亳州之鹿邑，济宁之虞城淫雨害蚕麦，禾皆不登"。应该承认，如果风力大到"拔木"，水旱灾害严重到"人相食"，那么这种水灾旱灾，一定也能对桑树造成灾害。

---

① 《元史》卷九十五《食货志三》。
② 《元史》卷九十六《食货志四》。
③ 《元史》卷七《世祖本纪四》。
④ 《元史》卷十四《世祖本纪十一》。
⑤ 《元史》卷三十三《文宗本纪二》。
⑥ 《元史》卷三十六《文宗本纪五》。
⑦ 《元史》卷三十八《顺帝本纪一》。
⑧ 《元史》卷二十一《成宗本纪四》。

二、桑树灾害的国家救济预防措施

元代国家赋税中有丝料一项，《元史·食货志》记载了中统四年(1263)、至元二年(1265)、至元四年(1267)、天历元年(1328)等年份的丝料数量，从中可见桑蚕业在国家赋税中的地位。因此，国家有多项救灾措施，如折物，规定“被灾之地，听输他物折焉，其物各以时估为则”①。再如，减免丝料，至元三年(1266)“以东平等处蚕灾，减其丝料”，六年(1269)“以济南、益都、怀孟、德州、淄莱、博州、曹州、真定、顺德、河间、济州、东平、恩州、南京等处桑蚕灾伤，量免丝料”②。元朝的灾伤申检体覆制度是，凡造成作物损 5～10 分的灾害，都要申检体覆，并免除地税。因此可以认为凡记载于《元史》中的桑树灾害，都造成农桑损 5～10 分，也都是应该被减免税的。损 1～4 分者则不在申检体覆减免之列。

除救灾外，元朝重视对桑树虫灾及霜冻的预防，在这方面，官私农书发挥了积极作用。《农桑辑要》提出两种主要的防治桑树虫灾法。一是除虫：“害桑虫蠹不一：蚧蛛、步屈、麻虫、桑狗为害者，当生发时，必须于桑根周围封土作堆，或用苏子油于桑根周围涂扫，振打既下，令不得复上，即蹉镤之，或下承布幅，下承以篩之”。对于昼伏树上夜出食叶的蜣螂虫，《农桑辑要》提出“必须上用大棒振落，下用布幅承聚，于上风烧之”，这样“桑间虫闻其气，即自去”，这些是针对食桑叶之虫的扑打法、火烧法。对于“蠹根食皮”的“天水牛”，《农桑辑要》首先描述其生活过程和习性，“于盛夏时生，皆沿树身匝地生子。其子形类蛆，吮树膏脂，到秋冬渐大，蠹食树身，大如蛴螬。至三、四月间，化成树蛹，却变天水牛。故其树，方秋先发黄叶，经冬及春，必渐枯死”，便

① 《元史》卷九十三《食货志一》。

② 《农桑辑要》卷三《栽桑》。

于劝农官掌握并向农民宣讲。然后提出其除虫法，“除之之法，当盛夏食树皮时，沿树身必有流出脂液湿处，离地都无三五寸，即以斧削去，打死其子，其害自绝。若已在树身者，宜以凿剔除之”，这是针对天水牛而提出的截枝法。①

王桢《农书》说：“凡桑果不无虫蠹，宜务去之。其法用铁线作钩取之。一法用硫黄作烟及雄黄，熏之即死，或用桐油纸燃塞之，亦验。”②二是精耕细作，即经常锄治。《农桑辑要》从锄治方面论述防治虫害：“桑隔内修莳宜净……万一有步屈等虫，又易捕打”，“锄治桑隔，自然耐旱，又辟虫伤”，“凡诸害桑虫蠹，皆因桑隔荒芜而生，以致累及熟桑。使尽修桑下为熟地，必无此害桑鸿蠹也”。

《农桑辑要・栽桑》提出了预防霜冻的方法：“备霜灾者，三月间，倘值天气陡寒，北风大作，先于园北，觑当日风势，多积粪草，待后夜，发火燠氲，假借烟气，顺风以解霜冻。”从至元二十三年(1286)到后至元五年(1339)《农桑辑要》先后印颁了两万部左右，“给散随朝并各道廉访司劝农正官”③。延祐五年(1318)中书省致江浙行省印造《农桑辑要》咨文中就提出要江浙行省印造《栽桑图》300部。武宗至大二年(1309)“淮西廉访佥事苗好谦献种莳之法……武宗善而行之。延祐三年(1316)以好谦所至，植桑皆有成效，于是风示诸道，名以为式”④。虽有具文之处，但栽桑法及其所撰《栽桑图说》及预防桑灾的措施，必定发挥其指导植桑防治桑树虫灾及霜冻的积极作用，如王恽有诗《桑虫叹》描写了农民扑打桑虫的情景：

行行桑间人，执柯争击扑。
树根拥圆壤，持锸待掩覆。
云是振桑虫，除治绝遗育。

---

① 《农桑辑要》卷三《栽桑》。
② 王桢：《农书》卷五《农桑通诀五・种植篇第十二》。
③ 缪启愉校释：《农书咨文》，见《元刻农桑辑要校释》，1页，北京，农业出版社，1988。
④ 《元史》卷九十三《食货志一》。

拙哉此何为？与蚕同出没。
千林线如云，一扫若汤沃。
不知丝忽肠，其大容几斛？
春蚕眠正饥，蠢蠢富厥族。
汤盆出新丝，夺自汝口腹。
无衣四海寒，十千帛一束。
老农前致词，近岁旱何酷？
无乃民作孽，其或时事促。
十年餐俭食，尔来俭不复。
尝云和致祥，对成茧与谷。
皆缘一气间，修省转灾福。
望望惜南乾，汝等称济物。
驻骖答老农，嘿尔私自嘱。
调元真宰事，吾辈乃碌碌。
低头愧畸人，张口待廪粟。[1]

诗中描述的农民消灭桑虫的方法，与《农桑辑要》所推广的方法并无二致，可见当时农民已经掌握了一定的灭虫知识。

总之，元代北方约有12年发生桑树虫灾，有10年发生霜冻，霜冻主要发生在13世纪和14世纪之交；在地区上主要分布于北纬30°～40°地区，即今天河北、山东两省。国家除减免丝料征收外，主要是通过颁布农书，指导农民防治虫灾、预防霜冻，以保证桑蚕的发展，从而为国家和诸王提供足够的丝料收入。

表6-1　元代北方桑树虫灾年表

元代纪年(公元)	月、季	地　区	灾　害	资料来源
至元十七年(1280)	二	真定7郡	桑有虫食之；虫皆损桑	《五行志》《世祖本纪八》

① 《秋涧集》卷三《桑虫叹》。

续表

元代纪年(公元)	月、季	地　区	灾　害	资料来源
至元二十三年(1286)	五	广平路	蚕　灾	《世祖本纪十一》
至元二十九(1292)	五	真定之平山、灵寿、获鹿、元氏，河间之沧州、无棣，景之阜城、东光，益都之潍州北海，	有虫食桑叶尽，蚕不成	《世祖本纪十四》《五行志》
元贞元年(1295)	四	真定之中山、灵寿2县	桑有虫食之	《五行志》《世祖本纪十五》
大德元年(1297)	六	平滦路	虫食桑	《成宗本纪二》
大德五年(1301)	四	大都、真定、顺德、彰德、广平、大名、濮州等郡	虫食桑	《五行志》《成宗本纪三》
至大元年(1308)	五	真定、大名、广平3郡	虫食桑	《五行志》《武宗本纪一》
致和元年(1328)	六	河南德安屯	蠖食桑	《五行志》
天历二年(1329)	二	大名魏县	有虫食桑，叶尽，虫俱死	《文宗本纪一》
	三	沧州、高唐州及南皮、盐山、武城等县桑	虫食之如枯株	《五行志》
	四	卫辉路	蚕　灾	《文宗本纪二》
	五	大名路	蚕　灾	《文宗本纪二》
至顺元年(1330)	三	濮州诸县	虫食桑，叶将尽	《文宗本纪三》
	四	沧州、高唐州属县	虫食桑叶尽	《文宗本纪三》
至顺二年(1331)	二	深、冀2州	有虫食桑为灾	《文宗本纪四》
	四	东昌、济宁2路及曹濮诸州	皆有虫食桑	《文宗本纪五》
至正三年(1343)	夏	两都(大都、上都)	桑果叶皆生黄色龙文	《顺帝本纪四》,《五行志》
	四	东昌、济宁2路及曹濮诸州	皆有虫食桑	《文宗本纪五》

表 6-2 元代北方桑树霜冻年表

元代纪年(公元)	月	地 区	灾 害	救济措施
至元十七年(1280)	四	宁海、益都等 4 郡	损 桑	
至元二十一年(1284)	三	山 东	杀桑蚕尽死,被灾者 3 万余家	
至元二十九年(1292)	三	济南、般阳等郡及恩州属县	杀 桑	
大德八年(1304)	三	滦城、济阳等县	杀 桑	
大德九年(1305)	三	益都、般阳、河间三郡属县	河间清、莫、沧、献四县霜杀桑 2417000 余本,坏蚕 12700 余箔	抚之
至大元年(1308)		大名路	杀 桑	
皇庆二年(1313)	三	济 宁	杀 桑	
延祐元年(1314)	三	东平、般阳等郡,泰安、曹、濮等州	杀 桑	
	闰三	济宁、东昌、汴梁等路及东明、长垣、陇州、开州、青城、渭源诸县	杀桑果禾苗,无蚕	
延祐五年(1318)	五	雄州归信县	杀 桑	
至正二十三年(1363)	三	东平路须城、东阿、阳谷三县	杀桑,废蚕事	

第七章　元代北方饥荒及救济措施[①]

一、范围、概况、文献和方法

饥荒，也叫饥馑或灾荒。《尔雅·释天》云："谷不熟为饥，蔬不熟为馑。"谷菜不收为饥荒。饥荒的出现，常常是自然因素变化与人为因素交互作用的结果。一旦饥荒发生，常常是大量人民饥饿而死，或被迫逃荒，流徙各地。由此，饥荒常是社会动乱的肇端，所以不可不加以重视。

学术界对于元代北方饥荒研究，已有一些成果。1938 年邓拓著《中国救荒史》。他以朝代为单位，统计了中国古代各种灾害的频数，将饥馑列为其中一项。但这项统计所依据的文献，仅局限《元史·五行志》的记载，而大量资料散见于《元史》之《本纪》和《食货志》中，所以邓拓的统计结果，并不能准确地反映元代饥荒发生的实际情况。王晓清[②]、赵经纬[③]、尹均科、于德源、吴文涛等人研究了元代大都地区的自然灾害，提出了大都地区水灾较多、蝗灾较多的特点，以及相应的救灾措施。

在借鉴学术界已有成果的基础上，本章着重研究元代北方饥荒的时间和空间分布特点，以及国家救济灾荒的措施。研究时段，从中统元年到至正二十八年(1260－1368)共 109 年。地理范围，限定在北方 4 省 60

---

① 本章由北京大学中文系 2005 级陈明博士撰写，曾发表于《古今农业》，2001(4)。

② 王晓清：《元代前期灾荒经济简论》，载《中国农史》，1987(4)。

③ 赵经纬：《元代赈灾物资来源浅述》，载《承德民族师专学报》，1995(3)。

路，包括中书省大都等30路州，辽阳行省大宁等7路府，陕西行省奉元等13路州，河南行省汴梁等10路府，大体相当于淮河汉水以北地区。在整理《元史》之《本纪》《五行志》《食货志》等资料的基础上，详细统计了北方4省60路的饥荒的年次及路府州县数量。[①] 限于篇幅，现在不能逐一列出各种表格，只能给出各种统计结果。本章对元代饥荒的资料数据进行整理，使用的是王培华教授研究元代北方水旱蝗灾的方法。[②]本章规定：10%以下的路发生饥荒(即6路)为小范围饥荒年；11%～19%的路发生饥荒(即7～11路)为中范围饥荒年；20%以上的路发生饥荒(12路以上)为大范围饥荒年。同时，本章还考察元代的救荒措施加以考察，并分门别类，做一简单阐述。

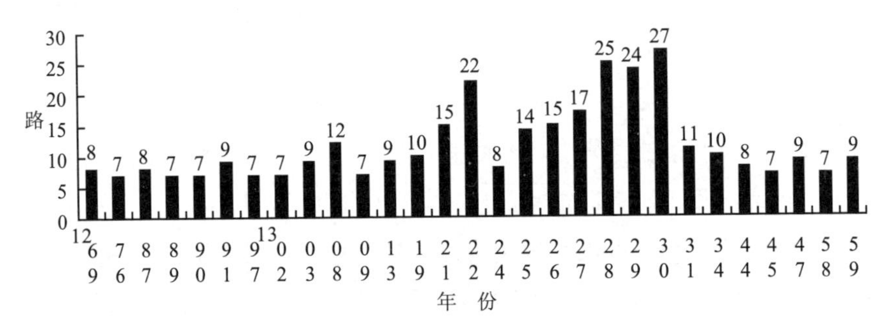

图7-1 大中范围饥荒年及饥荒面积

二、饥荒的时间分布特点

(一)饥荒的时间分布概况

在中统元年到至正二十八年(1260—1368)的109年中，共有87年有饥荒记载，约占总数的80%，22年无饥荒记载，约占20%。由于元

① 统计数字，全部依据《元史》各《本纪》、《五行志》和《食货志》。以下凡是有关饥荒年次、路数等，不再一一注出。

② 王培华：《试论元代北方蝗灾群发性韵律性及国家减灾措施》，载《北京师范大学学报(社会科学版)》，1999(1)；《元代北方水旱灾害时空分布特点与申检体覆救灾制度》，载《社会科学战线》，1999(3)。

末动乱，随着农民起义军攻城掠地，原有的地方申报和政府统计，已无法顺利进行。至正二十三年到二十八年(1363—1368)的6年中，史籍虽无饥荒记载，但估计与事实并不符合，实际饥荒年份应该比现有统计更多。由此可见，元代饥荒时间分布较广，几乎形成无年不荒的局面。其中在有饥荒记载的87年里，大范围的饥荒9年，约占所有饥荒年份的10%；中范围的饥荒20年，约占23%；小范围的饥荒58年，约占67%。

(二)连续大中范围饥荒期

如果以连续出现2年以上的大中范围饥荒年为特大饥荒期，则中统到至正年间共出现7个特大饥荒期。

1. 至元二十六年至二十八年(1289－1291)特大饥荒期。1289年共有7路饥荒，其中中书省大都等5路大水，饥；辽阳行省辽阳、武平等路饥。1290年共有7路饥荒，其中中书省5路饥；辽阳行省大宁、开元路地震，饥。1291年共有9路饥荒，其中中书省7路饥，尤其是真定、河间、保定、平滦4路最为严重，大水成饥，“民流移就食者六万七千户，饥而死者三百七十一人”[①]。辽阳行省连年旱涝成灾，加上乃颜叛乱导致的战争破坏，“民苦饥”。

2. 大德六年至七年(1302—1303)特大饥荒期。其中1302年中书省上都等7路大水民饥，“米价腾涌，民多流移”[②]。1303年共有9路饥荒，其中中书省7路饥，平阳、太原地震，“人民压死，不可胜计”[③]；辽阳行省辽阳等路饥；河南行省归德等路水患成饥。

3. 至大元年至二年(1308—1309)特大饥荒期。1308年共有12路饥荒，中书省8路大饥，尤以山东诸路最为严重，连年的水灾使得人们不仅吃完了谷种，甚至连树皮、草根也剥食殆尽，以致发生了“父子相食”的惨剧；河南行省汝宁等4路旱蝗成饥，同样发生了“父子相食”的

① 《元史》卷十六《世祖本纪十三》。

② 《元史》卷二十《成宗本纪三》。

③ 《元史》卷二十四《成宗本纪四》。

惨剧。1309年中书省7路大饥，山东饥情仍不得缓解，“民多流移”[①]。

4. 至治元年至至治二年(1321—1322)特大饥荒期。1321年北方共15路饥荒，其中中书省真定等9路水患成饥；陕西行省奉元、巩昌路饥；河南行省汝宁等4路饥。1322年北方共22路饥荒，其中中书省11路、辽阳行省辽阳路、河南行省河南等六路水患成饥；陕西行省延安等4路春旱秋霖，影响了农作物的播种收获，导致饥荒。这一时期，饥荒分布较广，遍及各省，其中尤以中书省、河南行省情况最为严重，分别有占到全省半数以上的路州发生饥荒，且这一时期的饥荒多由水灾所致。

5. 泰定元年到至顺二年(1324—1331)特大饥荒期。北方连续8年发生大中范围饥荒，其中泰定元年(1324)与至顺二年(1331)发生中范围饥荒，泰定二年到至顺元年(1325—1330)连续6年分别有14路、15路、17路、25路、24路、27路发生大范围饥荒。中书省这一时期水、旱、蝗灾交错接续发生，尤其以蝗灾最为严重，天历二年(1329)又遭兵乱，发生饥荒的路府数量逐年增加，范围逐年扩大；至顺元年(1330)中书省18路饥荒，饥荒范围达到60%，饥民67600户，1012000余口，“饥民采草木实，盗贼日滋”[②]。辽阳行省泰定三年(1326)沈阳、辽阳、大宁等路大水民饥，此后两年连续发生饥荒。陕西行省自泰定二年(1325)起连岁大旱，到天历二年(1329)发生全省范围的大饥荒，饥民12340000余口，诸县流民又数十万，以致发生了人吃人的惨剧。河南行省自泰定三年(1326)起连续发生较大范围的蝗灾，有的路府除旱蝗外并发大疫，天历二年(1329)约有半数以上的路府发生饥荒，其中仅河南府路一处，饥民就达27400余人，饿死者1950人，食人肉者竟达51人，由此可见当时饥荒的严重程度。

这一时期在连续八年的时间里，水、旱、蝗灾在北方4省各处同时交替发生。而这段时间又是元代政治较为动荡的时期，泰定帝在位时对蒙古贵族滥行赏赐，兴役造作甚多，国家资源已近枯竭。泰定帝死后，

---

① 《元史》卷二十二《武宗本纪一》。

② 《元史》卷三十三《文宗本纪二》。

由于皇位继承之争，引发了大规模的内战，兵乱加重了已有自然灾害的破坏程度。天灾人祸并作，便出现了饿殍遍地的悲惨景象。

这次特大饥荒期与上一次仅相隔一年，并且在这两次特大饥荒期之前的1319年北方10路饥荒和此后的1334年北方10路饥荒，又与之相隔不远。由此可见，从延祐六年至元统二年(1319—1334)15年间北方接续发生大中范围饥荒，这是元代饥荒持续时间最长的时期，由此引发的社会动荡和农民反抗斗争，也拉开了元代走向灭亡的序幕。

6. 至正四年至七年(1344—1347)特大饥荒期。1344年北方8路饥荒，其中中书省大都等5路饥；河南行省汴梁等路水患民饥，各处均有人吃人的惨剧发生。1345年中书省大都等4路饥，“民多流移”，其中东平路大饥、“人相食”；河南行省汴梁路、归德府饥，“人相食”；陕西行省巩昌路饥。1347年中书省彰德等9路饥，“民相食”。由史籍中众多的“民相食”“人相食”的记载，可以推断，这一时期饥荒程度十分严重。

7. 至正十八年至十九年(1358—1359)特大饥荒期。1358年中书省7路大饥，“人相食”。其中益都路莒州莒阴县“斗米金一斤”[①]。1359年中书省9路大饥，史籍记载，大都路“银一锭得米仅八斗，死者无算”[②]，“通州民刘五杀其子而食之”[③]。这些读来令人毛骨悚然的记载，竟发生在天子脚下的京师，其他各地的情况就可想而知了。

(三)大中范围饥荒年及大中范围饥荒期的周期变化

根据表7-1所列饥荒年份统计，大中范围饥荒年平均相距3.2年，每个单独大中范围饥荒年(两个以上大中范围饥荒年记为1)平均相距5.7年，7个大中范围饥荒期平均相距9年。

(四)元代各时期饥荒分布特点

现在，按各时期来统计元代北方饥荒发生情况(见表7-1)。可见世祖、成宗、武宗、仁宗四朝，饥荒频率较低，每年平均有不超过10%

---

① 《元史》卷五十一《五行志二》。

② 同上。

③ 同上。

的路州发生饥荒。泰定帝至宁宗六朝，是元代北方饥荒最为频繁的时期，且分布范围较广，平均每年约有超过20%的路州发生饥荒。文宗至顺元年(1330)是元代北方饥荒分布最广的一年，约有45%的路州发生饥荒。虽然顺帝末年由于史籍缺载，不能准确反映饥荒频率，但根据史书中有近50余次“人相食”现象的记载，可以推断顺帝后期，是元代饥荒程度最为严重的时期。

表 7-1　元代北方饥荒各时期统计表

时间	世祖(1260—1294)	成宗(1295—1307)	武宗(1308—1311)	仁宗(1312—1320)	英宗(1321—1323)	泰定帝 天顺帝(1328) 文宗(1328)(1324—1328)	明宗 文宗 宁宗(1329—1332)	顺帝(1333—1368)
总计路数	87	39	23	48	38	79	65	94
频率(路/年)	2.49	3	5.75	5.33	12.67	15.8	16.25	2.61

三、饥荒的空间分布特点

元代北方饥荒在中书省及河南、辽阳、陕西各行省都有发生，但饥荒路省分布很不平衡。中书省共77年有饥荒记载，约占总年份的71%；河南行省共34年有饥荒记载，约占总年份的31%；辽阳行省共31年有饥荒记载，约占总年份的28%；陕西行省共21年有饥荒记载，约占总年份的19%。

中书省30路州109年中，累计315路州饥荒，每路州平均遭受饥荒10.5年次。图7-2是中书省30路州饥荒积年形象图。其中大都路39年饥荒，益都、济南、般阳路，均有20～25年的饥荒记录，保定、河间、上都、大同、真定、冀宁、晋宁、东平、永平、宁海、彰德、泰安、卫辉等路州，也有10～19年的饥荒记录。根据文献记载，遭受饥

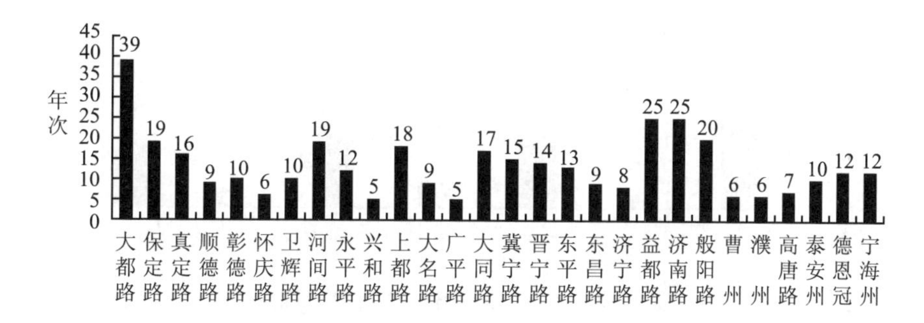

图 7-2　1260—1368 年中书省 30 路州饥荒积年

荒最频繁的路州，在今京津鲁晋等地。这可能是因为大都地区的文献记载多，而其他地方记载较少。

河南行省 10 路府 109 年中，累计 62 路府发生饥荒，每路府平均遭受饥荒 6.2 年次。图 7-3 显示，河南府路 17 年发生饥荒，汴梁路、归德府各 14 年饥荒，淮安路 9 年饥荒，安丰路 6 年饥荒，汝宁、高邮、襄阳、南阳、德安分别为 4 年、3 年、2 年、1 年、1 年饥荒。至顺元年(1330)汴梁等 5 路府饥荒，大德十一年(1307)至大元年(1308)、延祐元年(1314)、延祐四年(1317)、至治元年(1321)、泰定四年(1327)皆有 3～4 路府饥荒。

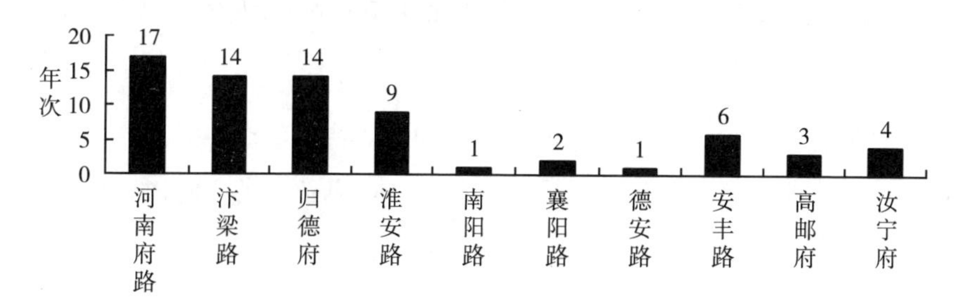

图 7-3　1260—1368 年河南行省 10 路府饥荒积年

辽阳行省 7 路府 109 年中，累计 49 路府饥荒，每路府平均遭受饥荒 7 年次。如图 7-4 所示，辽阳路 16 年饥荒，大宁路、开元路各 10 年饥荒，水达达路 7 年饥荒，沈阳路、咸平府路、广宁府路分别为 3 年、2 年、1 年饥荒。元统二年(1334)5 路府饥荒，其他如至元二十四年(1287)、泰定三年(1326)、后至元五年(1339)有 3～4 路府饥荒。

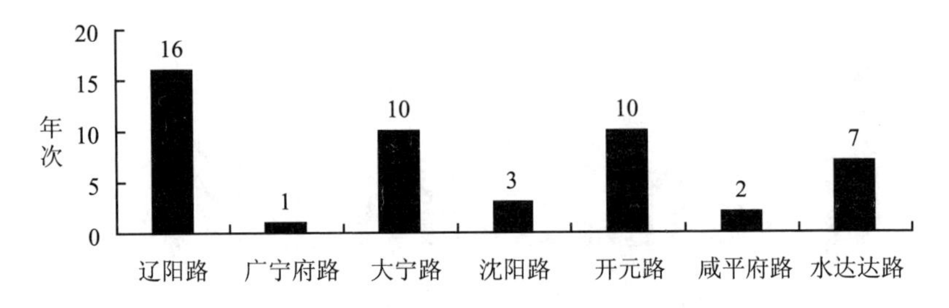

图 7-4　1260—1368 年辽阳行省 7 路府饥荒积年

陕西行省 13 路州 109 年中，累计 47 路州饥荒，每路州平均遭受饥荒 3.6 年次。如图 7-5 显示，巩昌路 13 年饥荒，奉元路 8 年饥荒，延安路 7 年饥荒，其余路州有 1～4 年发生饥荒。泰定二年(1325)延安等 6 路州饥荒，其他如至治二年(1322)、致和元年(1328)、天历二年(1329)、至顺元年(1330)、至正六年(1346)有 4～5 路州饥荒。

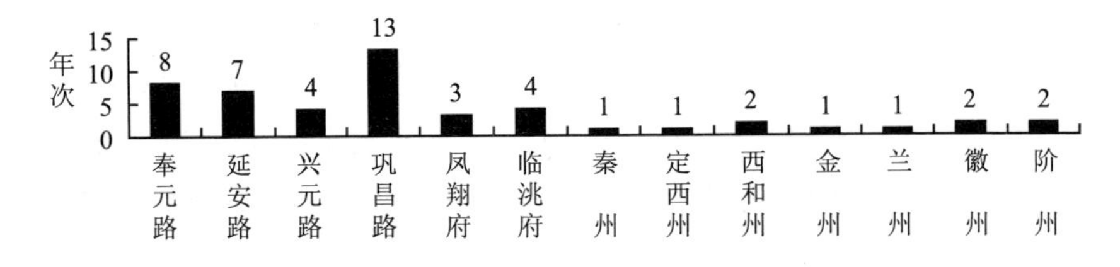

图 7-5　1260—1368 年陕西行省 13 路府州饥荒积年

总之，从饥荒在省级单位的分布看，中书省最多，其次是河南行省，辽阳行省较少，陕西行省最少。这种分布特点，也许并不能反映实际情况。大都地区、腹里地区记载详细，所以饥荒较多，而边远地区人口少，记载少，所以饥荒少。

四、饥荒的国家救济措施

由上文可见，元代水、旱、蝗等灾害频繁，加上人为的因素(如兵乱等)，导致元代饥荒经常发生。元朝在继承前代救荒经验的基础上，施行了一系列的赈饥救荒措施，有些还以制度的形式条贯固定下来。概括而言，元代的救荒措施，有蠲免、赈济、调粟、节省粮食、安辑、抚恤六种，分别叙述如下。（为较为完备地概括元代救荒措施，本章考察的地理范围将不限于北方。）

(一)蠲免

遇到灾荒，蠲免租税是元代救荒的重要措施。元代北方农民负担的租税主要有税粮、科差两种。税粮包括按人口征收的丁税和按地亩征收的地税。科差包括按户等征收的丝料、包银和俸钞。南方主要延续南宋旧例，征收夏、秋两税。其中地税在元代租税中占主要部分，与此相关，政府建立了一整套较为完备的灾伤申检、体覆及减免地税制度。至元九年(1272)规定："今后各路遇有灾伤，随即申部，许准检踏事实，验原申灾地，体覆相同，比及造册完备拟合办实损田禾顷亩分数，将实该税石，权且住催。"[①]这一制度包括申报、检踏、体覆、监察四个环节，环环相扣，有机地结合为一体。申报，即向本地上级部门报灾，规定"夏田四月，秋田八月，非时灾伤，一月为限，限外申告，并不准理"[②]。上级官司接到地方申报后，派人检踏，即勘察实际受损分数，规定"但遇人民申告灾伤者，令不干碍官司从实检踏"[③]。此后，还要经肃政廉访司体覆虚实，对各路官司检踏结果进行审核，延祐四年(1317)规定"今后若有水旱灾伤，有司检踏了，交廉访司体覆"[④]。由御史台对检踏、体覆两环节进行监察，对于"检踏、体覆不实，违期不报，过时不检及将不纳税地并不曾被灾，捏合虚申"[⑤]的情况，"严加究治"并依例定罪。对于蠲免地税的分数，《至元新格》中规定："损八分以上者，其税全免；损七分以下者，只免所损分数；收及六分者，税粮全征，不须申检。"[⑥]如中统四年(1263)八月，"彰德路及洺、磁二州旱，免彰德

---

① 《元典章》卷二十三《户部九・灾伤・灾伤地税住催例》。
② 《元典章》卷二十三《户部九・灾伤・江南申灾限次》。
③ 《元典章》卷二十三《户部九・灾伤・赈济文册》。
④ 《元典章》卷六《台纲二・体覆・寺家灾伤体覆》。
⑤ 《元典章》卷二十三《户部九・灾伤・赈济文册》。
⑥ 《元典章》卷二十三《户部九・灾伤・水旱灾伤随时体覆》。

今岁田租之半，洺、磁十之六”[①]。有时《元史》会明确记载所免税粮的数目，如大德八年(1304)七月，“以顺德、恩州去岁霖雨，免其田租四千余石”[②]。对于其他各种租税的蠲免，《元史》中也多有记载。如，至元七年(1270)三月，“益都、登、莱旱，诏减其今年包银之半”[③]；至元七年(1270)五月，“南京、河南等路蝗，减今年银丝十之三”[④]；至元二十七年(1290)四月，“以荐饥免今岁银俸钞，其在上都、大都、保定、平滦者万一百八十锭，在辽阳省者千三百四十八锭有奇”[⑤]。对于连年发生灾荒的地区，有时政府会一次性减免此前逋欠的全部租税，如至元二十七年(1290)十二月，“免大都、平滦、保定、河间自至元二十四年至二十六年逋租十三万五百六十二石”[⑥]。

蠲免租税是最常使用的救荒措施。在自然灾害发生时，依照灾情严重程度，受损田亩比例，对民间租税进行相应的减免，起到了减缓民力的作用。尤其是减免地租与灾害的申检、体覆结合，形成了较为完备的制度，有利于各级政府对受灾地区，及时采取相应措施，避免严重的饥荒发生和人民流亡，同时也保证灾后重建的顺利进行。但由于各级官僚互相推诿责任，或有意拖延，常使这一制度不能及时施行，如“有司遇人户申报，不即检踏，又按察司过期不差好人体覆，中间转有取敛，人民避扰不肯申报，虽报不待检覆，趁时番耕，以致上下相耽”[⑦]，常常是“积累合免差税数多，上司为无检伤明文，止作大数，一体追征，逼迫人民”[⑧]。虽然在御史台加强监察后，情况有所好转，但是这种现象总是难以避免的。

(二)赈济

赈济就是用钱粮救济灾民。当自然灾荒过于严重，以致颗粒无收

---

① 《元史》卷五《世祖本纪二》。
② 《元史》卷二十一《成宗本纪四》。
③ 《元史》卷七《世祖本纪四》。
④ 同上。
⑤ 《元史》卷十六《世祖本纪十三》。
⑥ 《元史》卷十六《世祖本纪十三》。
⑦ 《元典章》卷二十三《户部九·灾伤·赈济文册》。
⑧ 《元典章》卷二十三《户部九·灾伤·检踏灾伤体例》。

时，百姓即使不缴纳租税，也无法生活。这时政府才进行赈济，以安抚人心。元代赈济分为无偿的赈济和有偿的赈粜两种，前一种又分赈粮与赈钞两种形式。对发生饥荒的地区，直接发粮食赈济，是最为直接也是最行之有效的救荒措施。如至元五年(1268)九月，“益都路饥，以米三十一万八千石赈之”[①]，这是一次性发粮赈济的情况。有时赈粮是以月为单位规定期限，依饥荒的严重程度分别赈济一月至四月不等，如大德元年(1297)闰十二月，“般阳路饥、疫，给粮两月”[②]，泰定三年(1326)二月，“河间、保定、真定三路饥，赈粮四月”[③]。但对于赈济期限长短的标准，在《元史》中未见明确的记载。对于较为偏远的地区，由于交通不便，运粮有较大的困难。针对这种情况，政府常采用发钞币赈济饥民的办法，如泰定二年(1325)五月，“巩昌路临洮府饥，赈钞五万五千锭”[④]。当灾情较为严重时，赈钞与赈粮往往同时施行，如泰定二年(1325)闰正月，“保定路饥，赈钞四万锭、粮万五千石”[⑤]。

为进一步分析元代赈济措施，下面分别对元代赈济所用粮、钞的来源略做分析。用于赈济的粮食主要有如下四个来源。

1. 税粮。这是国家赋税收入的大宗，也是政府赈济饥荒所用粮食的主要来源。据考证，元代太宗元年，随燕京等十路课税使的设立而置粮仓，储备税粮，其后时兴时废。在忽必烈统治时期正式建制，按地区分为在京诸仓、通州河西务、沿河诸仓、迤北诸仓、腹里诸仓、江南诸仓等五部分。其中大都路作为南粮北运的集中地，粮仓分布最多，共有仓房一千二百九十五间，可储粮三百二十八万二千五百石。[⑥] 元代广置粮仓，使税粮得到妥善的保存。当饥荒发生时，政府能及时调拨大批粮食赈济饥民，如至元十年(1273)仅一年赈米总量就达 545590 石。

① 《元史》卷六《世祖本纪三》。
② 《元史》卷十九《成宗本纪二》。
③ 《元史》卷三〇《泰定帝本纪二》。
④ 《元史》卷二十九《泰定帝本纪一》。
⑤ 同上。
⑥ 王頲：《元代粮仓考略》，载《安徽师范大学学报(人文社会科学版)》，1981(2)。

2. 常平仓粮。据《元史·食货志》记载，元代常平仓，始建于世祖至元六年(1269)[①]。但早在中统元年(1260)十一月，《元史》便有“发常平仓米赈益都、济南、滨棣饥民”[②]的记载，可见《元史·食货志》的说法并不准确。据王颋教授考证，元代常平仓最早设置在蒙哥时期。常平仓主要设置在路府，由政府统一管理，通过“丰年收籴粟麦米谷，值青黄不接之时，比附时估，减价出粜”[③]的办法，适时粜籴，调节平抑粮价，从而起到“饥不损民，丰不伤农，粟直不低昂，而民无菜色”[④]的作用。由于常平仓是贵买贱买，所以必须依靠国家资助，如至元二十一年(1284)十月“立常平仓，以五十万石价钞给之”[⑤]。常平仓所积粮食的主要来源，是政府出资在各处和籴的粮食，以及官仓拨给的粮食。至元二十三年(1286)，又专门规定将铁课收入固定作为常平仓的资金。在饥荒发生时，常平仓作为国家赈济粮食的主要来源之一，在救荒中发挥了重要的作用，如至元二十六年(1289)闰十月，“武平路饥，发常平仓米万五千石”[⑥]。

3. 义仓粮。元代义仓始建于至元六年(1269)。与常平仓不同，它是由地方村社经办的粮仓，故又称社仓。元政府对于义仓粮的征收、管理、使用都有具体详尽的规定。至元七年(1270)二月，忽必烈诏令：“每社立义仓，社长主之。如遇丰年，收成去处各家验口粮，每口留粟一斗，若无粟底时存，留杂色料以备。俭岁就给各人自行食用，官不得拘检借贷动支，经过军马亦不得强取。社户从长商议，如法收贮，须要不知损坏。如遇天灾凶岁，不收去处或本社内有不收之家，不在存留之限。”[⑦]《元史》中有许多用义仓粮赈济饥荒的记载，如至元三十年(1293)五月，“真定路深州静安县大水、民饥，发义仓粮二千五百七十四石赈之”[⑧]，

① 《元史》卷九十六《食货志四》。
② 《元史》卷四《世祖本纪一》。
③ 《元史》卷九十六《食货志四》。
④ 同上。
⑤ 《元史》卷十三《世祖本纪十》。
⑥ 《元史》卷十五《世祖本纪十二》。
⑦ 《元典章》卷二十一《户部七·义仓·义仓验口数留粟》。
⑧ 《元史》卷十七《世祖本纪十四》。

至治元年(1321)十一月，“巩昌成州饥，发义仓赈之”[①]。由于义仓分布在乡间，灾害发生时，能较为快速地开仓放粮，具有灵活机动的优点。

4. 补官之粟。入粟补官，是通过行政手段聚集民间物资来赈济饥荒的措施。早在大德十一年(1307)便有“诏富家能以私粟赈贷者，量授以官”[②]的记载，但这时对出粟数量与授官品级并未作明确的规定。泰定二年(1325)九月规定，“募富民入粟拜官，二千石从七品，千石正八品，五百石从八品，三百石正九品，不愿仕者旌其门”[③]。入粟补官之制，也在这时开始正式实行。由此也可证明《元史·食货志》中，“入粟补官之制，元初未尝举行。天历三年，内外郡县亢旱为灾，于是用太师答剌罕言举而行之”[④]的记载，认为入粟补官之制始行于天历三年(1330)的说法，是不准确的。至顺元年(1330)二月，又根据不同地区富庶程度的不同，对出粟数量与授官品级做出了明确的规定：“江南万石者官正七品，陕西千五百石，河南二千石，江南五千石者从七品，自余品级有差，四川富民有能输粟赴江陵者，依河南例，其不愿仕，乞封父母者听。”[⑤]这一制度由此完善起来。就在同年闰七月，“松江、平江、嘉兴、湖州等路水……饥民四十万五千五百七十余户，诏江浙行省以入粟补官钞三千锭及劝率富人出粟十万石赈之”[⑥]。由此可见，补官之粟之效果。尤其在政府掌握钞、粮不足的情况下，这一措施所起到的作用是非常重大的。

国家用于赈济的钱钞，主要有三个来源：

1. 国库钱钞。这是元代救荒钱钞的主要来源。元代救荒发钞数额较大，几乎每次都在万锭以上，一次性发钞十万锭以上的情况，屡见不鲜。如天历二年(1329)陕西大饥，仅一年就发官钞368000锭。

---

① 《元史》卷二十七《英宗本纪一》。
② 《元史》卷二十二《武宗本纪一》。
③ 《元史》卷二十九《泰定帝本纪一》。
④ 《元史》卷九十六《食货志四》。
⑤ 《元史》卷三十四《文宗本纪三》。
⑥ 同上。

2. 赃罚钞。元代立官吏赃罪法，对贪赃官员加以惩罚，因而赃罚钞数量较大。大德十一年(1307)“建康路无粮支散，将本台见在赃罚钞锭，接续救济。宜准所拟其余路分，饥民卒无钱粮赈济，若将各道廉访司见在赃罚钞锭，从省台已差去官员，斟酌不能自存人户，支拨先行救济”[①]。从此以赃罚钞赈济饥民便史不绝书，如至大元年(1308)六月，“河南、山东大饥，有父食其子者，以两道没入赃钞赈之”[②]。但总的来看，用赃罚钞赈济饥民，只不过是在国库钱粮不足时的临时救急措施。

3. 盐课钞。这是元代国库钞币收入的大宗。直接拨盐课钞赈济饥民，《元史》记载，文宗至顺元年(1330)到至顺三年(1332)间，常用这种方法。由于此前一段时间，统治者连年滥发赏赐，大兴佛事，国家库钞已所剩无几，又逢云南王秃坚叛乱，平叛所需军费，将政府经费全部耗尽，而这一时期恰逢元代特大饥荒期，所以，被迫直接用各处盐课收入，救急赈济。粗略统计，这三年间共发河间、山东、两淮、陕西盐课钞赈济饥民达 16 次，数额达 31.6 万锭。

除无偿地给粮或给钞进行赈济外，政府常常发官粮以平抑粮价，或低价出售给饥民。如至元二年(1265)七月，“益都大蝗饥，命减价粜官粟以赈”[③]。但这一措施主要在大都路施行，并形成了较为完备的制度。据《元史・食货志》记载京师赈粜之制，始行于至元二十二年(1285)，“于京城、南城设铺，各三所，分遣官吏，发海运之粮，减其市直以赈粜焉。凡白米每石减钞五两，南粳米减钞三两，岁以为常”[④]。自此以后，不论灾年与否，每年当青黄不接之时，政府都会减价粜粟，赈济京师贫民，到秋成乃止，只是灾年时增加赈粜粮食的数量。成宗时一度将米肆增至 36 所，此后各朝所设米肆数量，时有增减。但这一制度长期施行，赈粜粮食数量，也逐年趋于增加，由最初每年 20 万石，增至年均 50 万石。泰定三年(1326)十月京师饥荒，政府仅一次性就发粟 80 万

---

① 《元典章》卷三《圣政二・救灾荒》。

② 《元史》卷二十二《武宗本纪一》。

③ 《元史》卷六《世祖本纪三》。

④ 《元史》卷九十六《食货志四》。

石减价出售，赈济饥民。为了防止京城豪强嗜利之徒，乘机抢购，囤积居奇，使饥民可以切实得到好处，从成宗大德五年(1301)开始，政府命令有司检核大都、上都贫乏户口的数目，印置“半印号籍文帖”，又称“红帖”，将贫户姓名、口数写在上面，作为信凭。每月贫民凭此帖购买低价粮，大口配额三斗，小口配额五升，价格在赈粜粮价的基础上再减去三分之一。每年两项总拨米二十四万九千余石。“红帖粮”与粜米，并行发售，在救济京师饥民方面发挥了重要的作用。

(三)调粟

调粟是通过粮食调拨或转移人口救济饥民的办法，分为移民就粟与移粟就民两种方式。移民就粟又分两种情况：一是灾民自发逐熟就丰，在饥年背井离乡，逃荒以求生计。对于流民的安置与赈济问题，这将在下一个问题中详述；二是饥民在政府有计划地组织、安排下，到他处就食。在元代，后一种情况主要针对诸王部属饥民的赈济，如至元二十五年(1288)七月，“诸王也真部曲饥，分五千户就食济南”①。

移粟就民，即调拨别处的粮食赈济本地饥民，又分内陆调拨和海运两种形式。内陆调拨，或是调他省粮食救济饥民，如天历二年(1329)四月“陕西大饥，发孟津仓粮八万石以赈”②，便是调河南行省粮，跨省赈济；或是利用内河漕运调邻近地区粮食，运赴灾区，如至元二十九年(1292)正月，“青州饥，就陵州发粟四万七千八百石赈之”③，便是通过运河北上运粮救荒。通过海道运粮赈济饥民，是元代具有特色的救荒措施之一。元代正式开辟了自江南长江口至北方渤海湾诸商埠间的海运，并逐步取代了以往的河运，成为南粮北调的主要运道。元代有时截漕分粮，作为应急措施赈济沿途路府的饥民，如至大元年(1308)十月山东诸路大饥，中书省臣请“江西、江浙海漕三十万石，内分五万石贮朱汪、利津二仓，以济山东饥民”④。但元代主要是利用海运米来赈济大都路

---

① 《元史》卷十五《世祖本纪十二》。

② 《元史》卷三十三《文宗本纪二》。

③ 《元史》卷十七《世祖本纪十四》。

④ 《元史》卷二十二《武宗本纪一》。

与辽阳行省的饥民。京师的海运粮主要用于赈粜，这在上文已专门论及，兹不赘言。对于辽阳行省的赈济，如至元二十五年(1288)二月，“发海运米十万石，赈辽阳省军民之饥者”[1]，延祐五年(1318)四月，“辽阳饥，海漕粮十万石于义、锦州，以赈贫民”[2]，数目还是相当可观的。

元代调粟(主要以移粟就民为主)经常为之，既有省内协济，又有跨省调运，数额巨大，接济地区广泛，是颇有效果的救荒措施。

(四)节省粮食

这主要包括禁酒与开放山泽两项内容。申严酒禁，是通过控制粮食的消耗，从而间接为救荒服务。元初上下饮酒成风，耗粮甚巨。至元初年“京师列肆百数，日酿有多至三百石者，月已耗谷万石，百肆计之，不可胜算矣”[3]。至元十四年(1277)三月，翰林国史院耶律铸等大臣上奏，指出“足食之道，惟节浮费，靡谷之多，无逾醪醴曲蘖”[4]，把申严酒禁作为备荒良策。自此，元代每逢大灾发生之时，常申严酒禁。对于违禁者惩罚较为严厉。至元二十年(1283)就规定“有私造者，财产、女子收官，犯人配役”[5]，有时甚至使用重罚，以死抵罪。但往往灾情一过，便随之开禁。《元史》对申严酒禁的记载多达数十次，但作为一项辅助性措施，作用是极其有限的。比之申严酒禁，开放山泽的措施则更为积极。至元十三年(1286)就曾规定每逢饥年“所在州郡山林、河泊出产，除巨木、花果外，鰕鱼、菱芡、柴薪等物，权免征税，许令贫民从便采取，货卖赈济”[6]。每次开禁一般期限一年，同时政府也附加一些限制，如“有力之家，不得搀夺”，“二十人以上不许聚众围猎”等，由廉访司“常加体察，违者治罪”。[7] 在荒年少粮的情况下，就近开放山泽，让人

---

① 《元史》卷十五《世祖本纪十二》。
② 《元史》卷二十六《仁宗本纪三》。
③ 《元朝名臣事略》卷八《右丞姚文献公》。
④ 《元史》卷九《世祖本纪六》。
⑤ 《元史》卷十二《世祖本纪九》。
⑥ 《元典章》卷三《圣政二・赈饥贫》。
⑦ 同上。

民获得必要的生活物资，是较为便宜的救荒措施。

（五）安辑

饥荒年头，出现大量流民。每遇重灾，小农御灾无力，难以生存，只有被迫逃荒，出外谋食。灾民流亡，田地荒芜，给灾后重建造成很大困难，并且影响国家的财政收入。而流民聚集，若不能妥善安置，也易酿成事端，成为社会不稳定因素。元代的安辑措施，主要有收养安置与资送回籍两种形式。政府极为重视对流亡在外的灾民的安置，命令所在官司对流民"详加检视"，"随即系官房舍，并勤谕土居之家、寺观、庙宇权与安存"。对于贫穷不能自存的流民，还要"量与赈济口粮"①。如果流民愿意就地安顿，务农生产，政府还会给予官田，并免除差税五年。对于愿意返回原籍的流民，政府更是给予较为优厚的政策。首先对于流民原籍产业，命令当地官司，妥为保管，流民还乡时，尽数归还。流民还乡后，从前所欠国家一切租税，全部蠲免，并免差税三年，而对于所欠私人债务，也令债主以三年为期，延缓催讨。同时还令所在官司，给予返乡流民必要的路费，如至元十九年（1282），"赈真定饥民，其流移江南者，官给之粮，使还乡里"②。无论是收养安置，还是资送回籍，对于救济流民，恢复生产都起到了十分必要的作用。

（六）抚恤

元代抚恤措施有多种，如施粥、给药、赎子及救济突发性灾害等。临灾施粥以赈济饥民，前代早有施行，此后，明清时期更形成了粥厂制度。但在元代这一措施只偶尔施行，如延祐六年（1319）十二月，"敕上都、大都，冬夏设食于路，以食饥者"③。元初设立惠民药局，由政府出钱经营，并调良医主事（上路二名，下路府州各一名）。在饥、疫发生时，免费对饥民进行诊治，并提供药物。赎子，主要是针对饥荒时百姓被迫卖儿女自存这一现象而实行的措施。饥荒发生时，由政府出钱为饥

---

① 《元典章》卷三《圣政·恤流民》。

② 《元史》卷十二《世祖本纪九》。

③ 《元史》卷二十六《仁宗本纪三》。

民赎回所卖子女，如至元二十七年(1290)三月，“永昌站户饥，卖子及奴产者甚众，命甘肃省赎还，给米赈之”[①]。对于地震、海啸、山洪等突发性灾害的破坏，元政府常根据坍塌房屋及死伤人畜等情形，分别抚恤。如至大三年(1310)十一月，“河南水，死者给槥，漂庐舍者给钞”[②]。泰定三年(1326)十一月，“崇明州海溢，漂民舍，赈粮一月，给死者钞二十贯”[③]。虽然有些抚恤措施，长年实行(如给药等)，并非专为灾荒而设，但它们在灾荒时所起到的作用，是不容忽视的。

从上述各项措施可以清楚地看到，元代救荒措施在继承前代的基础上，多有创新，一些措施还形成了较为完备的制度，颇具系统化、制度化以及务实性等特征，已臻于成熟。当然这些措施在施行过程中，由于条件所限，也并非始终尽善尽美。

① 《元史》卷十六《世祖本纪十三》。
② 《元史》卷二十三《武宗本纪二》。
③ 《元史》卷三十《泰定帝本纪二》。

附录一　中国古代自然环境异常变化记载的演变及其价值

中国古代自然环境异常变化的记载，主要指官方文献，如正史各《本纪》、《五行志》、明清《实录》及方志中的灾异记载。本文主要谈《五行志》及典志体史书的灾异观和灾异记载。自班固创立《汉书・五行志》，《五行志》成为正史的重要体裁，十八部史书有《志》，十六部史书有《五行志》。

历来人们对《五行志》持批评态度者居多。唐代刘知几《史通》卷一九五《五行志错误》和《五行志杂驳》，专门批评《汉书・五行志》的牵强附会。侯外庐等著《中国思想通史》则批评董仲舒、刘向和班固等人的神学世界观。[①] 柴德赓说："班固创《五行志》，把春秋以来迷信荒谬的事连篇累牍记载，既伤其繁富，又含毒素，而开后世《五行》、《符瑞》等志的恶例。"[②]《中国思想通史》《史籍举要》的发行量都很大，侯外庐、柴德赓等人的观点也传播得很广。这是20世纪前期对待《五行志》的比较典型的看法。

但是，20世纪后期，学术界则开始重视重新认识《汉书・五行志》的价值。白寿彝先生对《汉书・五行志》持相当辩证的看法。他说："《五行志》主要是用迷信解释一些不常见的自然现象。但所记的异常现象，还是珍贵的资料，可供有关方面的参考。"[③]《五行志》"是探讨秦汉……

---

① 侯外庐等：《中国思想通史》，第1卷，197页，北京，人民出版社，1957。

② 柴德赓：《史籍举要》，19页，北京，北京出版社，1982。

③ 白寿彝：《司马迁与班固》，见施丁、陈可青编著：《司马迁研究新论》，13页，郑州，河南人民出版社，1982。

天文气象和生物变异……的必读资料，具有很高的史料价值”。1984年，华中师范大学古籍所历史文献专业导师张舜徽、李国祥、崔曙庭教授，指导硕士研究生王春光，专门研究《汉书·五行志》。这篇硕士论文，研究了《汉书·五行志》产生的时代氛围、《汉书·五行志》的价值、五行思想的影响，重点研究了《汉书·五行志》所记自然现象，如冶铁事故、地震、天文、生命生物现象、气象资料、虫灾等方面的史事考订和科学价值，成为系统研究《汉书·五行志》的第一篇硕士论文，也是实事求是探讨《汉书·五行志》内容、价值和影响的论文。①

对历代正史中的一种重要门类，学者们持完全相反的意见，使我下决心搞清楚《五行志》的基本问题。前人的研究，对我有启示，也有不能完全同意的地方。笔者的基本观点是：《五行志》作为一种历史体裁，有其自身的历史地位和价值：第一，《汉书·五行志》具有开创中国古代灾害志之功，唐宋时期思想家的灾异观发生变化，认为人类过度的经济活动是对自然的破坏，并且带来灾害，《新唐书·五行志》树立“著其灾异而削其事应”的原则，使后来《五行志》保持“纪异而说不书”的面貌。第二，史家编纂《五行志》，不能说明其史识低下，而是行政官员执行灾害物异雨泽奏报的社会职能的反映，史家不过是执行了记事修史的职守。第三，今天我们可以利用《五行志》及其他史料，研究自然灾害的发展规律，为长时段自然灾害预报，提供宝贵的历史数据资料。

一、灾异观的发展演变

中国古代灾异观，主要体现在五行学说里，自班固《汉书》立《五行志》，又主要体现在各史《本纪》《五行志》及明清《实录》、各种方志中。自先秦至明清，中国人的灾异观及其史学载体《五行志》经历了几个阶段：第一阶段，先秦时思想家，以五行、五纪、庶征为人类生产生活的

① 王春光：《〈汉书·五行志〉初探》，硕士学位论文，华中师范大学，1984。

物质基础。《尚书·洪范》载箕子为武王陈述洪范九畴，第一畴五行即水火木金土，第四畴五纪即岁月日星辰历数，第八畴庶征即雨阳燠寒风，五行五纪庶征多是生产生活的物质基础。《书大传》对此讲得更明确："水火者，百姓之所饮食也。金木者，百姓之所兴也。土者，万物之所资生，是为人用。"《国语·周语》载周幽王二年三川震，史官伯阳甫说："周将亡矣……夫水土演而民用也，土无所演，民乏财用，不亡何待？昔伊洛竭而夏亡，河竭而商亡。今周德若二代之季也，其川原又塞，塞必竭……若国亡不过十年……是岁也，三川竭，岐山崩"，用水土演化来解释自然灾害的产生及其对国家命运的影响。这是五行学说和灾异观的第一阶段。

第二阶段，汉魏唐五代时，《五行志》出现并蔚为正宗史学的重要部分，以《洪范》第二畴五事即视听言貌思之得失，说灾异，颇多牵强附会。汉武帝重灾异，有时甚至以灾异而杀大臣。成帝时"时数有大异"，刘向"以为外戚贵盛，（王）凤兄弟用事之咎"，于是"集合上古以来历春秋六国至秦汉符瑞灾异之记，推迹行事，连传祸福，著其占验，比类相从，各有条目，凡十一篇，号曰《洪范五行传论》"[①]，以《洪范》第二畴五事即视听言貌思之失说灾异。班固推崇刘向，"刘氏《洪范论》发明《大传》，著天人之应"，"通达古今，其言有补于世"，采刘向及诸家学说，创立《五行志》。《五行志》中有些说法在唯心形式下仍有价值：以战争、女主专政、臣子陵君主、宦官用事说大水灾和无麦禾，以战争、大兴土木说旱灾，以战争、君主好色说天火，又说天降火灾以警诫君主有过失等，这固然是牵强附会、充满迷信色彩，但今天我们可以此了解当时发生的自然灾害和历史事件。刘向和班固以五事说灾异影响很大，司马彪《续汉书·五行志》说："《五行传》说及其占应，《汉书·五行志》录之详矣。故泰山太守应劭、给事中董巴、散骑常侍谯周，并撰建武以来灾异，今合而论之，以续《前志》云。"故《续汉书》《宋书》《南齐书》《晋书》和《旧唐书》之《五行志》及《魏书·灵征志》大体沿袭《汉书·五行志》以五

① 《汉书·刘向传》。

事说灾异的路数。《洪范论》说地震是“臣下强盛将动而为害之应”，但《魏书》所记 62 次地震只有 11 次有臣下谋反；《洪范论》说，“大水者，皆君臣治失而阴气蓄积强盛，生水雨之灾”，但《魏书》所记 22 次水灾，无一次是因为君臣政治失误。以五事之失，说灾异之理论，已经显得苍白无力。

第三个阶段，唐宋元明清时，思想家对人与自然的关系及致灾原因的认识发生了根本转折，认识到人类经济活动是对自然的破坏、自然灾害的产生有社会因素。韩愈说：“人之坏元气阴阳也亦滋甚，垦原田，伐山林，凿泉以井饮，窾墓以送死，而又穴为偃溲，筑为墙垣、城郭、台榭、观游，疏为川渎、沟洫、陂池，燧木以燔，革金以熔，陶甄琢磨，悴然使天地万物不得其情，悻悻冲冲，攻残败挠而未尝息，其为祸元气阴阳也，不甚于虫之所为乎？吾意有能残斯人使日薄岁削，祸元气阴阳者滋少，是则有功于天地者也；蕃而息之者，天地之仇也。”[①]这是说人类经济活动是对自然的破坏，减少人类经济活动是对自然之功，增加这些活动是对自然之仇；天，即自然，能赏保育自然之功，罚破坏自然之祸。韩愈接触到人类经济活动导致自然灾害及环境保育思想的边缘，但这种危言正论，在当时没有引起重视。欧阳修受韩愈的影响：“韩氏之文，没而不见者二百年，而后大施于今……当其沉没弃废之时，予固知其不足以追时好而取势利，于是就而学之。”[②]他还在《新唐书·五行志》中说：“万物盈于天地之间，而其为物最大且多者有五……其用于人也，非此五物不能以为生，而阙其一不可”，“顺天地……而取材于万物以足用”，“取不过度，则天地顺成，万物茂盛，而民以安乐，谓之至治”，“用物伤夭、民被其害而愁苦”，就会发生灾异。“灾者，被于物而可知者也”，如水旱蝗螟；“异者，不可知其所以然者也”，如日食星孛。他从实践和认识两方面，说明了什么是灾异，以及致灾的社会经济原因，在《新唐书·五行志》中树立“著其灾异而削其事应”的编纂原

① 《柳河东集》卷十一《天说》引。

② 《居士外集》卷二十三《记旧本韩文后》。

则。“欧阳修这种处理方法，是我国正史《五行志》编写法的第一次重大改革”[1]，使其后近千年的《五行志》保持“纪异而说不书”的面貌，“《宋史》自建炎而后，郡县绝无以符瑞闻者，而水旱札瘥一切咎征，前史所罕见，皆屡书而无隐”[2]。《元史》“郡邑灾变，盖不绝书”[3]，《明史》也是如此。《清史稿》称为《灾异志》，使其以本来真实的面目出现。其时，典制体史书的灾异观也有所变化，《通典》不立《五行》，《通志》认为“析天下灾祥之变，而推之于金木水火土之域，乃以时事之吉凶而强为之配，此之谓欺天之学”，《文献通考》指出，“物之反常者异也，妖祥不同，然皆反常而罕见者，均谓之异可也”，作《物异考》二十卷[4]，分为水灾水异、火灾火异、木异草异谷异、金异、岁凶地震山崩、恒雨恒阳恒燠恒寒恒风、动植之异，“对异常的社会现象和自然现象，大致都作了唯物倾向的解释”[5]，如“岁凶年谷不登，盖土失其性所致，而地震山崩之属，亦土失其性也”[6]，这是与刘向、班固以臣子强盛解释地震山崩绝然不同的。王圻《续文献通考·物异考》也遵循马端临的做法。

韩愈的“人之坏阴阳元气也亦滋甚”和欧阳修的“取不过度……谓之至治”，从反正两面解决了人与自然关系的问题，前者指出人类经济活动是对自然的破坏，后者指出万物的“有度”与社会“至治”的关系问题。他们的认知处于汉唐“天人感应”观点向宋元以后利害相伴观点的转折上，如清人所说“人与水争地为利，水必与人争地为殃”，或者说，宋以后人们已不能陶醉于对自然的胜利，而开始认识到自然的有限及自然的报复问题。韩愈和欧阳修的这种认识，比其他同时代人更为自觉。1981年美国物理学家指出：人类占有的能源是常数，能量守恒，财富不能无

---

① 赵吕甫：《欧阳修史学初探》，见吴泽主编：《中国史学史论集》(二)，216页，上海，上海人民出版社，1980。

② 《宋史·五行志序》。

③ 《元史·五行志序》。

④ 《文献通考·自序》。

⑤ 瞿林东：《中国古代史学批评纵横》，238页，北京，中华书局，1994。

⑥ 《文献通考》卷三〇一。

限增加；能量转化的方向是向不能利用的方向转化，其后果对人类有害。[①] 韩愈“人之坏元气阴阳也亦滋甚”和欧阳修“取不过度……谓之至治”的观点，比美国同类观点早了一千年。

从灾异观及其正史《五行志》的发展演变看，班固《汉书·五行志》有其牵强附会之弊，但不应否认其开创灾害物异记载之功；而且随着人们对人与自然关系的认识之深入，灾异观(特别是关于致灾的原因)也在发展，《五行志》的面貌也在悄然变化，宋以后的《五行志》只记载灾害和物异，客观事实取代牵强附会。

二、《五行志》反映国家的灾害物异奏报职能

“史书体裁的问题，并不完全是技术问题，这里有一个如何正确反映客观历史的问题……内容也往往决定了体裁。”[②]典志体史书记载典章制度，反映国家职能，白寿彝先生指出：“《史记》八书和《汉书》十志，基本上讲的是国家的职能。”[③]《五行志》中不乏虚枉迷信色彩，但它记载的正是灾害物异雨泽奏报制度，反映了国家执行其救灾和指导生产的职能。

先说物异奏报制。《周礼·春官·宗伯》有冯相氏掌年月日以辨四时之叙，保章氏掌天象之变异。后世太史、司天监或钦天监继承了这些职责，其观察记录就保存于史书里；地方官员有责任向中央报告各地出现的物异，如《后汉书·五行志》载：“永宁元年七月乙酉朔，日有蚀之，在冀十八度，辽东以闻。”有些异常还可获得经济利益，如元世祖至元八年(1271)规定，“今后一产三男者，令本处酌量减免差役，若是军站户计，亦合令本官司定夺存恤，省府议得准免三年差役，仰照验施行”[④]，

---

① 郭增建等：《未来灾害学·前言》，北京，地震出版社，1992。

② 白寿彝主编：《史学概论》，137～138页，银川，宁夏人民出版社，1983。

③ 白寿彝主编：《中国通史·导论卷》，288页，上海，上海人民出版社，1989。

④ 《元典章》卷三十三《一产三男免役》。

故《元史・五行志》记载了 11 例一产三男或四男事。但无论哪种情况都是由地方上报，才由史官记录下来。

其次说灾害雨泽奏报制度。甲骨文中有地震记录，西周太史伯阳甫记三川震。《春秋》记 5 次地震，当是地方报告后，鲁国史官才加以记载。《后汉书・张衡传》载张衡发明地动仪，在验证陇西地震后，“京师学者……皆服其妙。自是以后，乃令史官记地动所从方起”，记录地震成为史官的一种职责。

中国以农立国，水旱雨雪雹蝗等自然现象对农业的影响很大。国家重视观察、上报、记载水旱雨雪雹蝗等自然现象。雨泽奏报制度可能始于殷周，甲骨中的求雨雪卜辞及记晴雨的记事刻辞，当是祈雨和雨泽奏报的记载。《周礼》地官之州长掌祈报，春官之小祝掌小祭祀以祈福祥、顺丰年、逆时雨、宁风旱。后来逐渐产生了雨量器，雨泽奏报制也日益完善。《后汉书・礼仪志中》记汉代雨泽奏报制度：“自立春至立夏尽至秋，郡国上雨泽。若少，郡县各扫除社稷；其旱也，公卿官长，依次行雩礼求雨。”秦九韶《数书九章》中有计算雨量器容积的算题。[1]《金史》卷十《章宗纪二》载，明昌四年五月，要求各路“月具雨泽田禾分数以闻”。元朝中统五年（1264）八月诏书要求，“雨泽分数，每月一次申部”[2]，《至元新格》规定州县官要“劝农桑、验雨泽……月申省部”[3]。明朝永乐和清朝康熙、乾隆时均颁发量雨器到全国各县。顾炎武说到明朝的雨泽奏报制度：“洪武中，令天下州县长吏，月奏雨泽……永乐二十二年十月，通政司请以四方雨泽奏章，类送给事中收贮。上曰：‘祖宗所以令天下奏雨泽者，欲前知水旱，以施恤民之政，此良法美意。今州县雨泽章奏乃积于通政司，上之人何由知；又欲送给事中收贮，是欲上之人终不知也。如此徒劳州县何为？自今四方所奏雨泽，至即封进，朕亲阅焉。’（今《大明会典》具载雨泽奏本式）呜呼，太祖时……长吏得以言民疾

① 参见竺可桢：《竺可桢科普创作选集》，36 页。

② 《元典章》卷二十六《户部十二・物价・月申诸物价值》。

③ 《元史》卷五《世祖本纪二》。

苦，而里老亦得诣阙自陈。后世雨泽之奏，遂以寝废，天灾格而不闻，民隐壅而莫达。”[①]清朝雨泽奏报制度更完备。康熙、雍正、乾隆都要求各地方督抚奏报雨泽，如康熙四十一年谕户部：“直隶各省，现今雨泽有无多寡，着该督抚即行具摺奏闻。”康熙巡幸时观察各地雨泽，他说，江南浙江“风土、阳晴、燥湿、及种植所宜，与西北迥异，朕屡经巡省，察之甚悉”[②]；热河“麦熟之岁，往往雨水早而且多”；“去冬大雪，所以今春雨泽甚少。大约冬雪多则春雨必少，春雨少则秋霖必多。此非有占验而得知者也。朕六十年来留心农事，较量雨暘，往往不爽。且南方有雪有益于田土，北方虽有大雪，被风飘散，于田土无益”。[③] 根据雨泽多少，康熙帝指示地方兴修水利，作物疏植以防风雹，预防蝗蝻，备荒等。雍正根据官员报雨奏折，要求及时播种；乾隆帝批评官员“近日曾否得雨，俱未详悉奏闻，实为轻视民瘼”[④]。雨泽奏折在皇帝阅览后才被收藏，最后由史官记录。故宫博物院藏有北京(雍正二年至光绪二十九年 1724—1903 年)、江宁(1722—1785)、苏州(1725—1782)、杭州(1723—1773)的晴雨录。清朝地方官还要奏报雨雪分寸，直隶和内地十二省奏报较详而边区较略；最早奏报为康熙三十二年七月，嘉庆时平均每年七百件，以后各朝渐减。需要指出，虽然地方逐年月日奏报雨泽，但是史官修正史各《本纪》《五行志》及《实录》时，只记载异常气候变化，如恒雨恒阳恒雪恒寒恒懊恒风等。这也是我国灾害物异志的特点之一。

国家重视农业自然灾害的申报救灾，“古者以五谷不登之多寡，别灾伤之名目；后世灾伤之等，则履亩各有轻重。《周官》不著省灾之文，然乡师司救，巡国及野；司稼巡野，遂师巡稼穑，无不周知其数，是以均人，有丰年、中年、无年、凶札之别，当必几经审察而后行司徒之荒政也”[⑤]，说到古今的申灾救灾及其异同。唐初规定水旱霜蝗耗四分免

① 《日知录》卷十二《雨泽》。
② 《圣祖仁皇帝御制文集》第三集卷十三，“康熙四十六年十一月二十三日”条。
③ 《圣祖仁皇帝圣训》卷二十二《恤民二》。
④ 《授时通考》卷四十七、卷四十八《本朝重农》。
⑤ 杨景仁：《勘灾》，见《清经世文编》卷四十一。

租，桑麻尽耗调耗六分免租调，耗七分免课役[1]，后世承唐制而有变化。元朝的申灾检灾救灾制度比较规范，申检体覆中的文册如申灾文册、检踏灾伤文册、赈济文册等，大致包括灾伤州县、灾伤种类、受灾户数人口、实损田禾顷亩分数、实该税石、拟住催税粮、赈济粮钞数量等。这些文册或其汇总文书，是元英宗时编修《经世大典》的原始依据："其书悉取诸有司之掌故，而修饰润色之，通国语于尔雅，去吏牍之烦辞，上送者无不备书，遗忘者不敢擅补。"[2]明初又依据《经世大典》和《十三朝实录》修成《元史》。这就是《元史·五行志》中灾害记载的历史依据。依此类推，它史《五行志》的灾害记载也是有其客观基础的。

要之，国家有其职能，史书才有其相应的志书。《五行志》反映了国家灾害物异雨泽等的奏报制度，没有这种制度及其执行，就没有《五行志》中的灾害物异雨泽等问题的记载。因此，灾害雨泽物异等情况的奏报制度是《五行志》产生并长期存在的历史基础。不然，我们就无法理解单凭史家的学术兴趣和知识结构，怎么能详尽地记载当代和前代的灾害物异？

三、中国古代灾害物异记载的现代科学价值

中国古代灾害物异志，不仅有历史价值，而且还有其科学研究价值。

随着时代的发展，自然灾害紧随其后，繁荣区与灾害区共存，社会经济的发展与灾害的增长同步是中国历史的特点之一。在地区上，黄河流域是经济最先发达区，也是灾害先发和多发地区；长江流域发展后，也成为灾害多发区。在时间上，灾害造成的损失越来越严重。以河决为例，宋以前河决毁民田宅庐舍，宋以后河决并直接损害漕运、盐课等经济利益。元顺帝至正四年的河决使沿河人民流离失所，而且"水势北侵

---

① 《新唐书·食货志一》。

② 《元文类》卷四十《经世大典序》。

安山，沿入会通、运河，延袤济南、河间，将坏两漕司盐场，妨国计甚重"[1]。王圻说："前代河决不过坏民田庐而已，我朝河决，则虑并妨漕运而关系国计"[2]；冯弈垣说："今之患河与昔之患河者异，昔之患河者害一，今之患河者害三"[3]，三害指皇陵、运道及沿河人民。古人已看到宋以后河患的渐趋严重。随着明清以来生态环境变迁与农业社会发展，自然灾害种类及成灾面积趋于增加，史家越来越重视对灾害的记载。明以前《五行志》《本纪》的灾害记载比较简略，但明清《五行志》则越来越详细，如对雨的记载，《元史·五行志》一般记载为雨、大雨(霖雨、淫雨)，很少记雨的时段；但《清史稿·灾异志》往往能详记雨的月数、天数，有时还有雨量记载；《元史》各《本纪》有时记载成灾顷亩、减免税粮、赈济粮钞等，《明实录》《清实录》中这类记载越来越多。但是目前对自然灾害的研究，偏重于明清，对元及其前代灾害研究的较少。即使对明清自然灾害的研究，也只是分析水旱灾害的时空分布特点，对其他灾害如蝗灾、雹灾、风雪灾，及灾害损失及救灾减灾措施也研究不多。史学研究多关注历史发展的自然条件中的地理环境因素，而对于气候变迁及气象灾害等对生产生活的影响关注不够；多关注大江大河之害，但对气象灾害之于农业畜牧业、地震山崩之于国家社会的作用注意不多。我们应该研究《五行志》和其他史料中的灾害记载，并吸取其他学科的成果和方法，综合地研究历史上社会经济的发展与灾害的关系，认识封建国家在救灾减灾中的作用。

《五行志》可以为长时间尺度的灾害周期研究提供数据资料。中国是世界上自然灾害种类最多，发灾率最高，受灾面积最广的少数国家之一，申灾、救灾、减灾及灾害记载，历史悠久。从 20 世纪 30 年代邓拓《中国救荒史》，到竺可桢 1956 年主持的《中国地震资料年表》、1981 年的《中国近五百年旱涝分布图集》，再到 20 世纪 90 年代国家科委全国重

---

① 《元史》卷六十六《河渠志三》。

② 《续文献通考》卷八。

③ 《昭代经济言》卷十一《治河议》。

大自然灾害综合研究组的《中国重大自然灾害及减灾对策》为代表的灾害及减灾研究，对历史上灾害的韵律性和群发性有了一定的认识。但是，现在农作物和森林病虫害及气候的中长期预报，都没有解决；地震预报处于探索阶段[1]；《中国近五百年旱涝分布图集》只建立了1470—1909年的旱涝等级序列，对元以前的水旱没有研究。20世纪60年代初，我国已基本消灭蝗灾，但1998年夏季河北、新疆发生大面积蝗灾，由于目前不掌握大蝗灾发生的韵律性，无法进行蝗灾预报。《五行志》不仅有对灾害强度的描述，而且有受灾人口、土地、房屋、牲畜的记载，因此需要利用正史《五行志》及其他资料，研究长时间尺度的历史自然灾害的时地分布特点，“我们必须估计那些间隔很长时间(也许几十年、上百年乃至上千年)的巨大灾害，因此需要尽可能地从世界各地收集资料，并对过去的灾害进行实例研究”。“我国古老的文化构成了世界灾害史研究的巨大宝库。我们应该极力推进这类资料的整编和出版，并继续深入研究我国历史上的特大灾害事件，以丰富全球的灾害数据库。随着自然灾害的综合调查和研究，自然灾害科学体系在逐步形成，如灾害历史学可能形成新的学科或学科分支。”[2]相信以现代科学观点方法去研究《五行志》，一定能取得新的收获，历史学能够为减灾工作做出应有的贡献。

正史《五行志》和典制体史书的《物异考》，为研究自然变异提供了大量材料。“异者不可知其所以然者也”“物之反常者异也”，欧阳修、马端临对“异”的概念都与现代灾害定义十分接近，也符合人们对事物的认识规律。刘向等人用女主专政解释水灾，但从公元前206—1949年平均两年一次的大水灾怎么可能都是由女主专政引起的呢？刘向用“五事”解释地震等灾害，而马端临认为山崩地震是土性失宜；刘向以为木冰是木不曲直，而马端临说木冰乃是寒气胁木而成冰。宋元时的《田家五行》中许多占候、物候是相当可贵的原始材料[3]，被古农书一再引用。在《五行

① 中国灾害防御协会、国家地震局震害防御司：《中国减灾重大问题研究》，231、233页。

② 国家科委全国重大自然灾害综合研究组：《中国重大自然灾害及减灾对策(总论)》，142、149页，北京，科学出版社，1994。

③ 石声汉校注：《农政全书校注》上册，274页，上海，上海古籍出版社，1979。

志》中"天雨土"被作为怪异来记载。在科学工作者看来，雨土就是沙尘暴，可据以研究北方地区风沙问题。《五行志》和《物异考》中的一本多穗也只是物种变异，其动植记载可用以研究动植物分布和食物史。《五行志》及《物异考》等为研究自然变异提供了材料，科学工作者早已指出："应当研究灾异，中国是一个文明古国，历来重视修史记事，对于自然界的灾祥怪异之事历代均有记载。可是新中国成立四十年来，灾异这个角落没人敢问津，好像谁讲灾异，谁就是宣扬迷信，宣扬唯心主义，反对科学，使得人们不敢去研究。灾异便成了被人遗忘的角落。科学发展史就是自然认识史……今天科学解释不了的灾祥怪异之事，后人就有可能认识它。因此我们应该记载灾祥怪异之事，研究灾异问题，这是造福子孙后代的好事情。"[①]有的科学工作者也对中国古代灾异观进行了深入研究。当大多数史学工作者回避自然灾害问题，回避《五行志》《物异考》时，地震、灾害及气象学者早已感到研究灾异的必要并取得成果，这是值得史学工作者深思的。

总之，中国古代灾害物异记载，对于研究灾害史和减灾问题有不可低估的作用和价值。

① 梁鸿光：《减灾必读》，50页，北京，地震出版社，1990。

附录二　1328—1330 年寒冷事件的历史记录及其意义

竺可桢《中国近五千年来气候变化的初步研究》一文，奠定了我国历史气候变化研究的基础。[①] 在此后的几十年中，有关我国历史时期气候变化的研究，取得了重大进步。[②] 目前，与气候变化相联系的重大气候变化事件的研究，正日益受到重视，因为重大环境恶化事件不仅造成严重的饥荒，导致人口的减少与经济的衰落，而且有时还对社会发展的历史进程产生重大的影响。[③]

历史时期气候变化的研究，特别是物候时期(前 1100—1400 年)气候变化的研究，除树木年轮、考古发现和自然地理迹象外，历史文献是一个基本的资料来源[④]，因此气候领域的专家十分重视搜集气候变化的证据，新证据的发现可增加人们对气候变化问题的认识。作者根据元人刘岳申的《申斋集》卷二《送萧太玉教授循州序》中的一段记录，对 1328—1330 年寒冷事件进行讨论分析。

刘岳申记载了 1328 年、1329 年、1330 年连续三年间，江西先后遭遇了大雪、江河结冰与夏季低温等百年罕见的寒冷气候。1328—1329 年降雪的南界至少已达南岭；1329 年冰冻的南界至少已达北纬 27°左右

---

① 竺可桢：《中国近五千年气候变迁的初步研究》，载《中国科学》，1973(2)。

② 葛全胜、方修琦、郑景云：《中国历史时期温度变化特征的新认识——纪念竺可桢〈中国过去五千年温度变化初步研究〉发表 30 周年》，载《地理科学进展》，2002(4)；葛全胜、郑景云、满志敏、方修琦：《过去 2000 年中国温度变化研究的几个问题》，载《自然科学进展》，2004(4)。

③ 方修琦：《环境演变对中华文明影响研究的进展与展望》，载《古地理学报》，2004(1)。

④ 龚高法等：《历史时期气候变化研究方法》，北京，科学出版社，1983。

的吉水县，而江西南部地区1330年夏季与我国北方坝上地区相当。此降温幅度已与17～19世纪明清小冰期中的极端寒冷年份相近，在过去2000年中亦属于并不多见的极端寒冷年份。

一、1328—1330年寒冷事件的历史记录

作者从刘岳申的《申斋集》卷二《送萧太玉教授循州序》中，发现以下关于1328—1330年寒冷事件的历史记录：

> 天历元年(1328)冬十二月，江西大雪，于是吾乡老者久不见三白，少者有生三十年未曾识者。明年(1329)大雪加冻，大江有绝流者，小江可步，又百岁老人所未曾见者。今年(至顺元年，即1330)六月多雨恒寒。虽百岁老人未之闻也。吾乡有岁一至大兴、开平者，曰："两年之雪，大兴所无；去年之冻，中州不啻过也。六月之寒则近开平矣。"有自五岭来者，皆云连岁多雪。
>
> 于是新喻萧太玉被命教授循州，今宪使鲁君子翚赠行以言，具述其世家之盛而深慰其南行之苦，翰苑诸贤相继有作。概未知朔南气化如此其变，而今昔推迁如此其殊也。太玉以济世之才，袭世家之业，际王化自北而南之运。今之岭海非昔之岭海，今之循州非昔之循州矣……今年为至顺改元之九月某日，庐陵刘岳申序。①

刘岳申，正史无传。明天顺时李贤纂修《明一统志》卷五十六《吉安府人物》云："刘岳申，吉水人。仕为辽阳儒学副提举，以太和州判致仕。其文辞简约峻洁，甚为吴澄、虞集所推重，远近学者师尊之，称申斋先生。"此《序》作于元文宗至顺元年(1330)九月。《序》中提到几个地名，如"吾乡"、庐陵、循州、五岭、岭海、大兴、开平。"吾乡"，是作者刘岳申的家乡吉水，元代江西行省吉安路吉水州，即今江西吉水县。庐陵，

---

① 刘岳申：《申斋集》卷二《送萧太玉教授循州序》，见《文渊阁四库全书》。

今江西吉安市。吉水和庐陵，都处于赣江中游。元代江西行省循州，即今广东龙川县。五岭，即南岭，在今湘、赣、粤、桂等省区的交界。岭海，即岭南，其地北倚五岭，南临南海，指五岭以南至南海广大地区。大兴，元代大都路大兴区，即今北京大兴区。开平，元上都开平府，在今内蒙古正蓝旗东闪电河北岸，辖境相当于今正蓝旗及多伦县附近一带。

“天历元年(1328)冬十二月，江西大雪。于是吾乡老者久不见三白，少者有生三十年未曾识者。”这里，“三白”，指雪。“老”“成丁”和“少”都是历史概念，不同朝代有不同的规定。大致说来，隋唐两朝规定，男女四岁至十五岁为小，二十一岁，或二十二岁，或二十三岁为成丁，六十岁以上为老[①]，以后历代大体相沿不变。这里的“少”当指二十岁至六十岁之间的成年人。整句意思是，在刘岳申的家乡吉水(今江西吉水县)，天历元年(1328)大雪，由此上溯三十年，未曾发生过降雪事件；即使对六十岁以上的老人来说，1328 年大雪也属罕见的事件。

天历二年(1329)江西“大雪加冻，大江有绝流者，小江可步，又百岁老人所未曾见者”。大江，古代专指长江，后来也泛指较大的江河。由于《序》中没有说明大江和小江的具体所指，作者以为，以赣江为大江，其他河流为小江，似乎较为妥当。因此，1329 年冬季较 1328 年更为寒冷，不仅大雪，而且出现了赣江中游干、支流全部封冻，且支流可行人的情况，在当地属百年未见的寒冷事件。

至顺元年(1330)“六月多雨恒寒。虽百岁老人未之闻也”。说明 1330 年六月的多雨与低温现象，较之前两年的寒冷，更为罕见。

“两年之雪，大兴所无；去年之冻，中州不啻过也。六月之寒则近开平矣。”意思是说 1328—1329 年的大雪，甚至超过了地处华北平原北部的大兴，而江河结冰的状况与中原地区相当。1330 年夏季寒冷程度已接近地处坝上高原的开平。根据现代四季的划分，开平属并不存在气候意义上的夏季的地区。

---

① 杜佑：《通典》卷七，北京，中华书局，1988。

“有自五岭来者，皆云连岁多雪。”说明1328年、1329年的寒冷气候，在五岭地区也有明显表现，江西吉水县并非1328—1329年降雪的南界，降雪的南界可达南岭一带。

刘岳申认为，1328—1330年的寒冷气候表明，气候发生了显著的变化，“朔南气化如此其变，而今昔推迁如此其殊也”。

二、1328—1330年的寒冷气候事件的意义

从刘岳申的《序》中发现的1328—1330年寒冷事件记录，是一条有重要意义的信息。竺可桢(1973)认为13世纪初期和中期比较温暖，14世纪转为寒冷，其主要证据之一是陆友仁《研北杂志》所记天历二年(1329)“冬大雨雪，太湖冰厚数尺，人履冰上如平地，洞庭山柑橘冻死几尽”，并将其作为14世纪气候寒冷的主要证据之一。而1970年代江西省气象局(1977)所整理的江西省近千年鄱阳湖10次结冰事件中[①]，并未包括1328—1330年期间出现的寒冷气候事件。

由刘岳申的《序》可以得知：天历元年(1328)、天历二年(1329)、至顺元年(1330)连续三年间，江西先后遭遇了大雪、江河结冰与夏季低温等百年罕见的寒冷气候。1328—1329年降雪的南界至少已达南岭；1329年冰冻的南界至少已达北纬27°左右的吉水县，而1330年江西南部地区的夏季气温可能与北方坝上地区相当。对于地处北纬27°左右的江西吉水县而言，1328年大雪属百年罕见，1329年的大雪奇冻更是百年不见，至于1330年的夏寒则是百岁未闻，可见寒冷程度从1328到1330年逐年加剧。此外，笔者还发现，黄溍记载天历元年(1328)北京附近的“通州、三河、潞县……苦寒”[②]，说明在1328年的寒冷气候在

① 江西省气象局资料室：《近千年来的鄱阳湖结冰及夏寒》，见中央气象局研究室编：《气候变迁和超长期预报文集》，北京，科学出版社，1977。

② 黄溍：《宛平王氏先茔碑》，见《文献集》(卷十上)，《文渊阁四库全书》。

华北平原北部地区也有表现。因此，此次寒冷事件并不局限于 1329 年一年，至少从 1328 年到 1330 年持续了 3 年，有关此次寒冷事件的记录，北到华北北部，南到南岭，是一次全国范围的降温事件。

根据刘岳申的记载，1329 年冰冻的南界至少已达北纬 27°左右的吉水县，据此可以推断此次降温事件的寒冷程度。在我国北方的华北和西北地区，河流冻结的临界最低气温在－11℃至－14℃，东北地区则更低些。如果以－11℃为准，则在 1329 年吉水的极端最低气温至少已达－11℃以下，而现代极端最低气温长沙为－11.3℃，南昌为－9.3℃，杭州为－9.6℃，足见气候变化造成的界线位置南移达大约 2 个纬度左右。此次气候变化的幅度，已与 17～19 世纪明清小冰期中的极端寒冷年份相近，在过去 2000 年中亦属于并不多见的极端寒冷年份。

根据刘岳申的《序》中记录“老者久不见三白，少者有生三十年未曾识者”反推，自天历元年(1328)上溯至 13 世纪六、七十年代，江西赣江中游地区冬季无雪，气候比较温暖。至于 1329 年江河结冰现象“又百岁老人所未曾见者”，1330 年夏寒“虽百岁老人未之闻也”，说明在整个 13 世纪均未发生类似气候事件，江西赣江中游地区比较温暖。竺可桢先生认为 13 世纪初期和中期比较温暖，但温暖程度未超过现代；葛全胜等根据近年收集、整理的历史文献冷暖记载及其过去有关的研究成果，以 1951—1980 年的距平平均值为参照，对中国东部地区(北纬 25°～40°，东经 105°以东)过去 2000 年冬半年的温度进行了定量推断，建立了中国东部地区过去 2000 年分辨率为 10a～30a 的冬半年温度距平变化序列，进一步推断过去 2000 年中最暖的时段出现在 1200’s—1310’s。

14 世纪初期是气候转折时期。竺可桢先生把天历二年(1329)的寒冷事件看作 14 世纪气候寒冷的主要证据之一。葛全胜等根据 30 年分辨率的温度变化序列认为，在 1200’s—1310’s 的温暖时段后气候向寒冷方向转变，1320—1370 年为一个寒冷低谷。在《中国历朝气候变化》中列举了 13 条关于我国北方农牧交错带以北的畜牧区因大风雪引起的冻害的证据，说明 14 世纪前四十年我国北方畜牧区的气候转向寒冷。笔者曾补充了 8 条新的证据，说明在北方和南方的农作区，大德五年

(1301)以后也有不少地区发生奇寒大雪。[①] 近年，作者又发现一些表明从13世纪温暖气候向14世纪寒冷气候转变过程中的发生寒冷事件的证据：至元二十二年(1285)“江淮行省(省治在杭州)，天大雨雪，民入山伐木，死者数百人”[②]；延祐四年(1317)“和宁诸甸大雪盈丈，人畜死伤”[③]。而元人刘岳申记载的1328—1330年的寒冷气候事件，是气候持续变冷过程中的寒冷程度最大的，可能是从中世纪暖期的气候进入寒冷的小冰期气候的标志性事件。

三、结　论

根据以上分析，可以得到以下结论：

第一，1328年、1329年、1330年连续三年间，江西先后遭遇了大雪、江河结冰与夏季低温等百年罕见的寒冷气候。1328—1239年降雪的南界至少已达南岭，1329年冰冻的南界至少已达北纬27°左右的吉水县，而江西南部地区1330年夏季气温与我国北方坝上地区相当。

第二，有关此次寒冷事件的记录北到华北北部，南到南岭，是一次全国范围的降温事件。其降温幅度已与17～19世纪明清小冰期中的极端寒冷年份相近，在过去2000年中亦属于并不多见的极端寒冷年份。

第三，1328—1330年的寒冷气候事件，是气候持续变冷过程中的一个重要事件，可能是从中世纪暖期气候进入寒冷的小冰期气候的标志性事件。在今后的研究中应对此事件应多予以关注。

---

① 王培华：《元代北方寒害及减灾救灾措施》，载《文史知识》，1998(9)。

② 虞集：《翰林学士承旨董公(文用)行状》，见苏天爵编：《元文类》卷四十九。

③ 柳贯：《故奉议大夫监察御史席公墓志铭》，见《待制集》(卷十)，《文渊阁四库全书》。

附录三　自然灾害成因的多重性与人类家园的安全性

自然灾难是自然界的变化或变异，自然灾难的成因有自然和社会多重因素。对于自然因素，人类不能苛责于自然，只能通过经验来适应自然，通过科学技术手段来了解其规律成因，找出预防和应对措施。对于社会因素，可以多从人类自身找原因，建立新的人类生产生活模式，改变人类利用自然的态度。人类家园的安全性非传统性安全：首先，人类要保证人类社会生态系统的安全；其次，人类既要适应自然生态环境，保证自然生态系统的安全，又要能适应自然生态环境的变化，建立适应气候变化所带来的一系列后果上的安全战略。人类家园的安全性，有多种层次：第一是单个建筑的安全性，第二是城市和乡村的安全性，第三、第四则是国家的安全和生态环境的安全。国家安全，指国家的应对气候变化所带来的一系列后果的安全战略，如水资源安全战略、粮食安全战略、国防外交安全战略。生态环境安全的基本要求，是确立人类生产生活的边界和自然环境的边界，即确立人与自然环境各自的安全边界。

一、自然灾害成因的多重性

自然要素，包括大气、海洋和地壳等，在其不断运动中发生变异，形成特定的变异，如暴雨、地震、台风等，当其对社会造成危害时，即为自然灾害。人类生存于地球表面，影响人类社会或可导致灾害的变异，主要发生于地表附近的空间内，向上包括一定高度的大气圈，向下可达到一定深度的岩石圈。每个圈层内的自然变异与相应的自然灾害都有各自的特征，因此，按照自然变异的成因，把它们分为大气圈灾害，海洋圈灾害、岩石圈灾害与生物圈灾害。[①] 自然灾害的成因，有多重因素，既有自然性因素，也有社会性因素。

自然灾害成因的自然性因素，有多重含义。第一，自然界的基本要素光、热、水、土、气、动植物等处于变动不居时，它对人类和环境就会有影响。第二，自然界一种要素的变化，引起其他各种环境要素的变化，如地震引起的火灾、水灾、山体滑坡、地面沉降、河流断流、海啸、疾病等；火山喷发引起的气候寒冷、森林火灾、城市毁灭等；海洋地震引起的海啸、海潮等；干旱引起的病虫害、土地沙化、盐碱化、草场退化、地面沉降、地裂缝等。而这些变化，同样对人类及其他环境要素造成危害。第三，宇宙中任何天体的变化，不仅会对其他天体造成影响，而且有时会影响地球上人类和其他各种环境要素的变化并造成危害，这同样是自然灾害，或叫作天体灾害。1908 年俄国通古斯河畔森林火灾，据说起因是小行星爆炸而引起地球上生物生命系统的灾害。沙漠、海边的巨大天体陨石，没有造成灾害，那就不是自然灾害。第四，自然灾害所造成的损失，取决于自然要素变化的剧烈程度、时间尺度、发生地区、交通通信状况、政府反应速度和方式等多种因素。自然变化，有时有时间尺度和空间分布规律，有时则没有规律。各要素变化的程度不同，或强烈，或微弱，如地震级别、台风飓风的级别。一、二级的地震，要靠仪器才能观测出来。一、二级的风力，不会对人类和其他生命造成影响。自然变化，发生在不同地区，对人类社会和其他生命体系的影响也不一样。交通和通信状况，政府的反应速度和方式，也能影响到灾害的程度。因此，自然灾害的损害程度，是受各种因素影响的。

---

① 刘波、姚清林、卢振恒、马宗晋：《灾害管理学》，2～3 页，长沙，湖南人民出版社，1998。

自然变化，除了给人类带来灾难，有时还有益处。人类可以利用潮汐变化规律，来决定航海路线、捕捞地点和时间。对风力发电来说，比较大的风力级别是有益的。洪水在天然条件下，具有塑造和维护生态系统的功能：洪水是冲积平原的造就者，洪水能补给江河两岸和湖泊、湿地的水源及两岸地下水，维持两岸和湖泊、湿地的生态系统。洪水不仅对自然生态系统有益，而且对人类文明的发生和发展也有益。

对于自然灾害成因的自然因素，人类不能苛责。历史早期，人类可以通过经验和知识，适应自然变化，各民族中都蕴含着规避灾害的地方性知识和技能技术；现代社会里，科学技术发展了，科学家可以通过科学和技术手段，来研究其成因、规律，进行预测，并提出预防和应对的方案。

自然灾害成因，还有社会性因素。自然变化本身造成了对人类社会和其他生命的损害，而社会因素则加剧了这种灾害的程度，甚至有时社会性因素本身，就是灾害的成因。农业社会中人类的生产生活，同样会成为自然灾害的社会性因素。陈志强教授提出，当代史学，不仅要对工业文明及其造成的生态环境问题持批判态度，对农业文明，亦应持批判和反思的态度。[①] 我很同意这样的观点。黄河流域是中华文明的发祥地之一，黄河的冲决和泛滥给两岸人民带来了巨大的灾难。但是，黄河河患，都是河流改道、迁徙造成的吗？这当然有自然因素，但更有社会性因素。汉朝贾让注意到这个问题，他说，战国时，沿河两岸的齐、赵、魏三国，在黄河两岸修筑堤坝，各国大堤防“去河二十五里。虽非其正，水尚有所游荡”。河水有潴留区和行水通道，暴雨季节，河水盛涨，不会对人类社会有任何影响。但是，当大水“时至而去，则填淤肥美，民耕田之。或久无害，稍筑室宅，遂成聚落”。雨后河水干涸，留下淤泥，人民在干涸的河道上，耕田、建设住宅，于是有了小聚落，小聚落发展成大城郭。“大水时至漂没，则更起堤防以自救，稍去其城郭，排水泽而居之，湛溺自其宜也。今堤防狭者，去水数百步，远者数里……近黎

① 陈志强在南开大学生态-社会史研究圆桌会议上的讲话，2008年7月22日。

阳南故大金堤……民居金堤东，为庐舍……又内黄界中有泽，方数十里，环之有堤，往十余岁太守以赋民，民今起庐舍其中，此臣所亲见者也。东郡白马故大堤，亦复数重，民皆居其间。”[①]下次大水来临，冲毁民田庐舍。人民为了保护耕田庐舍，再次在河道附近数百步至数十里的地方，筑坝自救。民田和住宅侵占了河水的潴留区和行水通道，战国如此，汉朝尤其如此。因此，“湛溺自其宜也”，水灾的发生就是很正常的事情了。

自汉代到明清，随着各类人口的增长，人类对土地的需求增加；随着国家机器的发达，大一统国家征收赋税的需求增强，黄河流域、海河流域、长江中下游等地区，都发生了人争水地的社会经济行为。《宋史》《金史》《元史》《明史》和《清史稿》中的《河渠志》，很大部分都是讲运河和黄河的水患及其治理。运河、黄河利大，害亦大。顾炎武说，早先江、河、淮、济四渎，是四条独立入海的河流。黄河，水有潴留区如巨野泽和梁山泊等，有支流如屯氏河、赤河，分流入海。早先河决，仅能为害沿河州郡。宋以后，河淮合一，清口又合汴、泗、沂三水，同归于淮，灾害更大。因为，第一，古时潴水区都被垦种。明清时，古时巨浸山东巨野泽、梁山泊，周遍“无尺寸不耕”，梁山泊方圆“仅可十里，其虚言八百里，乃小说之疑人耳”。第二，行水通道成为乡村和城市，“河南、山东郡县，棋布星列，官亭民舍，相比而居……盖吾无容水之地，而非水据吾之地也。故宜其有冲决之患也”。人民为什么占据河水通道？顾炎武认为，“河政之坏也，起于并水之民贪水退之利，而占佃河旁淤泽之地，不才之吏因而籍之于官，然后水无所容，而横决为害……《元史·河渠志》谓黄河退涸之时，旧水泊淤地，多为势家所据，忽遇泛溢，水无所归，遂致为害。由此观之，非河犯人，人自犯之”。黄河东流入海，遇到运河沿线的重要城市，“今北有临清，中有济宁，南有徐州，皆转漕要路，而大梁在西南，又宗藩所在，左顾右盼，动则掣肘，使水有知，尚不能使之必随吾意，况水为无情物也，其能委蛇曲折，以济吾

---

① 《汉书》卷二十九《沟洫志》。

之事哉?”[1]这里，顾炎武提到河患有河道的迁徙、改道等自然因素，也有人类社会的生产和生活占据了河流入海通道，以及保护漕运等社会因素。其中“吾无容水之地，而非水据吾之地”“非河犯人，人自犯之”两句话，揭示了河患的社会性成因，尤其值得我们深思。

对长江下游的自然灾害，南宋的卫泾、宋元之际的马端临，都指出水患的实质是人类经济社会活动侵占了行水通道。卫泾说，南宋初，东南豪强围湖造田，“三十年间，昔之曰江、曰湖、曰草荡者，今皆田也……围田之害深矣……围田一修，修筑塍岸，水所由出入之路，顿时隔绝，稍觉旱干，则占据上游，独擅灌溉之利，民田无从取水。水溢，则顺流疏决，复以民田为壑”[2]。马端临说：“大概今之田，昔之湖也。徒知湖之水可以涸以垦田，而不知湖外之田将胥而为水也。”[3]王毓瑚说，永嘉之后，北人南迁，对耕地的需求增加，湖田、围田、圩田、坝田、垸田、都很普遍，这种充分利用低洼地和沼泽地的田法，主要推行于古云梦泽及其以东沿江沼泽地区，圩田成了长江中下游广大低洼地区的重要水田类型，围田和圩田，都是与水争地。[4] 其实，唐宋以后出现的多种土地利用形式，为解决粮食问题做出了贡献。但是，实质上都是人与水争地、人与林争地、人与山争地。

对海河流域的自然灾害，清人看到了其成因的社会性因素。雍正三年举行畿辅水利，其时，允祥和朱轼的副手陈仪(河北文安人)，就指出河北淀泊附近农民贪占淤地的现象和危害，主张放弃淀泊周边的耕种利益，作为河北诸水的潴水区和行水通道。陈仪和高斌曾设法打击或改变侵占河湖淤地的行为。乾隆十年左右的东安县知县李光昭，及其聘请的学者周琰指出，永定河的水灾是人民占垦河道，官府又按亩所致。他们说：“北方之淀，即南方之湖，容水之区也。”“借淀泊所淤之地，为民间报垦之田，非计之得也者。盖一村之民，止顾一村之利害，一邑之官，

① 《日知录》卷十二《河渠》。

② 《授时通考》卷十二《土宜·田制下》。

③ 《文献通考》卷六《田赋考·水利田》。

④ 王广阳等编：《王毓瑚论文集》，316～322页，北京，中国农业出版社，2005。

止顾一邑之德怨。”[1]意即应当由国家统一规划、施工、管理和使用河流，避免出于一村一县利益的水利或其他经济行为。乾隆时，中国人口达到三亿，有非常强烈的土地需求，出现了严重的侵占水道现象。乾隆三十七年(1772)，乾隆帝批评了全国各地贪占淤地的现象：“淀泊利在宽深，其旁间有淤地，不过水小时偶然涸出，水至则当让之于水，方足以畅荡漾而资潴蓄……乃濒水愚民，惟贪淤地之肥润，占垦效尤。所占之地日益增，则蓄水之区日益减，每遇潦涨水无所容，甚至漫溢为患，在闾阎获利有限，而于河务关系匪轻，其利害大小，较然可见。”[2]畿辅及其他地区农民贪占河滩淤地现象严重，引起乾隆帝的不满。乾隆认为，河北淀泊旁边的淤地，“水至则当让之于水”，作为水的停留地。但是，农民贪图肥沃的淤地，垦种升科，结果“所占之地日益增，则蓄水之区日益减”，所获耕种租税之利小，所遇河水漫溢之害大。因此，他严禁直隶及其他省滨临河湖地面，不许占耕，违者治罪。一旦发生，惟督抚是问。但是，由于清朝人口激增，这种情况是禁止不了的。后来，沈联芳、潘锡恩、林则徐都指出，河北天津一带淀泊，要留有潴水区和行水通道，反对人水争地。

1998年长江流域大洪水，所冲毁的湖北垸田，实质就是垸田侵占了行水通道。这与长江流域环境变迁有很大关系，一百年间长江上游的原始森林被砍伐掉了百分之八十，武汉在几十年前还拥有上百个大大小小的湖泊，如今这些湖泊只剩下了几十个，其余的全被填掉了。人不仅侵占了洪水的通道，而且还占据了湖泊，砍伐了森林，使森林拦蓄水流的作用减少。2008年春天南方发生冰雪灾害，一般归因于气候突变。如果仅仅是气候变化，科学和技术可以预测、预报、预防。但是这次冰雪灾害中倒塌的电线杆，大多是20世纪80年代以后安装的，有的电线杆里面没有钢筋。而80年代以前安装的电线杆，倒塌的比较少。2008

① 李光昭修、周琰纂：《东安县志》卷十五《河渠志》，乾隆十四年修，见民国二十四年《安次旧志四种合刊》。

② 潘锡恩：《畿辅水利四案》之《附录》，乾隆谕旨，道光三年刻本。

年5月四川汶川地震是自然变化，但是从报纸和电视中看到，最近二三十年新建学校教学楼倒塌现象比较严重，而传统的羌寨民居、20世纪50年代苏联援建的楼房，损坏较小。可以说，最近十年的这三次灾害，社会性因素加剧了自然灾害的程度。有些城市灾害，甚至就是人祸造成的。

以上事实说明，有些社会因素本身就是自然灾害的成因，有些社会因素加剧了自然灾害的致灾程度。事实上，许多自然灾害的发生，是人类过度侵犯自然造成的。以洪灾为例，洪水变成洪灾，往往是人类无节制地与水争地，限制水合理的活动空间，违反自然之水运行通道所造成的恶果。对于社会性因素，可以多从人类自身找原因，建立新的人类生产生活模式，改变人类利用自然的态度。

二、人类家园的安全性

对于人类家园的选址和营建，中国史学和地理学工作者做了许多工作。朱士光先生和吴宏岐教授主编的《黄河文化丛书·住行卷》[①]，从不同角度研究了各地民居，如广东开平碉楼、福建土楼、关中民居、山西民居、徽州民居。侯甬坚教授提出要寻找东方人类家园的营造经验[②]，王利华教授提出要研究食物生产与人类生命支持体系、自然灾难与人类生命防卫体系[③]，这些提法，对作者很有启发。在侯、王两位的认识基础上，作者认为，有必要提出人类家园的安全性问题。

人类家园的安全性非传统性安全。首先，人类要保证人类社会生态系统的安全；其次，人类既要适应自然生态环境，保证自然生态系统的安全，又要能适应自然生态环境的变化，建立适应气候变化所带来的一

---

① 朱士光、吴宏岐主编：《黄河文化丛书·住行卷》，西安，陕西人民出版社，2001。

② 侯甬坚：《寻找东方人类家园的营造经验》，载《神州学人》，2006(1)。

③ 2008年7月21～24日南开大学生态-社会史研究圆桌会议的两个主要议题。

系列后果的安全战略，如粮食安全战略、水资源安全战略、能源安全战略、国防外交安全战略等。

我所理解的人类家园，有多个层次：第一，单个的民用建筑；第二，乡村和城市；第三，国家；第四，自然环境。民用建筑、乡村和城市，是小家园；国家是大家园，自然环境则更是大家园的前水后山、院墙周边的绿树红花。

1. 单个建筑的安全。民用建筑有舒适、实用、美观等要求，但最主要的是生态环境上的安全。过去有一些这方面的民间智慧，如堪舆家观察风水，其中不乏迷信成分，但也有科学因素。传统的地方性的生态环境和人类家园安全的经验和知识，值得现代人认真总结。现在，则不仅应由建筑技术、生态环境、减灾防灾等专业机构来规划、执行，而且还要由社会科学家来规划建筑与建筑之间社会生态系统的安全。

2. 城市和乡村的安全。指社会生态系统的安全和自然生态环境的安全。目前，多从社会史、历史地理、城市史和现代化等方面和角度，来研究城市和乡村。但是，还是要从生态和环境角度，来重新评估乡村和城市的安全性。如何保证道路、学校、公共场所社会生态系统的安全？保障安全的制度如何执行？谁来执行？如何消除城市灾难的人为因素？如何消除人祸？如何救助援助补助受害者和幸存者？城市和乡村是否远离地震断裂带或地震易发地带？是否既有水源保证又能免受洪水灾害？在气候变暖海平面上升时，沿海沿江地区城市和乡村是否有被海水江水倒灌之虞？目前，中国有多少城市和乡村处于危险的境地？这有没有统计数字？黄河每年出三门峡的泥沙就有 16 亿吨，其中 4 吨泥沙沉积在下游河道，使河床每年淤高 10 厘米，现在下游许多地段河床高出地面 3～10 米不等，成为千余年来著名的“悬河”或“地上河”。济南、开封的民居，就在黄河堤坝下。道光时，江南人冯桂芬看到了这种景象，感到触目惊心。黄河中下游的堤坝，难道不是悬在济南和开封城市居民头上的达摩克利斯之剑吗？湖北、湖南垸田地区的民居，其安全性如何？1998 年的大洪水过去了，2008 年的暴雨也过去了，谁能保证以后没有洪水暴雨？这些，都是生态和环境上不设防的地区，存在着生态和环境上的隐患。

3. 国家的安全。指国家的应对气候变化所带来的一系列后果的安全战略，如粮食安全战略、水资源安全战略、国防外交安全战略等。

(1)粮食安全。[①] 20 世纪 70 年代以来国际粮农组织的报告和会议，都提出世界粮食危机和解决设想。2008 年 5 月，联合国召开了气候变化和粮食安全会议，旨在根据全球变化特别是气候变化，提出解决世界粮食安全的方案。自秦始皇到清末的两千多年中，中国普通民众的粮食，一直未得到解决。外国学者称传统中国为“中国：饥荒的国度”。[②] 1994 年美国学者莱斯特·布朗发表文章《谁来养活中国?》，引起国际社会、中国政府和学者们的讨论，中国政府表示中国能够养活自己。[③] 但是，布朗所担心的问题，现在已经日益突出。随着工业化、城镇化发展，人口增加，粮食需求刚性增长；耕地减少、水资源短缺、气候变化等因素对粮食生产的约束日益突出，中国粮食供需将长期处于紧平衡状态，保障粮食安全面临严峻挑战。2008 年 7 月 2 日，国务院常务会议通过《国家粮食安全中长期规划纲要》和《吉林省增产百亿斤商品粮能力建设总体规划》，要通过保护耕地、农田水利建设等重大措施使我国粮食自给率达到 95%。但能否解决，还要看实际状况。

(2)水资源安全。20 世纪 70 年代以来，随着水危机和地区水冲突

---

① 粮食安全的概念和定义，始于 1974 年 11 月世界粮食会议在罗马通过的《世界粮食安全国际约定》，粮食安全是“确保任何人在任何时候都能得到为了生存和健康所需要的足够食品”，该定义并不严格。国际粮农组织在此基础上提出了一个保障粮食安全的指标，就是粮食库存量至少应占当年粮食消费的 17%～18%，低于这个水平就不能保障粮食安全。1983 年国际粮农组织总干事爱德华·萨乌马解释粮食安全的最终目标是“确保所有人在任何时候，既买得到又买得起他们所需要的基本食品”，这个解释影响较为广泛，其特点是强调粮食贸易。世界银行 1986 年认为：“粮食保障问题不一定是粮食供应力不足造成的，这些问题起源于国家和家庭缺乏购买力。”很显然，粮食的自由贸易比自给自足更重要。

② [美]W. 马洛里：《中国：饥荒的国度》[Mallory, W., *China: Land of Famine*, American Geographical Society Special Publication 6]，转引自[美]彭尼·凯恩：《1959－1961 中国的大饥荒——对人口和社会的影响》所附参考书目，195 页，北京，中国社会科学出版社，1993。

③ 梁鹰编：《中国能养活自己吗?》，11～14、15～30 页，北京，经济科学出版社，1996。

的加剧，国际社会认识到水资源危机的严重性。1993 年，第 47 届联合国大会确定，自 1993 年起，将每年 3 月 22 日定为“世界水日”，旨在推动对水资源进行综合性统筹规划和管理，加强水资源保护，以解决日益严峻的缺水问题。2003 年，第 58 届联合国大会宣布，从 2005 年至 2015 年为生命之水国际行动十年，主题是“生命之水”。中国是农业大国，处于东亚季风气候区，在全球变化背景下，华北、西北的水资源危机日益突出。青海湖近年来水位持续下降；石羊河下游的民勤地区与黑河下游的额济纳地区，因流域水量减少，与上下游间分水用水不合理，导致了湖泊萎缩与土地严重荒漠化。华北地表水资源严重短缺，汲取地下水，致使浅层地下水普遍干涸，甚至抽取难以恢复和补充的深层地下水，地下水位下降到几十米至几百米。华北、西北许多大中城市居民用水紧缺，北京、天津自 20 世纪 80 年代进行小流域调水，但仍不能解决问题，目前不得不实行大流域调水，国家不得不斥资兴建南水北调工程。按目前经济发展速度估算，2030 年前，海河流域地下水将被全部抽干。而地下水，对于在极度干旱年份，维持生产生活的基本需求和社会的稳定，有着特殊的意义。近百年来，华北平原，还没有遭遇过类似明崇祯那样持续多年的干旱。一旦发生这类跨流域的持续多年大旱，黄淮海与长江中游旱情叠加，任何水利措施，都将难以保证社会对水资源最低限度需求。

(3)国防外交安全战略。中国在制定国防和外交政策时，应充分考虑气候变化可能引起的水资源危机、粮食危机以及贫民难民问题，对影响中国国家安全、邻国安全和与中国有经济合作关系的地区安全的因素，不仅在军事上设防，而且在气候变化上也要设防。

目前，世界上许多地区发生气候异常变化。2007 年非洲遭遇大旱，2008 年又遇罕见的洪涝。欧洲则 2007、2008 连续两年经历了异常的冬春寒冷。一向风调雨顺有美国“谷仓”之称的美国中西部地区 2008 年夏季暴雨成灾，密西西比河和密苏里河河水暴涨使 500 万亩农田处于危险境地，玉米和大豆减产，而生物燃料的推广又使粮价上涨；加利福尼亚州由于 2007、2008 连续两年冬季积雪太少，于是限制了农田播种面积和城市居民用水。2008 年春，中国南方遭遇风雪冰冻，5 月又暴雨成灾。2008 年 5 月初，缅甸遭遇热带风暴袭击，13 万人死亡和失踪；6 月，印度东北部遭遇水灾，30 万人无家可归。气候变化已经影响到几百万人的生产和生活。2008 年气候变化的原因比较复杂，有自然因素，有社会因素。从自然因素上讲，这一年是强厄尔尼诺和强拉尼娜现象转换的年份。科学家预测未来 50～100 年全球气候，将趋于变暖。①

气候变化及其引起淡水资源短缺和粮食危机等问题，已经是不争之论。以往，在研究气候变化及其影响时，一般只想到气候变化对各种产业、交通运输和人民生活的可能影响，很少想到气候变化对国家安全的影响。但是现在，气候变化已超出科学和经济范畴，成为影响国家安全和地区安全的重要因素。气候变化还会通过影响粮食供给和水资源供给，来影响中国的国家安全、邻国安全和与中国有经济合作关系的地区安全。记者报道，近期美国国家情报委员会主席芬格，向国会提交一份有关气候变化对美国国家安全的报告。报告称，未来二十年，气候变化可间接引起战争，影响到美国的国家安全。美国制定军事及外交政策时，应该考虑气候变化的因素，准备必要时协助美国的盟友国家，以杜绝美国本土受到直接威胁。报告预测，2030 年气候变化引起的天灾将导致人祸，加剧全球性的资源匮乏、饮水紧张、粮食短缺、贫困及难民等问题，甚至影响一个国家的稳定和区域性战争。如果苏丹达尔富尔地区因自然资源引起的部落冲突，在未来会因为气候变化而更为常见，那就会既牵扯美国的精力和资源，也会因自然灾害影响而产生更多极度贫困的国家和难民问题，为恐怖组织或失败政府的滋生制造机遇。美国《2008 年度国防授权法案》要求国防部审查“气候变化引起的后果”的反应能力。隗静是位有思想深度的记者，她由此想到，气候变化将会伤及与中国有经济合作关系的中东、非洲和南美等地区，不仅会影响中国自身的发展，如出口减少、能源供应被中断，更有可能影响到中国的外交

① 陶短房、田兆远、华莎：《全球气候今年很反常》，载《环球时报》，2008-07-11。

和国家环境。[①] 这对我深有启发。

中国人口众多，粮食安全压力很大。中国周边的部分邻国，其农业条件也并不优越，气候变化会通过粮食、水源供给、灾荒来影响中国的国家安全。因此，在制定军事和外交政策时，要充分考虑气候变化引起的水资源危机、粮食危机、能源危机以及贫困难民问题。

4. 生态环境的安全。指消除环境污染等问题，使水质达到安全标准，使森林覆盖率增加，使空气更清洁，使水资源充足。人们可以给生态环境安全下许多定义，但我认为生态环境安全的基本要求之一，是确立人类生产生活的边界和自然环境的边界，即确立人与自然环境各自的安全边界。其中划分人与水的边界比较紧迫和重要。“水火者，百姓之所饮食也。金木者，百姓之所兴也。土者，万物之所资生也。是为人用。”[②]在金、木、水、火、土五种要素中，过去人类亲水、近水行为较多，侵犯水的行为亦较多。目前，华北、西北水资源短缺日趋严重，但是这个问题决非一日之寒，而是在历史上就形成的。两千多年来，中国人民已经过多地利用了自然界的各种要素，中国古代各种土地利用形式，其实质就是人与水争地，人与草原争地，人与山争地，人与海争地，人与林争地。中国人口增长之时，就是中国森林覆盖率减少之日。秦汉时中国人口五千万左右，森林覆盖率是46％～41％；清嘉庆、道光时(1840年前后)，中国人口有四亿左右，森林覆盖率是21％～17％。[③]顾炎武说，水灾的发生，实质是“吾无容水之地，而非水据吾之地”“非河犯人，人自犯之”。他非常深刻地揭示了人侵占水地，人与水争夺土地的实质。从贾让到顾炎武，有识之士对人水争地的实质，认识得非常清楚，但是他们的主张并没有被采纳。今后是否可以达到“人不犯自然”“人少犯自然”的境界？这应该是政府决策部门考虑的事情，也应该是中国社会的共识。在空间上，要像确立自然保护区一样，给后代子孙留下

---

① 隗静：《像防战争那样防气候突变》，载《环球时报》，2008-07-11。

② 《尚书大传》，引自《御定渊鉴类函》卷十二《五行》一，见《文渊阁四库全书》。

③ 姜春云主编：《中国生态演变与治理方略》书首，北京，中国农业出版社，2004。

几条能长久流动的江河之水、几片未经开垦的土地、几处未经开垦的矿山；在时间上，要像目前实行的禁渔、禁猎期一样，给各种自然景观留下一段休养生息的时间。这样才可能持续发展，才是科学发展。至于说，目前中国人口众多，不开垦土地、水源和矿山，就无法满足国内的需求，那是不对的。我赞成陈志强教授的观点，要反思现代文明的问题，对人类的消费观念和行为进行深刻的反思和批判。[①] 我们可以减少消费，节约粮食和资源。

从以上四个层次，我谈了对人类家园安全性的理解。人类家园的安全性，与社会生态系统和自然生态环境息息相关，与我们的日常生活息息相关。近年来，我们已经感觉到，日常衣食住行，不仅受国家制度和政策因素的影响，更受全球气候变化和国际粮食贸易市场的影响。在当前全球气候变化下，人类家园的安全性问题，不仅仅是一个学术理论问题，更凸显其实际意义。

在人类家园安全性问题上，古今中外有怎样的认识？又有怎样的教训？中国古代国都的选址和营建有许多原则，如国都必居天下之中，如《荀子·大略》说："王者必居于天下之中。"从人与水的关系上看，古人的认识对今日有启示意义。第一，城市选址，必须既能预防水灾，又能有水源。《管子·乘马篇》说："凡立国都，非于大山之下，必于广川之上；高毋近旱，而水用足；下毋近水，而沟防省；因天材，就地利，故城郭不必中规矩，道路不必中准绳。"元朝苏天爵说："古者立国居民，则恃山川以为固，大江之南，其城郭往往依乎川泽，又为沟渠以达于市井，民欲引重致远，必赖舟楫之用。"[②]这都是说水源对居民点和国都的重要。

第二，城市、乡村的选址，国土的规划和利用，必须给水留下足够的空间。贾让说："古者立国居民，疆理土地，必遗川泽之分，度水势所不及，大川无防，小水得入，陂障卑下，以为污泽，使秋水多，得有

① 陈志强：在南开大学生态-社会史研究圆桌会议上的讲话，2008 年 7 月 22 日。

② 苏天爵：《滋溪文稿》卷三《江浙行省浚治杭州河渠记》。

所休息，左右游波，宽缓而不迫。”颜师古解释说：“川泽水所流聚之处，皆留而置之，不以为邑居而妄垦殖；必计水之所不及，然后居而田之。”就是说，在建立城市和居民点、土地开发利用时，要给水留下停留区和行水通道，这样才能使民田、庐舍，有安全保障。贾让的话，有值得借鉴之处：他讲乡村建设、城市建设和土地利用的安全性，就是要给水留有余地；他针对汉朝民田庐舍都在河道内或堤坝附近，而发生被大水冲毁的情况，提出迁徙民居的建议。他的意见，有比较广泛的借鉴意义。当然，今天我们对人类家园的安全性，在人与水的关系上，应该比贾让有更多的要求。但是基本要求，应当是划定人与水的安全边界。国内外各民族，在如何适应、利用自然生态环境问题上，都有地方性和民族性的历史经验和专门知识，需要我们认真总结。中国历史地理学和生态环境史，在东方人类家园安全性问题上，应该大有作为，这需要我们认真思考和积极行动。

附录四　作者与本书相关的研究论文目录

学术论文

1. 《试论元代北方蝗灾群发性韵律性及国家减灾措施》，载《北京师范大学学报(社会科学版)》，1999(1)
2. 《元代北方水旱灾害时空分布特点与申检体覆救灾制度》，载《社会科学战线》，1999(3)
3. 《元代北方寒害及减灾救灾措施》，载《文史知识》，1998(9)
4. 《元代北方雹灾的时空分布特点及国家救灾减灾措施》，载《中国历史地理论丛》，1999(2)
5. 《1238～1368年华北地区蝗灾的时聚性与重现期及其与太阳活动的关系》(与方修琦教授合作)，载《社会科学战线》，2002(4)
6. 《元代北方桑树灾害问题》，载《殷都学刊》，2000(1)
7. 《公元1328～1330年寒冷事件的历史记录及其意义》(与方修琦、何立新合作)，载《古地理学报》，2004(4)
8. 《中国古代灾害志的演变及价值》，载《中州学刊》，1999(5)
9. 《自然灾害成因的多重性与人类家园的安全性——以中国生态环境史为中心的思考》，载《学术研究》，2008(12)

论文被转载使用情况

1. 《试论元代北方蝗灾群发性韵律性及国家减灾措施》，载《北京师范大学学报(社会科学版)》，1999(1)

《新华文摘》1999 年第 5 期全文转载

《高等学校文科学报文摘》1999 年第 5 期摘要

中国人民大学复印报刊资料《宋辽金元史》1999 年第 2 期转载

2. 《中国古代灾害志的演变及价值》，载《中州学刊》，1999(6)

中国人民大学复印报刊资料《历史学》1999 年第 12 期转载

3. 《自然灾害成因的多重性与人类家园的安全性——以中国生态环境史为中心的思考》，载《学术研究》，2008(12)

中国人民大学复印报刊资料《历史学》2009 年第 3 期转载

参考文献

杜佑. 通典. 北京：中华书局，1988

元史. 北京：中华书局，1976

元典章. 北京：中国书店，1990

竺可桢. 竺可桢科普创作选集. 北京：科学出版社，1981

龚高法，张丕远，吴祥定，张瑾瑢. 历史时期气候变化研究方法. 北京：科学出版社，1983

文涣然，文榕生. 中国历史时期冬半年气候冷暖变迁. 北京：科学出版社，1996

张丕远. 中国历史气候变化. 济南：山东科学技术出版社，1996

李克让，徐淑英，郭其蕴等. 华北平原旱涝气候. 北京：科学出版社，1990

李克让. 中国气候变化及其影响. 北京：海洋出版社，1992

邹逸麟. 黄淮海平原历史地理. 合肥：安徽教育出版社，1993

满志敏. 中国历史时期气候变化研究. 济南：山东教育出版社，2009

马世骏. 中国东亚飞蝗蝗区的研究. 北京：科学出版社，1965

徐振韬，蒋窈窕. 中国古代太阳黑子研究与现代应用. 南京：南京大学出版社，1990

尹钧科，于德源，吴文涛. 北京历史自然灾害研究. 北京：中国环境科学出版社，1997

王晓清．元代前期灾荒经济简论．中国农史，1987，(4)

赵经纬，赵玉绅．元代赈灾物资来源浅述．河北师范大学学报：哲学社会科学版，1998，(2)

赵经纬．元代赈灾机构初探．张家口师专学报，1996，(1)

李迪．元代防治蝗灾的措施．内蒙古大学学报：自然科学汉文版，1998，(3)

后　记

1996年，我开始研究元代北方灾荒与救济，至1999年，先后完成7篇论文。1998—2008年，这些论文相继发表在公开的学术刊物上。1999年秋季，我收到复旦大学历史地理中心邹逸麟先生举办"灾害与社会学术讨论会"的邀请函，但我未去参加这次会议，我对元代北方灾荒与救济的研究，也暂时停止了。

我研究元代北方灾荒与救济，主要受中国历史地理和全球环境变化研究的影响。朱士光先生说，改革开放以来中国环境史的兴盛，其学术渊源还在中国史学以及20世纪30年代兴起并发展成熟的历史地理学的激发[《关于中国环境史研究几个问题之管见》，载《山西大学学报(哲学社会科学版)》，2006年第3期]。王利华教授说过，国内的中国生态环境史研究，在思想理论和技术方法上，主要是依凭本国的学术基础。无论就问题意识，还是就理论方法来说，它都具有不可否认的本土性，可从20世纪中国史学自身发展的脉络中，找出它的学术渊源和轨迹[《中国生态史学的思想框架和研究理路》，载《南开学报(哲学社会科学版)》，2006年第2期]。朱士光先生、王利华教授的看法，符合实际，我很赞同。

我对元史的兴趣，受著名元史学家陈垣先生的影响较多。1980—1984年大学期间，为了学习元史，我抄录陈垣《元典章校补释例》《元西域人华化考》《南宋初河北新道教考》《通鉴胡注表微》等。当时虽然不懂，但是对我后来研究元代的一些问题还是有启发的。我对历史地理与环境变化的兴趣，受史念海先生等中国史家的影响。史念海先生的《河山集》一二集、《中国古都和文化》和《中国的运河》等，都是我经常研读的。当白寿彝先生知道我要研究元代灾荒后，曾说："早知道你喜欢历史地理，应该派你去跟史念海先生学习。"我在研究中吸收了自然科学界关于全球环境变化等方面的一些理论、方法，从自然科学的角度，来研究水旱雨雪冰雹蝗等灾害的时间和空间分布特点。

本项研究，得到北京师范大学地理与遥感学院方修琦教授、北京大学中文系陈明博士的支持。在书稿整理出版中，得到陕西师范大学王双怀教授、西安美术学院赵宇泽教授、北京师范大学瞿林东教授和曹大为教授、中国人民大学王子今教授和夏明方教授的帮助。三校样出来后，全国农业历史学会会长中国社科院经济所李根蟠先生，元史研究会会长南开大学李治安先生，拨冗赐序。研究生郭卫、陈静、宋开金和杨彦艳协助我做了一些技术性的工作。责任编辑李雪洁花费了大量精力。谨此，一并致谢。

王培华

2010 年 3 月 31 日

再版后记

《元代北方灾荒与救济》一书，出版已经十年了，受到学术界青年朋友的欢迎，他们在研究中，都能如实地介绍或引用我的研究成果。为适应学术和学科发展的需要，在北京师范大学历史学院的支持下，本书予以修订再版。书中的基本结论、数据，都未有变动。只是在不影响原意的情况下，修订了个别文字错误，把原版中有些夹注，转为脚注，重新统一了注释文献的信息项和格式。在修订再版过程中，北京师范大学出版社刘东明先生、责任编辑李春生先生都给予帮助。李春生先生以他的历史学功底，非常认真负责地核实引文，统一注释体例，纠正一些文字错误；刘玉峰同志也帮助核对错误；研究生高紫睿、任美琪、陈菲、张涵，协助做了一些工作。谨对以上同志的帮助，致以诚挚的感谢。

王培华

2019 年 12 月 9 日记于北京师范大学图书馆 7 层

图书在版编目（CIP）数据

元代北方灾荒与救济/王培华著. —北京：北京师范大学出版社，2020.12

（灾荒史丛书）

ISBN 978-7-303-26221-2

Ⅰ.①元… Ⅱ.①王… ② … Ⅲ.①自然灾害—历史—中国—元代 Ⅳ.①X432

中国版本图书馆 CIP 数据核字（2020）第 158220 号

营销中心电话 010-58807651
北师大出版社高等教育微信公众号 新外大街拾玖号

YUANDAI BEIFANG ZAIHUANG YU JIUJI

出版发行：北京师范大学出版社 www.bnup.com
北京市西城区新街口外大街 12-3 号
邮政编码：100088

印　　刷：天津中印联印务有限公司
经　　销：全国新华书店
开　　本：730 mm ×980 mm　1/16
印　　张：16.75
字　　数：256 千字
版　　次：2020 年 12 月第 1 版
印　　次：2020 年 12 月第 1 次印刷
定　　价：50.00 元

策划编辑：刘东明　　责任编辑：李春生
美术编辑：李向昕　　装帧设计：李向昕
责任校对：段立超　　责任印制：马　洁